花卉生产技术

技术

HUAHUI SHENGCHAN

JISHU

主编／张君艳／

重庆大学出版社

图书在版编目（CIP）数据

花卉生产技术／张君艳主编. –– 重庆：重庆大学
出版社，2023.11
ISBN 978-7-5689-3067-3

Ⅰ.①花⋯　Ⅱ.①张⋯　Ⅲ.①花卉—观赏园艺—高等
职业教育—教材　Ⅳ.①S68

中国版本图书馆CIP数据核字（2021）第241910号

花卉生产技术

主　编　张君艳
策划编辑：尚东亮

责任编辑：夏　宇　　版式设计：叶抒扬
责任校对：王　倩　　责任印制：张　策

＊

重庆大学出版社出版发行
出版人：陈晓阳
社址：重庆市沙坪坝区大学城西路21号
邮编：401331
电话：（023）88617190　88617185（中小学）
传真：（023）88617186　88617166
网址：http://www.cqup.com.cn
邮箱：fxk@cqup.com.cn（营销中心）
全国新华书店经销
重庆愚人科技有限公司印刷

＊

开本：787mm×1092mm　1/16　印张：18　字数：373 千
2023年11月第1版　　2023年11月第1次印刷
ISBN 978-7-5689-3067-3　定价：49.00 元

前　言

花卉生产技术是高等职业院校园林类专业学生必须掌握的技能。本书根据高等职业教育园林专业人才培养目标的要求，从生产实际角度构建内容体系，注重花卉生产技术的实用性和可操作性，注重技能训练与培养。全书分为露地花卉生产技术、盆栽花卉生产技术和鲜切花生产技术3个项目共19个任务，最后还有12个综合实训。

本书邀请了4名企业人员参与编写，同时增加了各类花卉市场流行的品种，将西北、东北、华北、华南地区花卉市场流行的、表现优秀且受市场青睐的各类花卉品种加入代表性花卉生产案例，知识点完善，对接市场，实用性明显增强。本书具有以下特色：

第一，与企业合作，调研论证市场需求和典型工作岗位，对标专业人才培养目标，确保教材内容的新颖性。

第二，以典型工作任务和职业能力要求为依据，重构教材内容，确保教材内容的实用性。

第三，结合在线教学资源，引入立体化教学素材和资源，增加教材的可用性。

第四，以项目为载体，以活页形式展现各类花卉生产。

第五，层次清晰，条理清楚，文字规范，图表清晰，符号和计算单位符合国家标准。

本书由张君艳担任主编，马济民、张涛、解东、吕晓琴、陈春叶、赖玉林、左鑫、任文娟、吕永洪担任参编。具体分工如下：张君艳承担项目1任务2—任务7、项目2任务2的编写及全书彩图的编辑；张涛承担项目2任务3—任务5的编写；陈春叶承担项目2任务1、任务6，项目3任务1、任务2的编写；马济民承担项目1任务1、任务8，项目2任务7的编写；解东承担项目3任务3、任务4的编写；吕晓琴承担综合实训的编写。同时，本书素材得到西安瑞沣农业科技有限公司左鑫、佛山市高明旺林园艺有限公司赖玉林、南京鑫宇农业有限公司任文娟和杭州阵列科技股份有限公司吕永洪的大力支持。

同时，编写过程中得到出版社的关怀与指导，在此表示衷心的感谢，也衷心感谢书中引用的所有文献的作者们。

在编写过程中，各位老师和企业同行们认真负责，付出了辛勤的汗水。但限于编写人员水平有限，书中错误之处在所难免，恳请广大读者批评指正。

编　者

2023 年 3 月

目　录

项目1　露地花卉生产技术

◎ **思维导图**

```
露地花卉种类及
生产栽培流程  ──┐
                │
一、二年生花卉      │        木本花卉生产技术
生产技术   ──────┤                    
                ├── 露地花卉 ──── 水生花卉生产技术
宿根花卉生产技术 ──┤   生产技术                   
                │         露地花卉花期调控技术
球根花卉生产技术 ──┘                    
                         花卉室外应用
```

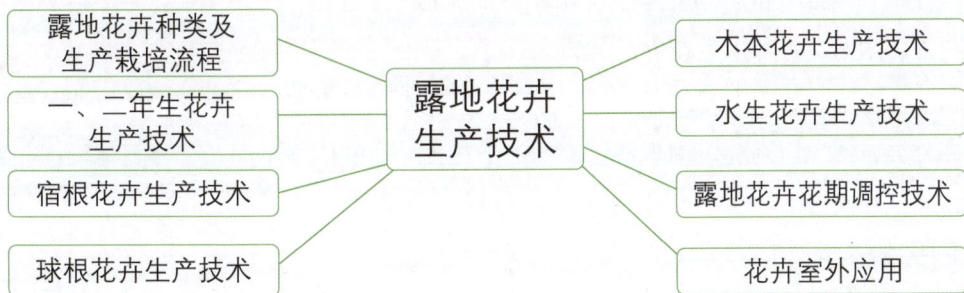

任务1　露地花卉种类及生产栽培流程

◎ **知识目标**

1. 熟悉露地花卉生长特点及常见种类。

2. 理解露地花卉栽培的管理环节。

◎ **任务目标**

1. 能根据实际情况进行各环节的取舍，合理进行露地花卉生产。

2. 能科学合理地给各类花卉进行正确的水肥管理。

3. 掌握露地花卉修剪整形技术。

◎ **任务背景**

露地花卉是指整个生长发育周期可以在露地进行，或主要生长发育时期能在露地进行的花卉。包括露地一年生花卉、二年生花卉、宿根花卉、球根花卉、木本花卉等种类。常用来布置花坛、花台、花境、花池、花钵、花篱、花柱等。露地花卉种类繁多、色彩丰富、整体花期长，对环境条件的适应能力强，是园林绿化中常见的花卉类型。

◎ **任务分析**

要进行露地花卉的生产，首先需要熟悉花卉生产的流程，熟悉每一环节的关键技能，为具体露地花卉的生产做好铺垫。

◎ 任务操作

根据露地花卉种类、特点及生产流程，开展室外景观适宜花卉素材的选择工作。

子任务 1　露地花卉种类

室外园林绿化中常用到的露地花卉种类有露地一年生花卉、二年生花卉、宿根花卉、球根花卉、木本花卉和水生花卉。

我国土地辽阔，南北地跨热、温、寒三带，花卉种类繁多，范围甚广，习性各异。进行花卉分类，便于识别和应用观赏植物。由于花卉分类的依据不同，其分类结果也各种各样。露地花卉依据生物学习性可分为草本花卉和木本花卉两类。

1. 草本花卉

1）一年生花卉

一年生花卉也称春播花卉，是指个体生长发育在一年内完成其生命周期的花卉。此类花卉一般春天播种，夏秋开花结实，冬季枯死，如凤仙花、鸡冠花、半支莲、万寿菊等。

2）二年生花卉

二年生花卉也称秋播花卉，是指个体生长发育需跨年度才能完成生命周期的花卉。当年只生长营养器官，第二年开花、结实、死亡。由于这类花卉一般秋天播种，次年春季开花，夏季炎热时枯死，如五彩石竹、紫罗兰、羽衣甘蓝、瓜叶菊、金鱼草、金盏花、三色堇等。

3）多年生花卉

多年生花卉是指个体寿命超过两年，能多次开花结实的花卉。根据地下部分形态变化，又可分为宿根花卉和球根花卉两类。

（1）宿根花卉　宿根花卉是指地下部分形态正常，不发生变态，依靠地下根系宿存越冬的一类花卉。它们的共同特征是都有永久性的地下部分（地下根、地下茎），常年不枯萎，但其地上部分（茎、叶）却存在着两种类型：落叶类和常绿类。常绿类能保持四季常青，如文竹、四季海棠、虎皮掌、君子兰等。落叶类则是每年春夏季节从地下根际萌生新芽，长成植株，到冬季枯死，如芍药、萱草、鸢尾、玉簪、非洲菊等。

（2）球根花卉　球根花卉是指地下部分变态呈球状、块状的一类多年生草本花卉。根据其变态形式又可分为以下五类。

①鳞茎类。地下茎变态呈鳞片状，养分储藏器官鳞片是叶鞘变态肥大而成，着生在扁平的鳞茎盘上。鳞茎盘是真正的茎部，其下着生须根，中心着生主芽，生长营养充足时（种球直径较大时），主芽内分化花芽而开花。鳞片间可生长腋芽，腋芽的生长发育形成新球

与老球的更替。多数鳞茎的鳞片呈层状，有褐色皮膜包裹，皮膜是最外层鳞片营养消耗殆尽而形成的膜质外皮，这种由皮膜包裹的鳞茎称为有皮鳞茎，如水仙、郁金香、风信子、朱顶红、石蒜等。无皮膜包裹的鳞茎称为无皮鳞茎，无皮鳞茎耐寒性、耐储藏性均较差，如百合类。

鳞茎种类不同，新球发生过程也不一样。多年生鳞茎如水仙、风信子、石蒜、朱顶红等，通常在鳞片基部发生几个侧芽，侧芽逐渐生长，抽出真叶后，下部鳞片逐渐增多肥大，随后自母球剥离，属非更新型球根。一年生鳞茎如郁金香，鳞茎盘上的腋芽在一个生长周期内即可形成大球，母球所有鳞片养分消耗殆尽，之后萎缩分解，属更新型球根。

②球茎类。养分储藏器官球茎是茎变态肥大而成，如唐菖蒲、小苍兰、番红花等。多数球茎扁球形，内部实心，其外由几层皮膜包裹，且有几圈环状节痕，具有明显的节和节间，顶部着生顶芽。一般顶芽的个数与开花枝数有关，顶芽开花后花茎基部逐渐肥大充实而形成新球。球茎茎节上发生的侧芽也随着植株生长而长大，成为新球或子球。随着新球和子球的膨大，母球养分逐渐转移，最后皱缩死亡。

③根茎类。养分储藏器官根茎是茎变态肥大而成。地下茎肥大形成粗长的根茎，其上有明显的节和节间，节上均发生侧芽，以根茎顶端的节上发生侧芽较多。侧芽萌发时，根茎伸长而形成更多的节或株丛，老茎逐渐死亡而消失，如美人蕉、鸢尾、玉簪、荷花、睡莲等。

④块茎类。养分储藏器官块茎是茎变态肥大而成。地下茎呈块状，外形不规则，一般根系自块茎底部发生，块茎顶部通常有几个芽眼，即发芽点，具趋上性，如白芨、球根秋海棠、彩叶芋、马蹄莲等。此类花卉包括一些非典型的具块茎花卉，如仙客来和大岩桐的块茎是扁球形，没有分球能力，采用种子繁殖。

⑤块根类。养分储藏器官块根是根变态肥大而成，呈纺锤形。块根储藏大量的养分，如大丽花，其萌芽仅限于根冠部分，即根颈，茎与根的连接处有发芽点，由此萌发新梢。其他部分无萌发不定芽的能力，根系从块根末端伸长生长。因此，块根类花卉分球繁殖时，每一块根上端必须带有新芽，即根颈部分，否则不能形成新株。

4）兰科花卉

兰科花卉按其性状原属于多年生草本植物，因其种类多，在栽培中有独特的要求，为了应用方便，在此单列出来。花卉依据其性状和生态习性不同，可分为中国兰和西洋兰两类。

（1）中国兰 中国兰原产于我国亚热带及暖温带地区，为草本丛生性植物，喜凉爽及半阴的环境，叶态细长飘逸，花色淡雅，气味清香。其中，春兰、蕙兰、建兰、寒兰、墨兰、春剑等属于地生兰类，虎头兰、蝉兰、台兰等属于附生兰类。

（2）西洋兰 西洋兰也称洋兰，多数原产于热带雨林中，植株呈攀援状，多为气生根，附生在其他物体上生长，属附生类型，性喜高温高湿及半阴环境，叶片宽厚，花色艳丽，但无香味。如卡特兰、蝴蝶兰、石斛、万代兰、兜兰、贝母兰等。

5）水生花卉

（1）挺水类　根扎于泥中，茎叶挺出水面，花开时离开水面，甚为美丽。对水的深度因种类不同而异，有深水植物、浅水植物之分，深可达1～2m，浅则为沼泽地，即沼生植物，如荷花、千屈菜、菖蒲、水葱、水生鸢尾等。

（2）浮水类　根扎于泥中，叶片漂浮水面或略高于水面，花开时近水面，对水深度因种类不同而异，常见种类有睡莲、王莲、萍蓬、芡实、菱、荇菜等。

（3）漂浮类　根漂于水中，叶完全浮于水面，可随水漂移，在水面的位置不易控制，如凤眼莲、浮萍等。

（4）沉水类　根扎于泥中，茎叶沉于水中，是净化水质或布置水下景色的素材，多应用于热带鱼缸中，如玻璃藻、黑藻、莼菜、苦菜等。

6）蕨类植物

（1）庭园绿化蕨类植物　如翠云草、桫椤等。其中，桫椤也称树蕨，是最大的蕨类植物，高可达十几米，属濒危种，为我国一级保护植物。另外，槐叶萍、满江红为水面绿化好材料。

（2）盆栽观叶蕨类植物　如石松、乌蕨、蜈蚣草、铁线蕨等。其中，石松、铁线蕨为重要切花配叶材料。

（3）垂吊蕨类植物　如肾蕨、巢蕨等。

（4）山石盆景蕨类植物　如卷柏、团扇蕨等。其中，团扇蕨是蕨类植物中形体最小的，仅有几厘米大小。

7）岩生花卉

岩生花卉是用来装饰岩石园的植物材料。理想岩生花卉的特点有：植株低矮，生长缓慢，生活期长，耐瘠薄、抗逆性强的多年生宿根及球根植物，如虎耳草、景天等。

8）草坪植物及地被植物

草坪植物及地被植物以多年生、丛生性强的草本植物为主，大多数能自生繁衍，供园林中覆盖地面使用。基本上可划分为两大类：一类为主体草坪植物或基本草坪植物，就是通常意义上的草坪草，大多数为适应性强的矮生禾草。具备质地纤细、植株密集，有爬地生长的葡匐茎或具有分生能力强的根状茎，能形成草皮或草坪，并能忍耐定期修剪和践踏的植物种或品种，如结缕草、地毯草、假俭草、早熟禾、狗牙根、黑麦草等。另一类为草坪地被植物，即多年生低矮地被植物，具有观叶或观花及绿化美化等功能，如白车轴草、玉簪、马蔺、小檗等。

2. 木本花卉

1）落叶木本花卉

落叶木本花卉大多数原产于暖温带、温带和亚寒带地区，休眠期表现出落叶习性。

（1）乔木类　地上部有主干，主干和侧枝有明显的区别，植株高大，多数不适于盆栽，如桃花、梅花、木棉等。

（2）灌木类　主干和侧枝无明显区别，呈丛生状态，植株低矮，树冠较小，多数适于盆栽，如月季、牡丹、迎春等。

（3）藤本类　枝条一般生长细弱，不能直立，通常为蔓生，多攀援在其他物体上生长。在栽培管理过程中，通常设置一定形式的支架，让藤条附着生长，如金银花、紫藤、凌霄等。

2）常绿木本花卉

常绿木本花卉多原产于热带和亚热带地区，也有一少部分原产于暖温带地区，有的呈半常绿状态。常分为乔木类（如桂花、广玉兰、白兰花、柑橘等）、灌木类（如栀子花、茉莉花、夹竹桃、竹类等）和藤本类（如炮仗花等）。

子任务 2　露地花卉生产流程

露地花卉生产流程示意图如图 1-1 所示。

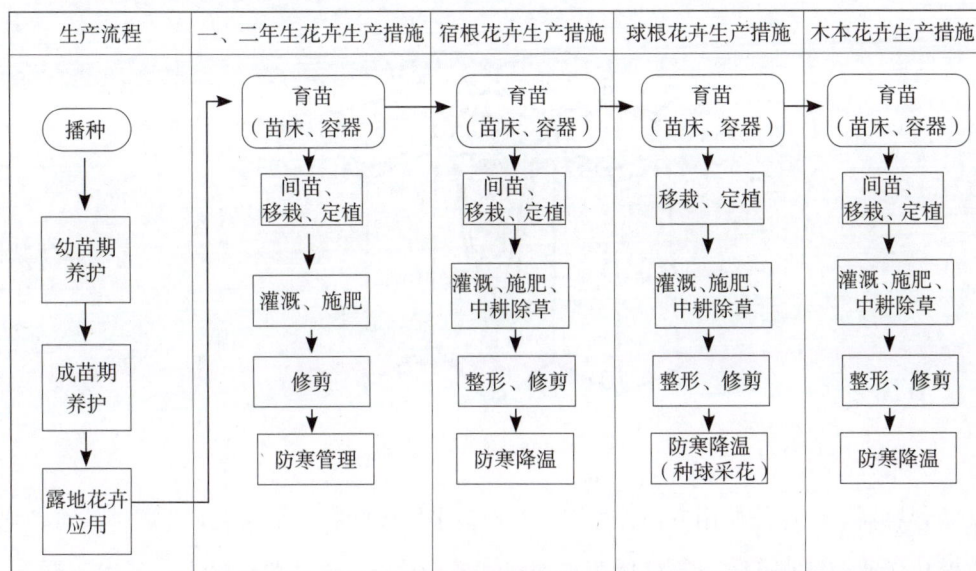

图 1-1　露地花卉生产流程图

1. 育苗

1）苗床育苗

（1）整地　为保证花卉品质，应选择光照充足、土壤肥沃平整、水源方便和排水良好的地块，以保证土壤具备优良的物理性质，保水能力强，透气性良好，利于种子萌发，根系伸展，且有利于有益微生物的活动，促进可溶性养分含量的增加。通常，若春天作床，应在前一年秋天整地，整地过程可简单概括为犁翻—晾晒—击碎—基肥—起畦。

不同类型的花卉对整地深度的要求不同，一、二年生草花要求 20 cm，球根花卉要求 30 cm，中型苗木要求 60 ~ 80 cm，小型苗木要求 30 ~ 40 cm，大型苗木要求 80 ~ 100 cm。

（2）作床　露地花卉栽培多采用高床（也称阳畦）与低床（也称阴畦）两种方式。雨水较多、地势较低的地区，栽植怕水渍的花卉以高床为主。我国南方夏季气温高，雨水多，畦面应高出土面 20 ~ 30 cm 筑成高床。雨水较少、地势高燥的地区，宜采用低床，以利于灌水和保水。畦面宽度由花卉种类和土质决定，草花或密植花卉，畦面不宜太宽，应小于 1.6 m，木本或切花由于株行距大，畦面可适当加宽。

2）容器育苗

（1）类型　育苗容器按制作材料可分为纸容器、塑料容器、土容器、泥炭容器、轻基质网袋育苗容器等。

（2）特点

①纸容器。优点是加工容易，重量轻，易分解，造林时可带袋栽植（图 1-2）；缺点是容器耐腐能力差，易破碎，苗根互相穿透，起苗时易伤根。

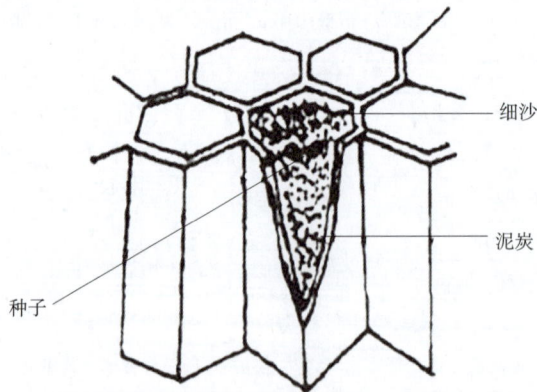

细沙

泥炭

种子

图 1-2　蜂窝纸杯

②塑料容器。优点是使用方便，耐用，国外多采用硬塑料，制成组装或联体式育苗盘，便于机械化作业；缺点是容器不能同苗木一起栽植，透气、透水性能较差，成本较高。

③土容器。优点是就地取材，成本低，可以随苗木一起栽植，无污染；缺点是重量大，难运输，生产效率低，目前已基本不用。

④泥炭容器。优点是重量轻，通气性好，持水力强，能吸收大量水分和液态肥料，容器可同苗木一起栽植；缺点是我国材料少，成本高。

⑤轻基质网袋育苗容器。由轻基质网袋容器机自动连续生产出来的圆筒肠状容器，内装轻型育苗基质，外表包裹一层薄的纤维网孔状材料，再经切段机切出单个的单体容器。容器呈圆柱形，无底，直径一般不超过 6 cm，长度在切段时根据需要来确定。优点是材料可降解或半降解，透气，透水，根系易于穿透，移栽时可直接埋植，不必进行脱袋，苗木成活率有保证。

目前，实际生产中我国主要使用塑料薄膜袋、硬塑料杯、纸袋、穴盘、轻基质网袋容器等，国外主要使用蜂窝纸杯容器、多杯硬塑料容器、聚苯乙烯泡沫塑料盘、泥炭杯等。

2. 间苗

露地花卉的繁殖以播种繁殖为主，也能进行扦插、分生和嫁接等形式的无性繁殖。间苗也称疏苗，是指播种繁殖的花卉在出苗后，因幼苗拥挤，应予以疏拔，以扩大幼苗的营养面积，增大间距，以利于幼苗健壮生长的措施。间苗的基本原则是去密留稀、去弱留壮，使幼苗分布均匀，保持一定距离，以保证幼苗的良好生长。露地培育的幼苗一般间苗 2 次，第一次是在幼苗子叶出齐后，不能过迟，每墩留 2 ~ 3 株；第二次是在幼苗长出 3 ~ 4 枚真叶时，一般留 1 株，间苗后对床面浇透水 1 次，使幼苗根系与土壤紧密接触。

3. 移植与定植

1）移植

移植包括起苗和栽植两个步骤。起苗是指将幼苗从苗圃中掘出，一般有裸根起苗（不带土球）和带土起苗（带土球）两种形式。裸根起苗比较适合幼龄苗木，带土移植多用于大苗。少数根系稀少较难移植的种类，采用直播的方法，不得已而移植必须带土移植。另外，起苗时还可剪除主根，促发侧根，利于培育壮苗。移植可在幼苗长出 4 ~ 5 枚真叶或苗高 5 cm 时进行。

栽植时需保持根系舒展，尽量减少损伤。种植深度应与原种植深度一致，或略深些。过浅易倒伏，过深则发育不好。栽植后立即充分浇水，次日复浇一次以保证水分充足。栽植以无风阴天为好，若天气晴朗炎热，光照较强，宜在傍晚移植，栽植后需遮阳处理，以减少蒸发，缩短缓苗期，提高成活率。天旱时，需边种边浇水。移栽的整个操作步骤是：起苗—掘坑—将土球从外四周按实—浇定根水（灌透）—遮阳处理。

2）定植

定植是指将幼苗按照绿化设计要求栽植到花坛、花境或其他绿地的过程。定植前提供适宜的土壤条件并施足基肥，一、二年生花卉以壤土为宜，宿根、球根花卉则以富含有机肥的土壤为佳，基肥一般以缓释肥为主。定植时应控制好株行距，不同花卉种类适宜的株行距不同，需根据植株的高度、冠幅等因素来确定，合理的株行距有利于花卉生长和土地资源的合理利用。定植后应给予科学养护。

4. 灌溉与施肥

1）灌溉

灌溉用水以软水为宜，避免使用硬水，最好是清洁的河水、池塘水和湖水，不含碱性物质或盐类物质的井水也可以利用，可先抽出贮于池内，待水温升高后使用。

浇水次数、浇水量和浇水时间根据花卉种类、生长阶段、季节以及天气等因素的不同而有所区别。一般应遵守以下几个原则：

①针叶、狭叶类花卉少浇水，叶大质软的花卉多浇水。

②草本植物多浇水，木本植物少浇水。

③播种（扦插）期为了保持土壤湿润，可多浇水，出苗后应减少浇水。随着花卉的生长，浇水量也要随之调整，进入孕蕾期要多浇水，开花期则要少浇水，进入休眠期则更要少浇水。

④夏季气温高应多浇水补充水分，浇水时间宜安排在早、晚，冬季气温低应少浇水，浇水时间宜安排在中午。

⑤黏土浇水次数宜少，沙土宜多。

⑥一次性浇透，切勿只浇表面形成夹干层。

灌溉方式有漫灌、喷灌和滴灌等形式。刚出土的幼苗一般采用细孔洒水壶浇灌，避免水流对幼苗的冲击力过大，将土表层冲开，使根系暴露于空气中。大面积的花圃一般采用漫灌的方式，以便土表层保持较长时间的湿润。现代农业提倡节水措施的运用，主要应用滴灌的方式，能有效提高水分利用率，避免土壤板结，很大程度降低花卉后期养护在人力上的投入，是现代花卉育苗中效果最好的灌溉方式。

2）施肥

（1）基肥　基肥也称底肥，需在定植前直接施入土壤中，一般由缓释肥来充当，其肥效较长，还能改善土壤的理化性质，如厩肥、堆肥、饼肥等。

（2）根部追肥　根部追肥是指在花卉生长发育的过程中，为了补充基肥肥力的不足，在根系附近追施充分腐熟的有机肥或无机肥的措施。一般追肥的肥料可以是固体也可以是液体，施肥量和时间与花卉种类、生长阶段有关，具体遵循以下几个原则：

①施肥要适时，当花卉需要肥料时才施入，如发芽前、孕蕾期、开花后、发现叶色变淡、植株生长细弱时进行施肥。

②施肥应考虑季节，春夏季花卉生长迅速，应多施肥，并以氮肥为主，入秋后停止氮肥，耐寒性强的花卉可施入磷钾肥，不耐寒的花卉不施任何肥料。

③一、二年生花卉施肥应遵守薄肥勤施的原则，即生长期每隔 10 天施肥一次。

④施肥前松土，为液肥迅速下渗创造条件。

（3）根外追肥　根外追肥是指对花卉的叶面、花枝、茎秆等器官喷施营养液的过程。根外追肥适合叶片较大无蜡质的花卉种类，叶面喷施营养的同时还应在叶片背面集中喷施，并选择无风的清晨或傍晚进行。喷后 1 h 内若遇下雨，则应补喷一次，喷施浓度应控制在 0.1% ~ 0.2%，此方法肥效快，肥料利用率高，一般每隔 5 ~ 7 天喷一次。另外，根部追肥和根外追肥相结合才能获得理想的效果。

5. 整形修剪

整形是通过修剪技术来完成的，修剪又是在整形的基础上进行的。一般在植物幼年期以整形为主，当经过一定阶段枝叶生长，冠型骨架基本形成后，则以修剪为主，但任何修剪过程都需有整形概念，两者是统一于一定栽培管理目的要求之下的技术措施。

1）整形

（1）单干式　单干式是指通过除芽、修枝使顶端只开一朵花，只留主干，不留侧枝的整形方式。这种形式仅用于大丽花及菊花等花径较大的花卉进行培育，如标本菊的整形。

（2）多干式　多干式是指保留萌发的侧枝，使一棵植株保留数个枝条并开出数朵花，如菊花中的多头菊、大丽花和一品红等。

（3）丛生式　丛生式是指生长期进行多次摘心、修枝，促发生多束侧枝，全株呈低矮丛生状，开出多束花朵。适合此种整形方法的花卉如藿香蓟、矮牵牛、一串红、长寿花、豆瓣绿、文竹、金鱼草、美女樱、百日草等。

（4）悬崖式　悬崖式也称垂悬式，是指具有匍匐茎或枝条柔软细长的花卉，枝条自然从盆边披悬下挂，犹如绿帘，如吊竹梅、紫叶鸭跖草、常春藤、花叶蔓长春花、细叶金鱼花、黑眼苏珊等。

（5）攀援式　攀援式多用于蔓性花卉，如牵牛、茑萝、香豌豆等，使枝条攀附于一定形式的支架上，同时通过折梢及捻梢，促进多开花。

（6）匍匐式　匍匐式是指利用枝条自然匍匐地面的特性，通过摘心、修枝使其多发侧枝覆盖地面。

2）修剪

（1）摘心　有促使侧枝萌发，增加开花枝条，促进植株矮化，使株型圆整，开花整齐等作用。另外，摘心还可抑制生长，推迟开花。但是，具有以下特点的花卉不适宜摘心。

①主茎着花多且大的种类，如鸡冠花。

②需要尽早或提前开花的花卉。

③植株本身分枝多，生长矮小的花卉种类，如三色堇、石竹等。

（2）疏芽疏蕾　为了集中养分，剥去过多的花芽、叶芽以及花蕾，以保证剩余花蕾、叶芽的茁壮生长。

（3）疏剪与短截　为剪除枯枝、带病枝、交叉枝、徒长枝和过密枝，使树冠内部枝条不相互遮挡光线，增加通透性，促进生长和开花，并使树体造型更加完美而进行的修剪措施，是将具有以上特点的枝条完全剪除的过程。

短截包括轻剪和重剪两种，主要针对多年生木本花卉。轻剪一般在生长期进行，是指剪掉枝条的1/3；重剪在休眠期到来之前进行，是将枝条的2/3剪除，如月季、牡丹的修剪。

修剪时应注意以下几个方面：

①留芽的方式：若要培养成直立向上的冠型，则留内侧芽，要培养向外开展的冠型，则留外侧芽。

②剪口斜面，与芽方向相反。

③剪口高于芽 1 cm。

（4）残花剪除　对于连续开花、花期长的花卉种类，若无收种要求，花后应及时摘除残花，阻止结实。同时加强水肥管理，促使花开不断，花大色艳，还有延长花期的作用，如一串红、金鱼草、月季、菊花等。

6. 防寒与降温

1）防寒越冬

（1）覆盖法　霜冻到来之前，在床面覆盖干树叶、草帘、塑料薄膜等，直到翌年春天气温回升后揭去覆盖物，常用于二年生花卉、宿根花卉及可露地越冬的球根花卉。

（2）培土法　冬季地上部分枯萎的宿根花卉和进入休眠的花灌木，壅土压埋或开沟覆土压埋植物的茎部或地上部分进行防寒，待春季到来后，于萌芽前再将培土扒开，使其继续生长，如芍药、牡丹、月季常用此法防寒。

（3）灌水法　灌溉可提高地温 2 ~ 2.5 ℃。冬灌能减少或防止冻害，春灌有保温、增温的效果。

（4）包扎法　常用于一些大型露地木本花卉，越冬时用草帘或薄膜包扎。为达到防寒越冬目的，除了以上方法外，还可用风障、熏烟、浅耕、密植防寒、减少氮肥、增施钾磷肥等方法。

2）降温越夏

降温越夏是指夏季温度过高会对花卉产生危害，可采取叶面及畦面喷水、遮阳网覆盖或草帘覆盖等措施进行人工降温，帮助花卉安全越夏。

任务 2　一、二年生花卉生产技术

◎知识目标

1. 熟悉常见一、二年生花卉的观赏特点、常见品种及繁殖方式。

2. 掌握代表性一、二年生花卉生产的技术要点。

◎任务目标

1. 能掌握 10 种一、二年生花卉的露地生产。

2. 能科学合理地进行常见一、二年生花卉的园林应用。

◎任务背景

一、二年生花卉生长周期短，生长适应性强，在城市节庆地摆、花钵、花坛、花柱等应用形式中成为亮点。

◎任务分析

一、二年生花卉要在室外花坛、花钵等形式中使用，需了解其观赏特点、品种优势、繁殖方法、生长习性和养护技巧，才能根据花色、株高进行合理的搭配应用。

◎任务操作

一、二年生花卉，生长周期短，繁殖方式以播种繁殖为主，有时也会用到扦插繁殖。一、二年生花卉播种繁殖可采用常规播种繁殖和容器播种繁殖两种方式。

子任务 1　一、二年生花卉的繁殖技术

1. 常规播种繁殖

播种繁殖也称种子繁殖，是指用种子繁衍后代或用播种的形式繁殖培育花卉幼苗的方法。播种繁殖而成的幼苗称为实生苗。播种繁殖的优点：种子细小质轻，采收、贮存、运输、播种均较简便；繁殖系数大，成苗快，繁殖数量大，生产成本低；实生苗根系完整，生长健壮，寿命长。但也存在一些缺点：实生苗变异性大，有时不能保存品种原有的优良

性状；部分木本花卉采用种子繁殖后会出现开花较迟的现象。理论上凡是能采收到种子的花卉均可进行播种繁殖，实际生产中主要应用于发芽率高、成苗快、经济效益好的花卉，如一、二年生草本花卉。

1）花卉种子寿命及贮藏

花卉种子在一定贮藏条件下都有保存年限。一般而言，草本花卉种子寿命较短，通常为 1 ~ 2 年；木本花卉种子寿命较长，应根据花卉种子的贮藏特性采用适宜的贮藏方法。大多数花卉种子采用常温干藏，少部分种子采用冰箱低温贮藏（图 1–3）。

2）播种前的准备

（1）选种　在播种前需确定种子品种是否纯正，记录名称必须与实物一致。然后选取种粒饱满，色泽新鲜，纯正且无病害的种子准备播种（图 1–4）。

图 1–3　冰箱低温贮藏

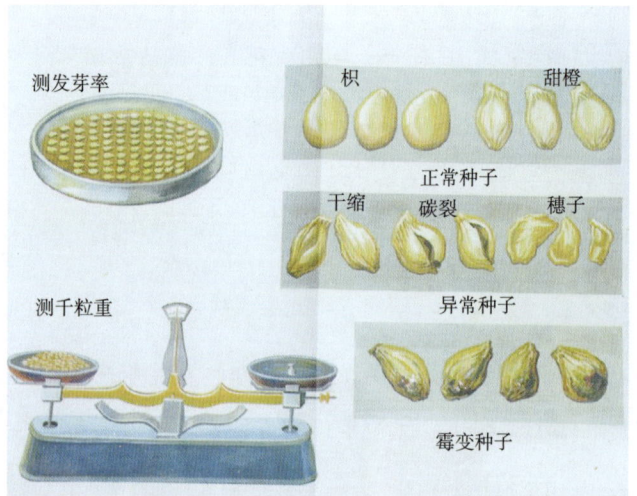

图 1–4　花卉种子选种

（2）种子处理

①浸种。容易发芽的种子，播种前用 30 ℃温水浸泡，一般浸泡 2 ~ 24 h 可直接播种，如一串红、翠菊、半枝莲、金莲花、紫荆、珍珠梅、锦带花等。

②催芽。发芽迟缓的种子，播种前需浸种催芽，用 30 ~ 40 ℃的温水浸泡，待种子吸水膨胀后去掉多余的水，用湿纱布包裹放入 25 ℃的自然环境或恒温箱中催芽。自然环境中进行催芽需每天用水冲洗一次，待种子"露白"后即可播种，如文竹、仙客来、君子兰、天门冬、冬珊瑚等。

③剥壳。果壳坚硬不易发芽的种子，需将其剥除后再播种，如夹竹桃等。

④挫伤种皮。美人蕉、荷花等种子种皮坚硬不易透水、透气，很难发芽，播种前可在近种脐处将种皮挫伤，再用温水浸泡，使种子吸水膨胀，可促进发芽。

⑤药剂处理。用硫酸等药物浸泡种子，可软化种皮，改善种皮的透性，再用清水洗净后播种。处理时间视种皮质地而定，勿使药液透过种皮伤及胚芽。

⑥低温层积处理。对于要求低温和湿润条件下完成休眠的种子，如牡丹、鸢尾、蔷薇等，常用冷藏或秋季进行湿沙层积处理（图1-5）。翌年早春播种，发芽整齐迅速。

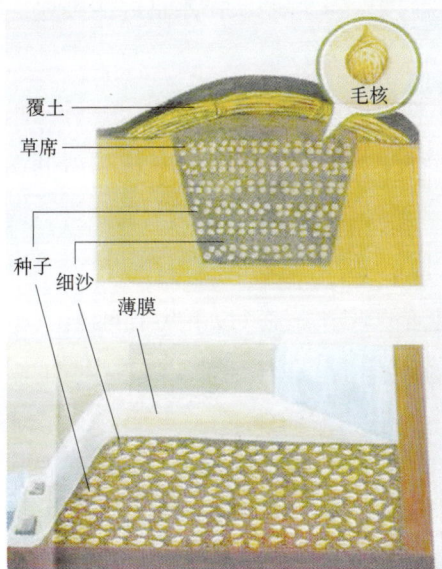

图 1-5　种子层积处理

3）播种时间与方法

（1）播种时间

①春播。露地宿根花卉、木本花卉适宜春播。南方地区约在2月下旬至3月上旬，华中地区约在3月中旬，北方地区约在4月或5月上旬。

②秋播。露地二年生草花和部分木本花卉适宜秋播。南方地区约在9月下旬至10月上旬，华中地区约在9月，北方地区约在8月中旬，冬季需在温床或冷床越冬。

③随采随播。有些花卉种子含水分多，生命力短，不耐贮藏，水分散失后容易丧失发芽力，应随采随播，如君子兰、四季海棠、杨树、柳树、桑树等。

④周年播种。原产于热带和亚热带的花卉的种子及部分盆栽的花卉的种子，常年处于恒温状态，种子随时成熟，如果温度合适，种子随时萌发，可进行周年播种，如中国兰花、热带兰花等。

（2）播种方法　一般可分为点播、条播和撒播。实际生产中根据花卉种类、耐移栽程度、生产用途等可选择点播、条播或撒播。一般而言，大粒种子采用点播，按一定的株行距单粒点播或多粒点播，便于移栽，如紫茉莉、牡丹、芍药、海棠、紫荆、丁香、金莲花、君子兰等。中粒种子采用条播，便于通风透光，如文竹、天门冬等。小粒种子采用撒播，占地面积小，出苗量大。撒播要均匀，并及时间苗和蹲苗，如一串红、鸡冠花、翠菊、三色堇、虞美人、石竹等。

4）露地苗床直播

（1）苗床整理　选择通风向阳、土壤肥沃排水良好的圃地，施入基肥，整地作畦，调节好苗床墒情，准备播种。

（2）播种　根据种子大小将待播种子采用适当方法进行播种。

（3）播种深度及覆土　播种深度即覆土厚度。一般覆土厚度为种子直径的 2～4 倍，大粒种子宜厚，小粒种子宜薄。播种后使种子与土壤紧密结合，便于吸收水分而发芽，将苗床面压实，用喷洒的形式浇水，保持土壤墒情。

（4）播种后的管理　播种后的管理需注意以下几个问题：

①保持苗床湿润，初期给水要偏多，以保证种子吸水膨胀的需要，芽后适当减少，以土壤湿润为宜，不能使苗床有过干或过湿的现象。

②播种后如果温度过高或光照过强，要适当遮阳，避免出现"封皮"现象，影响种子出土。

③播种后期根据发芽情况适当拆除遮阳物，逐步见阳光。

④当真叶出土后，根据苗的稀密程度及时间苗，去掉纤细弱苗，留下壮苗，充分见光"蹲苗"。

⑤间苗后需立即浇水，以免留苗因根系松动而死亡。

5）盆播

（1）花盆准备　盆播一般采用盆口较大的浅盆或浅木箱，浅盆深 10 cm，直径 30 cm，底部有 5～6 个排水孔，播种前要洗刷消毒后待用。

（2）盆土准备　先在苗盆底部的排水孔上盖一瓦片，下部铺 2 cm 厚粗粒河沙和细粒石子，以利于排水，上层装入过筛消毒的培养土，颠实、刮平即可播种。

（3）播种　小粒、微粒种子掺土后撒播（如四季海棠、蒲包花、瓜叶菊、报春花等），覆土要薄，以不见种子为度。大粒种子点播，播后用细筛视种子大小覆土，用木板轻轻压实。

（4）盆底浸水法　盆播给水采用盆底浸水法或细喷壶浇水。将播种盆浸到水槽里，下面垫一倒置空盆，以通过苗盆的排水孔向上渗透水分，至盆面湿润后取出。浸盆后用玻璃和报纸覆盖盆口，防止水分蒸发和阳光照射。夜间将玻璃掀去，使之通风透气，白天再盖好。细喷壶浇水首先要在盆土表面覆盖报纸、稻草等，然后再小心喷洒。

（5）播后管理　盆播种子出苗后立即掀去覆盖物，拿到通风处逐步见光。可保持用盆底浸水法给水，当长出 1 ~ 2 枚真叶时用细眼喷壶浇水，当长出 3 枚真叶时可分苗。

2. 容器育苗技术

容器育苗技术主要包括育苗地的选择、容器的选择、育苗基质的预处理（营养土配制、调节酸碱度、消毒）、育苗基质的装填与摆放（容器装土与排列）、播种、移植等过程。

1）育苗地的选择

容器育苗大多在温室或塑料大棚内进行，因为在这种环境下育苗，能人为控制温度和湿度，为苗木创造良好的生长条件，使苗木生长快速，缩短育苗时间。如果露地进行容器育苗，一般选择地势平坦、排水良好、无病虫害、肥力一般的地方。

2）容器的选择

育苗容器种类很多，形状、大小、制作材料各不相同，可根据花卉种类、育苗周期、花木规格、生产用途等要求进行选择。

3）育苗基质

（1）优良育苗基质的标准　优良的育苗基质应具备以下条件：

①质地均匀致密，能固定苗木，不论干湿其体积变化不大。

②保水保肥性能好。

③透气性好。

④具有较高的阳离子交换能力。

⑤本身具有一定的肥力。

⑥不带草籽、病虫害和有毒物质。

⑦盐、碱含量低。

（2）我国主要育苗基质材料

①泥炭。由各种水生、湿生和沼生植物残体组成的疏松堆积物，其特点是：

a. 质轻、疏松，持水力强，透气性好。

b. 具有较强的阳离子交换能力。

c. 多呈酸性，pH 值 5 ~ 6.5。

d. 泥炭属于不可再生资源，应该节约使用。

②蛭石。云母岩经过高温（1 100 ℃）处理后膨胀而成的海绵状颗粒，化学成分为无机硅酸镁等，其特点是：

a. 中性，具有良好的缓冲性能。

b. 溶于水，能吸收大量水分。

c. 培养基疏松，有良好的透气、透水性。

d. 有较高的阳离子交换能力。

③珍珠岩。一种细小的海绵质颗粒，其特点是：

a. 量很轻，持水能力强。

b. 中性，不具缓冲作用，也没有阳离子交换能力，不含矿物质养分。

④森林表土。即森林表层土壤，其特点是：

a. 富含有机质，肥力高。

b. 土壤结构疏松，保水、保肥能力强。

c. 离子交换能力强。

d. pH 值 5.5 ~ 6.5。

e. 林下表土含大量菌根菌。

⑤草皮土。养分含量、土壤结构、土壤物理性状等与森林表土类似，但不如森林表土。

⑥塘泥。成分复杂，养分含量差别大，有一定改良土壤的作用，为迟效或凉性肥料。

⑦火烧土。含较高速效养分，吸热和保水能力强，病原菌等较少。

⑧黄心土。资源丰富，取土容易，无病菌，有机质及其他养分含量低，透水、透气性能差。

⑨轻型育苗基质。原料非常丰富，以农林废弃物为主，主要有秸秆、稻壳、枯枝、落叶、树皮、木屑、椰糠等。其特点是性能不够稳定，需要集中发酵处理。

⑩有机肥料。有机肥料指各种厩肥、堆肥、饼肥、人粪尿等。其特点是可以增加土壤有机质，提高土壤肥力和改善培养基的物理性质，提高保水保肥能力。

4）基质的预处理

（1）基质配制　基质的配制在满足花卉生长需要的基础上，应因地制宜，就地取材。一般需具备以下条件：

①来源广，成本较低，具有一定肥力。

②理化性状良好，保湿、通气、透水。

③重量轻，不带病原菌、虫卵及杂草种子。

实际花卉生产中，常用蛭石、珍珠岩、腐殖质土、泥炭等按一定比例混合均匀，消毒后备用，还应根据花卉种类、培育期限、容器大小及基质肥沃度添加适量的基肥。

（2）基质消毒及酸度调节　一般可采用物理和化学方法消毒：物理消毒主要包括蒸气消毒、加热等；化学消毒常用化学药剂或农药进行消毒，灭菌常用消毒剂有福尔马林、硫酸亚铁、代森锌等，杀虫剂有辛硫磷等。同时，要根据植物习性调节基质酸度。

5）育苗基质的装填与摆放

（1）育苗基质的装填　基质在装填前保持 10% ~ 15% 的含水量，容器内要求填满基质，压实后基质约装至容器的 4/5 或离容器上缘 0.5 ~ 1 cm 处。压实标准以基质不会从容器底部排水孔漏出为度。

（2）容器的摆放

①平地排放。我国大部分地区在育苗圃地上直接排放容器。排放宽度一般在 1 ~ 1.2 m，长度一般在 10 m 左右。容器要与地面隔绝，排列成行并紧靠，这种排放方式简单适用，便于管理，土地利用率高。

②架空排放。容器不与地面接触，安放在特制的框架上，这种排放方式有利于实行空气剪根，促进根系发育，同时利于排水。摆放时容器直立，上口平整一致，错位排列，容器之间空隙用营养土填满。

6）播种

（1）计算播种量　根据发芽率测定结果，结合花卉种类、种粒大小、价格和生产实际情况确定播种量。每个容器通常播 1 ~ 2 粒种子。

（2）播种　播种期应根据当地气候条件、生产目的、花卉特点等因素确定。播种前种子要进行必要的播前处理，如打破休眠和消毒等，具体方法因花卉而异。播种后逐个检查容器，发现漏播及时补播，出苗后发现有空杯，可再播一次或移出空杯。播后及时覆土，覆土厚度为种子直径的 1 ~ 3 倍，微粒种子以不见为度，覆土后至出苗前保持基质温润。低温干旱地区宜用塑料薄膜或谷草覆盖床面。

（3）播后管理

①浇水。容器苗在苗床摆放好后即刻浇透水。幼苗生长初期要多次适量浇水，保持培养基质湿润，一般为喷灌。喷水不宜太急，水滴不宜过大。喷水次数受天气限制。

②间苗。幼苗出齐后一星期内间苗，一个容器内一株苗，对缺株容器及时补苗。

③除草。按照"除早、除小、除了"的原则，保持容器内、床面和步道无杂草，人工除草时要防止松动苗根。

④病虫害防治。遵循"预防为主、综合治理"的方针，发生病虫害及时防治。立枯病是幼苗期危害较强的病害，在苗出齐后马上喷施等量式波尔多液，每周一次，可进行 2 ~ 3 次。

7）幼苗移植

当花卉幼苗长到一定大小时即可根据生产目的进行移植或出售。移植要及时进行，防止小老苗形成，影响生产。

8）不同容器育苗要点

（1）蜂窝育苗袋

①注意透水、透气。

②袋间空隙应填满泥土。

③冬季应提高培养基温度。

④栽植时不能带袋（图1-6）。

图1-6　蜂窝育苗袋

（2）硬塑料杯

①对基质的要求高，需透气和持水性能好。

②对水分管理的要求较高。

③适于机械化作业（图1-7）。

（3）纸杯

①适于育苗期短的苗木（2个月左右）。

②喷水时不能过湿，以免纸袋破裂。

③育苗过程中，苗木不宜移动。

④在苗根穿出纸杯之前，苗木出圃（图1-8）。

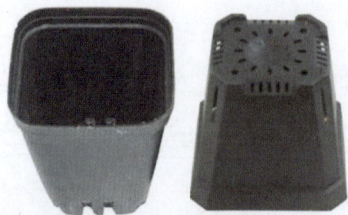

图1-7　硬塑料杯

图1-8　纸杯

（4）穴盘

①根据苗木大小选择穴盘规格。

②要求育苗基质透气性、排水性好，同时持水能力较强。

③穴盘苗生产的技术含量高，播种育苗都需要高素质的人员来管理（图 1-9）。

图 1-9　穴盘

透明上盖
保温保湿

育苗穴盘
透水透气

接水底盘
蓄水卫生

子任务 2　常见的一、二年生花卉生产

◎**思维导图**

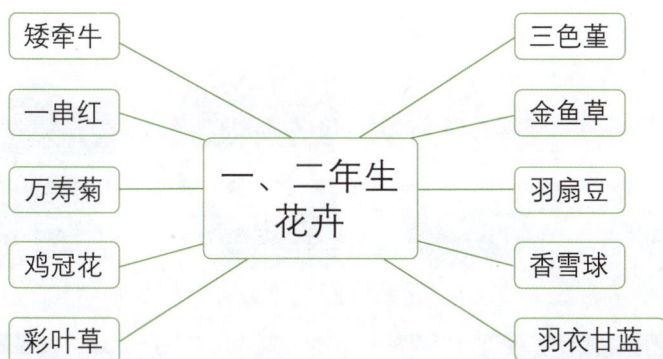

矮牵牛　三色堇

一串红　金鱼草

万寿菊　羽扇豆

鸡冠花　香雪球

彩叶草　羽衣甘蓝

一、二年生花卉

1. 矮牵牛 *Petunia hybrida*

别名：碧冬茄、灵芝牡丹、撞羽朝颜（图 1-10）。茄科，碧冬茄属。

1）形态特点

多年生草本，常作一、二年生栽培，株高 30 ~ 60 cm，茎直立或匍匐。叶椭圆，全缘。花单生于枝顶或叶腋，花冠喇叭状。花型有单瓣或重瓣，花瓣边缘变化大，瓣缘皱褶、平瓣、波状或呈不规则锯齿状等；花色有红色、白色、粉色、紫色、蓝色、黄色及各种带斑点、星状、条纹、双色等，花期长，北方自然花期 4—10 月，南方冬季亦可开花。蒴果，种子极小，千粒重约 0.1 g。

梦幻（大花单瓣型品种）

海市蜃楼（多花单瓣型品种）

易美（大花矮壮型品种）

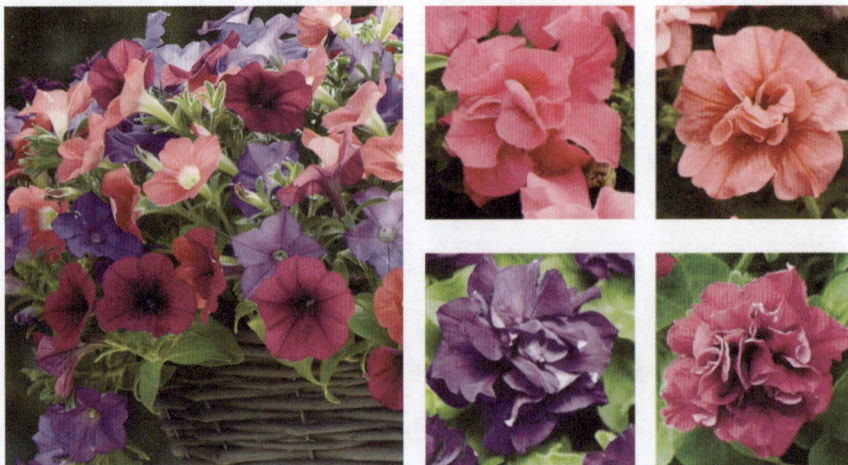

锦浪（大花单瓣垂吊型品种）

二重唱（多花重瓣型品种）

图1-10　矮牵牛

2）品种及类型

园艺品种极多，常有以下分类：

（1）按性状分类 可分为垂吊型和直立型。

（2）按花色分类 可分为紫红色、鲜红色、桃红色、纯白色、肉色及多种带条纹品种（红底白条纹、淡蓝底红脉纹、桃红底白斑条等）。

（3）按花径和瓣性分类 可分为大花单瓣型、大花重瓣型、多花单瓣型、多花重瓣型和其他类型。

①大花单瓣型：梦幻系列、至雅组合 F1、大地系列、超级瀑布系列等。

②多花单瓣型：典雅组合 F1、海市蜃楼系列、地毯系列等。

③大花矮壮型：易美系列、大花标致系列等。

④大花单瓣垂吊型：锦浪、轻浪、波浪、潮波系列等。

⑤多花重瓣型：二重唱系列等。

⑥大花重瓣型：双瀑布系列、旋转系列等。

3）分布与习性

原产于南美。喜温暖怕寒冷，耐暑热，生长适宜温度为 15～28 ℃。喜阳光充足，也能稍耐半阴。忌雨涝，忌水湿，喜排水良好、疏松肥沃的微酸性土壤，生长期注意通风透气。

4）栽培管理技术

（1）繁殖技术 以播种、扦插繁殖为主。

①播种繁殖。可春播也可秋播，春播于 4 月下旬露地进行，也可提前在室内育苗。秋播于 9 月在保护地进行。地温控制在 20～24 ℃，4～5 天即可发芽。矮牵牛种子细小，为了保证发芽可选择包衣种子，室内育苗用高温消毒的培养土、腐叶土和细沙的混合土，播后不需覆土，轻压即可。根据需要也可分批播种，若布置春季花坛，12 月初播种，4 月开花；布置夏季花坛 4 月初播种，7 月开花；布置秋季花坛 7 月初播种，9 月上旬开花。

②扦插繁殖。重瓣或大花品种不易结实的品种可用扦插繁殖，春秋均可，成活率高。采插穗的母体，将其败花剪除，用根际处萌发的嫩枝扦插效果更好，保持温度在 20 ℃，2～3 周即可生根。

（2）栽培管理技术 实生苗出现真叶后保持室温 13～15 ℃，幼苗可生长良好，2 枚真叶后移植一次，起苗需带土。为了缩短缓苗期可选择营养袋育苗，5—6 月可定植于露地或上盆，若盆栽有倒伏现象，可在生长期修剪整枝，促使开花并控制株高。秋播苗冬季室温不应低于 10 ℃，至翌年春天即可开花，并持续到秋季。夏季开花期需给予充足的水分，还需增加通透性，避免高温高湿引发病害，生长期应保证土壤肥力适中，否则土壤过肥，易旺盛生长而引起徒长倒伏。

5）园林应用

矮牵牛品种繁多，花色丰富，花期长，花开繁茂，是极好的花坛花卉，大面积栽培具有地被效果，能塑造五彩缤纷的景观效果，也可用于盆栽布置室内，大花重瓣品种可作切花用。

2. 一串红 *Salvia splendens*

别名：墙下红、象牙红、撒尔维亚、爆竹红（图 1-11）。唇形科，鼠尾草属。

灯塔

展望

图 1-11　一串红

1）形态特点

亚灌木状草本，株高 30 ~ 80 cm，茎基部木质化，光滑具四棱，叶卵圆形，基部截形，轮伞花序密集成串着生，小花 2 ~ 6 朵，总花序长 20 cm 以上；花冠唇形，伸出花萼之外，花萼钟状，与花冠同为红色，花期 4—10 月。

2）常见品种及类型

（1）栽培品种

①展望系列：株高 25 ~ 30 cm，冠幅 20 cm，耐热性强，花期一致性好，比其他品种晚开花 2 ~ 5 天，室外地栽表现优秀。

②灯塔系列：株高 60 cm，冠幅 25 cm，植物高大、茂盛，花色持久，宛如屹立花园的灯塔。耐热性强，养护管理简单。

（2）同属其他种类

①红花鼠尾草（*S.coccinea*）。别名朱唇，花萼绿色，花冠鲜红，下唇长于上唇两倍，可自播繁衍，栽培容易（图 1-12）。

②粉萼鼠尾草（*S.farinacea*）。别名一串蓝，品种有银白（花冠白色，花萼粉色）、阶层（花萼白色，花冠蓝色）、维多利亚（花萼和花冠均为深紫色，播种至开花需 85 ~ 90 天）（图 1-13）。

图 1-12 红花鼠尾草

图 1-13 粉萼鼠尾草

3）分布与习性

原产于南美、巴西，现世界各地广为栽培。喜温暖湿润的气候，不耐寒，怕霜冻，最适宜生长温度为 20 ~ 25 ℃。喜阳光充足，也能稍耐半阴。对土壤要求不严，但喜排水良好、疏松肥沃的土壤。

4）生产栽培技术

（1）繁殖技术 以播种、扦插繁殖为主。

①播种繁殖。分批播种，可分期开花，如供翌年"五一"节应用，可在前一年 10 月室内播种，不断摘心，抑制开花，节日前 25 ~ 30 天停止摘心。一串红浸种时出现大量黏液，可用沙搓洗去除，然后再催芽、播种。

②扦插繁殖。为了加大花苗繁殖，可以结合生长期摘心工作，剪取枝条先端 5 ~ 6 cm，进行嫩枝扦插，温度控制在 15 ℃以上，任何时期均能扦插成活， 10 ~ 20 天生根。扦插苗开花较实生苗快，植株高矮也易控制。

（2）栽培管理技术 幼苗具 2 枚真叶时间苗，4 枚真叶时带土移植，定植前施足基肥，6 枚真叶或苗高 10 cm 时留 2 枚叶摘心，以后每长出 4 枚真叶摘心一次，反复摘心 3 次以上，以促使植株矮壮，增加花枝。目标花期前 25 天停止摘心，以保证开花。一串红对水分较敏感，苗期不能过分控水，否则容易形成小老苗，过湿则枝叶易腐烂。生长期应施 1 ~ 2 次追肥，且施用 1 500 倍硫酸铵以改变叶色，花前增施磷钾肥，开花会更加艳丽。采种于花序中部小花花萼失色时，剪取整个花序晾干脱粒，因种子成熟易落需及时采收。

5）园林应用

一串红花色鲜艳，尤其新品种花色纯正、丰富，花期长，常用作花坛、花境或花台的主体材料，既适于露地栽培，也可盆栽。红色的一串红配合粉白、红白双色种和蓝白、紫白等鼠尾草，能营造出生机勃勃的室内氛围。

3. 万寿菊 *Tagetes erecta*

别名：臭芙蓉、臭菊、蜂窝菊（图1-14）。菊科，万寿菊属。

泰山　　　　　　　　　　　　奇迹

图1-14　万寿菊

1）形态特点

一年生草本花卉，株高20～90 cm，茎直立光滑，常具细棱或沟槽，叶对生或互生，羽状深裂，裂片披针形，叶缘有齿，锯齿顶端有短芒，叶片具油腺点，有强臭味。头状花序单生于枝顶，舌状花有长爪，边缘稍皱曲，花径5～13 cm，花型有单瓣、重瓣之分，花色有黄、橙黄、橙色，花期6—10月。瘦果线形，种子寿命3～4年。

2）品种及类型

（1）栽培品种　生产上多用万寿菊的F1代杂交种，有高生品种和矮生品种。

①高生品种。株高40～80 cm，茎秆粗壮，花径10 cm以上，多为短日照品种，如英雄系列、丰富系列。

②矮生品种。株高25～30 cm，株型紧凑，分枝能力强，侧枝生长旺盛，花朵硕大紧凑，货架期更长，如泰山系列、奇迹系列、安提瓜系列、发现系列。

（2）同属其他种类

①孔雀草（*T. patula*）。茎多分枝，细长，头状花序，花径2～6 cm，舌状花黄色或橘黄色，基部具紫斑（图1-15）。

②南非万寿菊（*T. tenuifolia*）。矮生种株高20～30 cm，花色有白色、粉色、紫红色、蓝色、紫色等，单瓣，花径5～6 cm，分枝性强，不需摘心，开花早，花期长，在湿润通风的环境中生长良好（图1-16）。

鸿运

热点

珍妮

金门

阿迪哥

旷野

图 1-15 孔雀草

艾美佳

大峡谷

图 1-16 南非万寿菊

3）分布与习性

原产于墨西哥及美洲地区，现世界各地广为栽培。喜温暖，稍耐早霜，喜阳光充足，也能稍耐半阴。高湿、酷暑的环境中生长不良。抗逆性强，耐干旱，对土壤要求不严，耐移植，生长快，也能自播繁殖。

4）栽培管理技术

（1）繁殖技术　以播种、扦插繁殖为主。

①播种繁殖。春夏秋均可播种，春秋播种 70 ~ 80 天即可开花，夏播 60 天即可开花。种子发芽适宜温度为 21 ~ 24 ℃，约一周发芽。

②扦插繁殖。夏季保持较高的空气湿度，剪 5 ~ 7 cm 长的嫩枝，进行扦插，插后略遮阳，插后 2 周生根，极易成活，一个月便可开花。

（2）栽培管理技术　幼苗 2 ~ 3 枚真叶时即可移植，具 5 ~ 6 枚真叶时定植。苗期生长迅速，对水肥要求不严，在一般的田园土中均能良好生长，苗高 15 cm 时应摘心促分枝，整个生长期摘心 2 次便能有效控制株高，增加着花数。开花后及时摘除残花枯叶，施以追肥，可促其继续开花。只在干旱时适当灌水，平时不需特殊的水肥管理。

5）园林应用

万寿菊花朵密集，花期长，矮生品种宜布置花坛、花境、花丛，也可盆栽。高生品种可作花境背景，是优良的切花材料。

4. 鸡冠花 Celosia cristata

别名：鸡冠海棠、红鸡冠（图 1-17）。苋科，青葙属。

1）形态特点

一年生草本，株高 40 ~ 100 cm，茎直立粗壮，叶互生，长卵形或卵状披针形，叶色有红色、黄色、黄绿色等，肉穗花序顶生，呈扁平鸡冠形、肾形、扁球形等，整个花序有深红、鲜红、橙黄、金黄等颜色，常与叶色有关，自然花期夏、秋至霜降。种子黑色细小。

2）品种及类型

（1）栽培品种　园艺变种、变型很多，按花型分为鸡冠状、羽状、穗状；按高矮分为高型鸡冠（80 ~ 120 cm）、中型鸡冠（40 ~ 60 cm）、矮型鸡冠（15 ~ 30 cm）。矮型品种常用作盆花，如头脑风暴系列、宇宙系列；中型品种常用作花坛，如新火系列（羽状花序）、冰淇淋系列（羽状花序）、吸血鬼系列（鸡冠状花序）。高型品种用作切花，如孟买系列、周日系列、思威系列等（图 1-18）。

（2）同属其他品种　凤尾鸡冠花（C.cristata 'Plumosa'）。株高 80 ~ 120 cm，茎直立多分枝，花期 7—10 月。花色有深紫色、大红色、黄色等，既可观赏又可药用（图 1-19）。

头脑风暴   宇宙

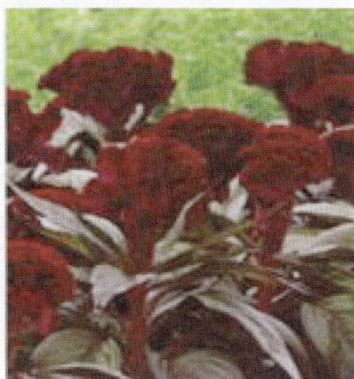

新火   冰淇淋   吸血鬼

图 1-17 鸡冠花

孟买   周日   思威

图 1-18 鸡冠花切花品种

图 1-19 凤尾鸡冠花

3）分布与习性

原产于亚洲热带，现世界各地多有栽培。喜高温、干燥、全光照的环境，不耐寒，宜土层深厚、肥沃、湿润微酸性的沙质壤土，忌积水，较耐旱，可自播繁衍。

4）栽培管理技术

（1）繁殖技术　以播种繁殖为主。可根据观赏时间调整播种期，4—7月下旬播种，播后70～80天即可进入盛花期。播后适当保湿遮阳，需8～10天发芽。

（2）栽培管理技术　鸡冠花白天生长适宜温度为21～24 ℃，夜间为15～18 ℃。实生苗出苗后2枚真叶时适当间苗，小苗具5～6枚真叶时移植，属于直根系，不宜多次移植。生长期内应保持土壤肥沃湿润，尤其炎夏应注意充分灌水，但忌水湿。鸡冠花喜肥，除定植前施足基肥外，开花前应追施液肥。开花期通风良好、气温凉爽的条件可延长花期。

5）园林应用

鸡冠花因其花序红色、扁平肉质、形似鸡冠而得名，享有"花中之禽"的美誉，是重要的花坛花卉。高型品种用于花境、花坛，还可作为切花，水养持久，作干花经久不凋；矮型品种用于花坛及盆栽观赏。另外，鸡冠花对二氧化硫、氯化氢具有良好的抗性，能起到绿化、美化和净化环境的多重作用，是作厂矿绿化的主要材料之一。

5. 彩叶草 *Coleus blumei*

别名：锦紫苏、老来少（图1-20）。唇形科，锦紫苏属。

1）形态特点

多年生常绿草本作一年生栽培。株高15～50 cm，茎四棱，基部木质化，分枝少。叶对生，叶面有多种色彩且富于变化，随着植株的生长，色彩逐渐艳丽，因品种不同叶面有黄、红、紫、橙、绿等各色斑纹。花期夏秋季，圆锥花序，花小，淡蓝色或带白色。

巨无霸　　　　　　　小巨无霸　　　　　　　奇才

樱桃巧克力　　　　　柠檬喜悦　　　　　　　薄荷巧克力

图 1-20　彩叶草

2）类型及品种

变种、品种极多，有大叶型、彩叶型、皱边型、柳叶型、黄绿叶型五种类型。常见品种有巨无霸、小巨无霸、奇才、柠檬喜悦、樱桃巧克力等。

3）分布与习性

原产于印度尼西亚，现世界各地广泛栽培。适应性强，喜温暖，较耐寒，最适宜生长温度为 10 ~ 30 ℃，低于 10 ℃生长停滞，但能忍耐短暂 2 ℃低温，夏季高温时略遮阳。喜光照充足，以保持叶色鲜艳。要求疏松、肥沃、排水良好的土壤，忌干旱。

4）栽培管理技术

（1）繁殖技术　以播种、扦插繁殖为主。

①播种繁殖。为好光性种子，播后不需覆土，春播在室内进行，室温保持在 18 ~ 25 ℃，10 天萌发，发芽率高，出苗整齐。

②扦插繁殖。选品种优良、叶色艳丽、富于变化的植株，结合摘心和修剪进行嫩枝扦插，四季均可进行。剪取 8 ~ 10cm 生长充实饱满的枝条插于素沙或盆中，保持适宜的温度（18 ℃）和湿度，适度遮阳，20 天生根。也可水插。

（2）栽培管理技术　彩叶草适应性较强，管理较简单，实生苗长出 2 枚真叶即可移植，4 ~ 6 枚真叶时需定植，需定植在疏松肥沃、排水透气性能良好的环境中。生长期对水分需求敏感，应经常保持土壤湿润，忌干旱，结合浇水追施磷钾肥 2～3 次，施肥时切忌将肥水洒至叶面，以免灼伤腐烂。生长期摘心 2 次，以促使分枝，增加冠幅。彩叶草喜光，应给予充足的光照，过阴易导致叶面颜色变浅，植株生长细弱，但夏季高温时应避免阳光直射，高温强光会使色素遭到破坏，导致植株色彩不鲜明，影响观赏。

5）园林应用

彩叶草色彩鲜艳，品种丰富，繁殖容易，是广泛应用的观叶花卉，常用来配置花坛图案，也可作小型观叶盆花及花篮花束的配叶使用。

6. 大花三色堇 *Viola tricolor* var. *hortensis*

别名：蝴蝶花、猫脸花、鬼脸花（图 1-21）。堇菜科，堇菜属。

超级宾哥

潘诺拉

魔力信号灯

闪现

闪现（重瓣褶边型）

图 1-21　三色堇

1）形态特点

二年生草本，茎直立，株高 15 ~ 25 cm，多分枝。基生叶多卵圆形，茎生叶长卵形，叶缘有整齐的钝锯齿。花顶生或腋生，挺立于叶丛之上。花瓣 5 枚，近圆形，平展，下面花瓣有腺形附属体并向后伸展，状似蝴蝶，花色绚丽，每花有黄、白、蓝三色，中央有深色"眼"状斑纹。园艺栽培品种还有纯黄色、纯蓝色、白色、红色、黑色等，也有复色，北方花期 4—6 月，南方花期 1—2 月。

2）类型及品种

园艺栽培种多为 F1 代杂种，依据特征分为以下几类：

（1）大花型　原种为一花三色，现已育出单一色彩，有纯紫色、金黄色、蓝色、红色、橙色、纯白色等，花径 7 ~ 9 cm，如超级宾哥 F1、诺言。

（2）中花型　花径 4 ~ 6 cm，如改良万圣节、闪现、魔力信号灯。

（3）多花型　花径 5 ~ 6 cm，花量大，如潘诺拉。

同属其他常见种类还有：

（1）角堇（*V.cornuta*）　茎丛生，短而直立，品种有复色、白色、黄色、蓝紫色等，花径 3 ~ 4 cm，微香，耐热性强于三色堇，如果汁冰糕（图 1-22）。

果汁冰糕 XP

图 1-22　角堇

（2）香堇（*V. odorata*）　花具芳香，色彩丰富，花期 2—4 月（图 1-23）。

图 1-23　香堇

3）分布与习性

原产于南欧，现世界各地广为栽种。喜凉爽，较耐寒，不耐酷热，炎热多雨的条件下生长不良，在昼温 15 ~ 25 ℃、夜温 3 ~ 5 ℃时发育良好。喜光，稍耐半阴。喜富含腐殖质疏松肥沃的中性土壤，能自播繁殖。

4）栽培管理技术

（1）繁殖技术　以播种繁殖为主，也可扦插繁殖。

在适宜条件下，一年四季均可进行播种繁殖，但以秋播为好。春播于 3 月进行，播于温床或冷床。秋播于 8 月下旬至 9 月上旬进行，将种子播于露地苗床或室内容器育苗，覆土深度为种子直径的 2 ~ 3 倍，保持温度在 15 ~ 20 ℃，经 7 ~ 10 天发芽。

（2）栽培管理技术　三色堇幼苗长至 6 枚真叶时即可定植，移植时最好带土球，株行距 20 cm×30 cm，北方可在 4 月初进行，4 月下旬即可开花。三色堇喜肥，种前需施入充足的基肥，生长期遵守薄肥勤施的原则。三色堇喜凉爽，气温高于 30 ℃时往往开花不良，应植于疏荫花坛或花境中，或植入树坛和林间隙地。

5）园林应用

三色堇株型低矮，花色瑰丽，花期长，多用于花坛、花境、窗台花池、岩石园、野趣园及镶边植物和春季球根花卉的衬底栽培，尤其较多应用于大型绿地布置，大花、斑色系更适合作盆花或组合盆栽，小花品种可作悬挂栽培或花钵的镶边材料。

7. 金鱼草 *Antirrhinum majus*

别名：龙口花、龙头花、洋彩雀、狮子花（图 1-24）。玄参科，金鱼草属。

锦绣

花雨

马里兰

图 1-24　金鱼草

1）形态特点

多年生草本作二年生栽培。株高 15 ~ 90 cm，茎直立有腺毛，基部木质化。叶披针形，总状花序顶生，长 25 cm 以上，花冠筒状唇形，基部膨大成囊状，花色有紫、红、粉、黄、橙、白等色，或具复色，花色与茎色相关，花期 5—7 月。

2）类型及品种

栽培品种多达百种，单瓣或重瓣，根据株型可分为：

（1）高性品种　株高 90 ～ 120 cm，如马里兰、摩纳哥、火箭等系列品种。

（2）矮型品种　株高 15 ～ 30 cm，花色丰富，株型紧凑、分枝好，如锦绣、红铃、花雨、钟玲等系列品种。

3）分布与习性

原产于地中海沿岸及北非，现广泛栽培。喜凉爽，较耐寒，最适生长温度为昼温 12 ～ 15 ℃，夜温 2 ～ 10 ℃。喜强光，能耐半阴，惧怕酷暑，是典型的长日照花卉，若光照不足，易导致植株徒长，影响开花。喜排水良好、富含腐殖质、疏松肥沃的中性或微碱性土壤，稍耐石灰质土壤。

4）栽培管理技术

（1）繁殖技术　以播种繁殖为主，也可扦插繁殖。

①播种繁殖。春秋均可，春播苗可在 9—10 月开花，但不如秋播苗生长良好。秋播于 8 月底—9 月上旬进行，因种子细小，宜在有光照条件下发芽，覆土宜薄，保持湿润，在 15 ℃的条件下 2 周萌发。若萌发前在 2 ～ 5 ℃冷藏几天有利于萌发，播种至开花需 12 ～ 16 周。

②扦插繁殖。重瓣不易结实品种及特殊的优良品种可选择扦插繁殖的方式，于生长期结合摘心，选择健壮无病虫害的枝条作插穗，春插生根率高。

（2）栽培管理技术　实生苗生长过程中及时间苗有利于幼苗壮实，3 ～ 4 枚真叶时移栽。若 8 月中旬播种，10 月中旬即可定植，定植株行距 30 cm × 30 cm。苗期多次摘心以矮化株型，促进分枝，若做切花栽培则不需摘心，而应抹除侧芽、侧蕾。除栽植前施用基肥外，生长期每 15 天追液肥一次，因其具有根瘤菌，本身有固氮作用，一般不用施氮肥，适量增加磷钾肥即可。生长期注意灌水，保持土壤湿润，促使植株生长旺盛。

人工控制条件下 7 月播种，12 月—翌年 3 月开花；10 月播种，翌年 2—3 月开花，若生长期喷施 0.02% 赤霉素，有利于花芽形成，达到提前开花目的。

5）园林应用

金鱼草在品种改良方面进展很快，以西欧尤为迅速。因其花型、株型、花色富于变化，国际上广泛应用于盆栽、花坛、窗台、栽植槽和室内景观布置，也是新兴切花材料。另外，金鱼草对有害气体抗性很强，是工矿企业等污染地区理想的种植花卉。

8. 羽扇豆 Lupinus polyphylla

别名：鲁冰花（图1-25）。豆科，羽扇豆属。

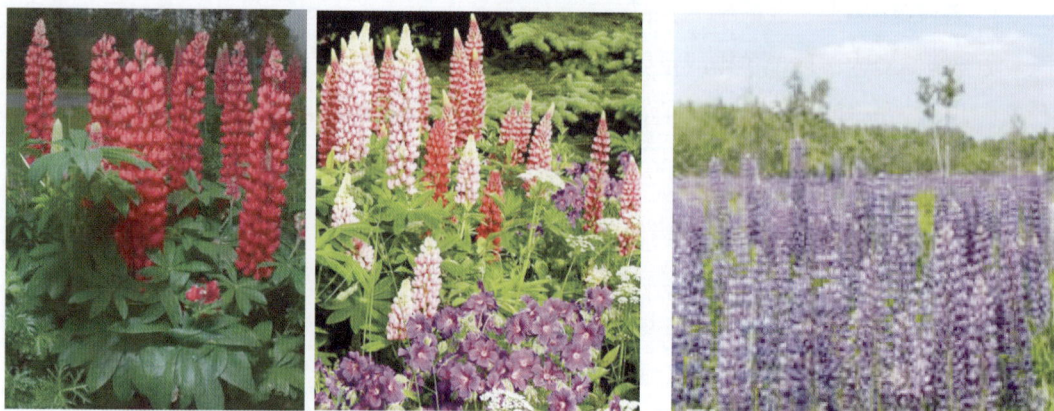

画廊　　　　　　　　　　　　　　　　　　　绥带

图1-25　羽扇豆

1）形态特点

二年生直立粗壮草本，根系发达，株高60～100 cm。叶多基生，掌状复叶，小叶9～15枚，总状花序顶生，高度40～60 cm，尖塔形。小花蝶状，花色丰富艳丽，常见红色、黄色、蓝色、粉色等，园艺栽培品种还有白色、青色等，以及杂交大花种，色彩变化尤其多，花期5—6月。荚果长3～4 cm，种子较大，黑色，形状扁圆。

2）类型及品种

羽扇豆属有300多个种，既有一年生草本，也有多年生草本。园艺栽培的羽扇豆均为二年生，品种较多，有高型品种和矮型品种之分。

（1）画廊系列　矮生品种，植株紧凑，是市场最新培育的早花品种，高度50～60 cm，花穗整齐健壮，花色丰富，有红色、粉红色、黄色、蓝色、白色五色，1—2月播种当年即可开花，春秋播种均可。

（2）绥带系列　高型品种，株高100～130 cm，花期晚，长势强，花色多，适于露地栽植及多年生观赏。

3）分布与习性

原产于墨西哥等地。喜凉爽，较耐寒（-4 ℃以上），喜阳光充足，略耐阴，忌炎热。根系发达，深根性，要求土层深厚、肥沃疏松、排水良好、微酸性沙质壤土，较耐旱，石灰性土壤或排水不良时常导致生长不良。

4）栽培管理技术

（1）繁殖技术　以播种繁殖为主，也可扦插繁殖。

①播种繁殖。春秋播种均可，春播于 3 月开始，但生长期正值夏季，受高温炎热影响，导致生长缓慢、不开花或开花稀少、花穗短等。秋播于 9—10 月中旬播种，普通或包衣处理，选择草炭土、珍珠岩 1∶1 混合基质，进行穴盘点播，覆盖厚度 0.5～1 cm，保持湿润，给予温度 25 ℃，7～10 天种子出土萌发，发芽率高，比春播苗开花早且长势好。

②扦插繁殖。春季剪取根茎处萌发的枝条并略带少许根茎，剪成 8～10 cm 的小段插于素沙或蛭石内，2～3 周生根。

（2）栽培管理技术　栽培羽扇豆应给予微酸性及凉爽的栽培条件，苗期 30～35 天，待真叶完全展开后即可移苗分栽，属于深根性花卉，移苗时需保留原土，以利缓苗，株行距 40 cm×40 cm。羽扇豆喜肥，定植前施足基肥，生长期每 15 天追肥一次，初期以氮肥为主，后期增施磷钾肥，夏季多雨季节注意排涝，较耐旱。结实后地上部分枯萎，可于枯萎前采收种子。

5）园林应用

羽扇豆植株匀称、叶片茂盛、花序硕大直立，是优良的造景材料，常植于花境背景，或林缘、河边丛植、片植，也是插花的重要素材，矮生品种可用于盆栽观赏。

9. 香雪球 *Lobularia maritima*

别名：小白花、庭荠（图 1-26）。十字花科，香雪球属。

水晶　　　　　　　　　　　　　　　复活节圆帽

图 1-26　香雪球

1）形态特点

二年生草本花卉，株高 15～30 cm，株矮而多分枝，花色有纯白色、淡紫色、紫色、玫红色，花朵气味清香四溢，花期 3—6 月。

2）类型及品种

常见品种有复活节圆帽、雪晶（四倍体）、新雪毯、彩毯、玫瑰日和水晶等，各品种差异主要体现在色泽、株高与抗寒性等方面。

3）分布与习性

原产于欧洲及地中海地区。性强健，能耐轻度霜寒，喜冷凉，忌炎热，喜阳光，稍耐阴，忌积水，耐干旱瘠薄土壤。

4）栽培管理技术

（1）繁殖技术　常采用播种繁殖，11月—翌年2月采取温室容器育苗的形式进行，3～5天后萌发。

（2）栽培管理技术　香雪球播后60天苗高约8 cm时，若保证温度和光照条件适宜，即可出现零星花苞，随即清香四溢。室外温度持续稳定在5 ℃以上时即可移栽定植。喜欢较干燥的空气环境，最适空气相对湿度为40%～60%，怕雨淋。喜欢冷凉气候，忌酷热，耐霜寒。开花时剪掉残花可以延长花期。

5）园林应用

香雪球是花坛、花境的优良镶边材料，也是布置岩石园的优良花卉。

10. 羽衣甘蓝 *Brassica oleracea* var.*acephala f. trilolor*

别名：叶牡丹、花菜（图1-27）。十字花科，甘蓝属。

1）形态特点

二年生草本，株高30～60 cm，茎基部木质化，直立无分枝。叶宽大呈匙形，被有白粉，叶柄粗壮，中心叶和边缘叶的叶色、叶形富于变化，中心叶通常有白色、粉红色、紫红色、黄绿等，叶片观赏期为12月—翌年3、4月。

2）类型及品种

园艺栽培品种根据叶色和叶形进行分类。依叶色分为红紫叶（中心叶为紫红、淡紫红或淡紫色）和白绿叶（中心叶为白色或淡黄色）；依叶形分为皱叶型、圆叶型和裂叶型，如名古屋F1、欧、鹤（切花品种）等系列。

3）分布与习性

原产于西欧，现世界各地广为栽培。喜凉爽，较耐寒，能忍受-5 ℃低温。喜阳光充足，也能耐半阴。喜湿，稍耐旱，极喜肥，喜疏松肥沃的沙质土壤。

4）栽培管理技术

（1）繁殖技术　以播种繁殖为主。秋播于8月上旬露地直播或12月下旬室内盆播，

名古屋

欧

鹤

图 1–27   羽衣甘蓝

种子细小，宜掺土撒播，覆土宜薄，栽培床保持湿润、疏松肥沃，给予温度为 15 ～ 20 ℃，约一周萌发。

（2）栽培管理技术   幼苗 4 枚真叶前间苗，6 枚真叶后即可移植，11 月定植于花坛，气温在 15 ～ 20 ℃时生长迅速。羽衣甘蓝极喜肥，定植前一定要施足基肥，叶片生长过分拥挤稠密时可修剪边缘叶，使空气畅通，以利生长。

5）园林应用

羽衣甘蓝叶形、叶色富于变化，五彩缤纷，是重要的冬春季花坛、花台的观叶花卉。也可用作中心广场、交通绿地盆栽摆花材料，观赏期长。

◎ 知识拓展

其他常见露地一、二年生花卉的繁殖与应用如表 1–1 所示。

表 1-1 其他常见露地一、二年生花卉的繁殖与应用简表

名称（别名）	学名	科属	形态特点	花色、花期	栽培要点（光、温、土、水、肥）	繁殖方法	类型及应用形式
鼠尾草（洋紫苏）	*Salvia farinacea*	唇形科，鼠尾草属	多年生草本常作一年生栽培，呈丛生状，叶色灰绿，叶表有回凸状织纹，香味刺鼻浓郁	花淡紫色、淡蓝色、蓝色，花期夏季	需光照充足，通风良好的栽培条件，在排水良好的沙质壤土中生长强健，耐病虫害	播种	一年生草本花卉，配置花坛、花境
孔雀草（黄菊花、五瓣莲）	*Tagetes patula*	菊科，万寿菊属	株高30~40 cm，羽状复叶，花梗自叶腋抽出，头状花序顶生	花黄色、橘黄色，花期7—9月	喜阳光，也耐半阴，对土壤要求不严，耐移栽，栽培管理容易生长迅速	播种	一年生草本花卉，适应性强，花色亮丽，已成为花坛、庭院的主体花卉
牵牛花（喇叭花）	*Pharbitis nil*	旋花科，牵牛花属	一年生缠绕草本，属深根性，茎上被倒向的短柔毛，花冠漏斗状	花蓝紫色或紫红色	性强健，光照充足，通风适度的条件，对土壤适应性强，较耐干旱和盐碱，不怕高温酷暑	播种	一年生草本花卉，为夏秋季常见蔓性草花，可作庭院及窗前遮阴材料或小型棚架、篱笆的美化材料，也可作地被栽植
凤仙花（指甲花）	*Impatiens balsamina*	凤仙花科，凤仙花属	茎高40~100 cm，肉质，粗壮，直立，上部分枝	花粉红色、大红色、紫色、洒金色、白黄色等，善变异，花期6—8月	喜阳光，怕湿，耐热不耐寒，适生于疏松肥沃，微酸土壤中，移植易成活	播种，可自播繁殖	一年生草本花卉，适应性较强，生长迅速，花坛、花境，为篱边前常栽草花
紫茉莉（草茉莉、胭脂花、地雷花）	*Mirabilis jalapa*	紫茉莉科，紫茉莉属	多年生草本花卉作一年生栽培，高可达1 m，主茎直立，圆柱形，多分枝，无毛或疏生细柔毛，节膨大	花白色、黄色、红色、粉色、紫色等，傍晚至清晨芳香，花期6—11月	性喜温和、湿润的气候条件，不耐寒，喜通风良好，土层深厚，肥沃的壤土	播种	一年生草本花卉，可于房前屋后、疏林劳，丛植或片植，点缀庭院
地肤（扫帚草、绿帚、蓬头草）	*Kochia scoparia*	苋科，地肤属	一年生直立草本，株高50~100 cm，倒卵形呈卵形，椭圆形，分枝多而密，具短柔毛，茎基部半木质化	叶色嫩绿，秋季变红，花极少，花期9—10月	喜阳光，喜温暖，不耐寒	播种，可自播繁衍	一年生草本花卉，布置花篱、花境，可植于花坛中央，可修剪成各种几何造型，或点缀草坪，盆栽可点缀厅堂、会场

中文名（别名）	学名	科属	形态特征	花色、花期	习性	繁殖	应用
矮雪轮（大蔓樱花）	*Silene pendula*	石竹科，蝇子草属	株高约30 cm，分枝多，叶卵圆状披针形，聚伞花序	花白色、淡紫色、浅粉红色、玫瑰色，花期4—6月	耐寒、喜光、喜肥，在富含腐殖质、排水良且湿润的土壤中生长良好	播种	一年生草本花卉，植株低矮密集，开花繁茂，是布置花坛和花境的好材料，可点缀居室、岩石园或作艺术花坛
旱金莲（旱荷）	*Tropaeolum majus*	旱金莲科，旱金莲属	一年生或多年生蔓性草本，叶互生，叶柄长6~31 cm，向上扭曲，盾状	花黄色、紫色或杂橘红色，花期6—10月	不耐寒、喜温暖湿润，越冬温度10 ℃以上，要求阴光充足和排水良好的肥沃土壤	播种，可自播繁衍	一年生草本花卉，叶形如碗莲，宜作花篱、花境镶边材料
千日红（圆仔花、百日红）	*Gomphrena globosa*	苋科，千日红属	一年生直立草本，高20~60 cm，全株被白色硬毛，叶对生，纸质	花红色，苞片紫红色、粉红色，夏秋开放	喜阳光和炎热干燥气候，对肥水、土壤要求不严，管理粗放	播种	一年生草本花卉，宜作花坛、花境材料，也作切花和干花
银边翠（高山积雪）	*Euphorbia marginata*	大戟科，大戟属	一年生直立草本，株高50~70 cm，具乳汁，叉状分枝，茎顶叶轮生，入秋后叶片边缘或全叶变白色，宛如层层积雪	花小、单性、白色，主要观叶	喜温暖、阳光充足的环境	播种、扦插	一年生草本花卉，作夏秋林缘及灌丛边缘陪衬植物
雁来红（老来少、三色苋）	*Amaranthus tricolor*	苋科，苋属	一年生草本，株高60~100 cm，茎直立、多分枝，绿色或红色，初秋叶片变为红色，黄色、绿色三色相间，或茎黄色或鲜红色	花小、单性，以观叶为主	耐干旱、不耐寒、喜肥沃且排水良好的土壤，喜湿润向阴及通风良好的环境，忌水涝和湿热，对土壤要求不严	播种，能自播繁衍	一年生草本花卉，优良的观叶植物，可作花坛背景、篱垣或道路边丛植，也可大片种植于草坪之中，与各色花草组成绚丽的图案
桂竹香（黄紫罗兰）	*Cheiranthus cheiri*	十字花科，桂竹香属	多年生草本作二年生栽培，株高35~50 cm，茎直立，多分枝，基部半木质化	花金黄色，花期4—6月	喜阳光、冷凉干燥的气候，喜排和排水良好、疏松的土壤，耐寒、畏涝，忌炎热	播种、扦插	二年生草本花卉，可布置花坛、花境
虞美人（丽春花）	*Papaver rhoeas*	罂粟科，罂粟属	株高40~70 cm，茎直立，分枝细弱，花单生茎顶，花蕾下垂，有长梗	花红色、黄色等，白色或单色，花期4—6月	喜冷凉，忌炎热，要求阳光充足，稍耐阴，宜疏松土壤，较耐干旱，耐瘠薄	播种	二年生草本花卉，多彩多姿，花期长，是春花坛，花境的良好材料，也可盆栽外成片栽植，若分期播种，能从春季陆续开放到秋季

续表

名称（别名）	学名	科、属	形态特点	花色、花期	栽培要点（光、温、土、水、肥）	繁殖方法	类型及应用形式
花菱草（金英花）	Eschscholtzia californica	罂粟科，花菱草属	多年生草本作二年生栽培，株型铺散或直立，株高30～60 cm，全株被白粉	花乳白色、淡黄色、橙色、玫瑰红色、青铜色、浅粉色等，花朵晴天开放，阴天或傍晚闭合，花期5—6月	耐寒力较强，喜冷凉干燥气候，不耐湿热，喜阳光	播种	二年生草本花卉，花色鲜艳夺目，是良好的花带、花境和盆栽材料，也可用于草坪丛植
钓钟柳	Penstemon hartwagii	玄参科，钓钟柳属	多年生常绿草本作二年生栽培，株高15～45 cm，直立，枝条直，丛生性强	花红色、蓝色、粉色、紫色等，花期4—5月	喜阳光充足，温暖湿润、通风的环境，稍耐半阴，忌夏季高温干旱，不耐寒，不耐贫瘠，喜排水良好的石灰质沙质壤土	播种、分株、扦插	二年生草本花卉，花色鲜丽，花期长，适宜花境种植，与其他蓝色宿根花卉配置，可组成鲜明的色彩景观，也可盆栽观赏
风铃草（钟花）	Campanula medium	桔梗科，风铃草属	二年生草本，株高约1 m，总状花序，小花1～2朵，茎生	花白色、蓝色、淡桃红色、紫色等，花期4—6月	喜夏季凉爽和冬季温和的气候，喜疏松、肥沃而排水良好的壤土	播种	二年生草本花卉，株型粗壮，花朵钟状似风铃，花色明丽素雅，在欧洲十分盛行，是春末夏初常见的庭院花卉
月见草（夜来香、山芝麻）	Oenothera biennis	柳叶菜科，柳叶菜属	多年生草本作二年花卉栽培，株高100～140 cm，直立或斜上，具粗长毛	花黄色，傍晚至夜间开放，有清香，花期7—9月	适应性强，耐酸耐旱，一般对土壤要求不严，中性、微碱或微酸性土壤上均能生长	播种、扦插	二年生草本花卉，香气宜人，适于点缀夜景，配合其他绿化材料，用于园林、庭院，花坛及路旁绿化
红叶甜菜（厚皮菜、紫菠菜）	Beta vulgaris var.cicla	藜科，甜菜属	多年生草本观叶植物作二年生栽培，株高80 cm，主根直立，叶片呈暗紫红色、绿色、深红色、红褐色，肥厚有光泽	花小，以观叶为主	喜光，稍耐阴，好肥，耐寒力较强，对土壤要求不严，适应性强	播种	二年生草本花卉，紫红色叶片整齐美观，在园林绿化中可片植花坛，也可盆栽、室内摆设，嫩叶可食用
锦葵（钱葵、小钱花）	Malva sylvestis	锦葵科，锦葵属	多年生宿根草本植物作二年生栽培，株高60～100 cm，茎直立多分枝	花紫红色或白色，花期5—10月	耐寒、耐干旱，不择土壤，以沙质土壤最为适宜，生长势强，喜阳光充足	播种、扦插、压条	二年生草本花卉，用作花坛、花境背景材料

任务 3　宿根花卉生产技术

◎**知识目标**

1. 识别常见的宿根花卉，了解常见宿根花卉的形态特点和类型。

2. 掌握常见宿根花卉的繁殖方法和园林应用。

◎**任务目标**

1. 能正确识别常见宿根花卉 20 种以上。

2. 能熟练进行宿根花卉的无性繁殖及日常养护管理。

3. 能根据需要和花卉特点合理运用宿根花卉进行园林绿化布置。

◎**任务背景**

宿根花卉是指植株地下部分宿存越冬而不膨大，翌年继续萌发开花，且可持续多年的草本花卉。依耐寒力及休眠习性不同可分为常绿宿根花卉和落叶宿根花卉两大类。宿根花卉具备以下特点：

1. 具有多年存活的地下部分，可以多次萌芽开花。多数种类可存活多年，且不同粗壮程度的主根、侧根和须根，颈处为生长点，每年萌发新芽，继而生长地上部分，如菊花、芍药等。也有根状茎在地下横向延伸，节上着生须根和芽，继而发育为地上部分的种类，如鸢尾。

2. 种类繁多，有些种类具有休眠习性。原产于温带的耐寒性、半耐寒性宿根花卉具有越冬休眠的特性，冬季地上部分全部枯死，地下部分休眠越冬，休眠器官需要低温才可解除休眠。春季开花的种类长日照条件有利于开花，如芍药、耧斗菜；夏秋开花的种类短日照条件有利于开花，如紫菀、玉簪等。原产于热带、亚热带的常绿宿根花卉，只需温度适宜便可周年开花，若夏季高温则导致休眠。

3. 繁殖方式多种多样。大多数宿根花卉可播种繁殖，但为提高繁殖系数，保持品种特性，应用最普遍的还是无性繁殖，包括分株、扦插、压条等方式，如利用脚芽、茎蘖、根蘖分株，利用叶芽、叶片及枝条等进行扦插。

4. 适应性强，种植容易，管理简单。宿根花卉可一次种植多年观赏，简化种植程序，抗性强，能适应各种生长环境，是节约型园林的主角，广泛应用于花坛、花境、篱垣、地被等绿化形式，大大节约了生产成本。

◎**任务分析**

宿根花卉要在室外花境等形式中使用，首先需要了解其观赏特点、品种优势、繁殖方法、生长习性和养护技巧，才能再根据花色、株高进行搭配应用。宿根花卉栽培管理要点以下两方面：

1. 宿根花卉根系强大，种植前应深翻土壤，栽植时注意控制株行距。种植宿根花卉应选择排水良好、土层深厚肥沃的黏质土壤。由于生长年限较长，植株在原地不断扩大占地面积，因此控制适宜的株行距，为后续萌发的新枝留出空间。定植前应重视土壤改良及基肥施用，春季萌发前施以追肥，花前、花后各追肥一次，便可生长茂盛，花多径大。生长一定年限后会出现株丛过密、植株衰老、着花量和开花品质下降等问题，应及时更新或重栽。另外，由于根系发达，耐旱能力较强，一般苗期注意水肥管理、中耕除草等工作，定植后管理粗放。

2. 宿根花卉需经常进行整形修剪，如除芽、剥蕾、绑扎、立支柱、修剪等。生长年限长，开花繁茂，为了集中养分，常需除芽、剥蕾，并需及时剪除枯死枝、病虫枝、过密枝，以增强通透性，改善光照条件，促进生长。

露地花卉中宿根花卉主要用于花坛、花境、花带等形式，遵循四季常青，三季有花的绿化理念，常需进行花期、花色的选择与搭配，为了使用方便，依据开花时间将露地宿根花卉分为春花类、夏花类及秋花类。

◎ **任务操作**

宿根花卉生长周期较长，管理粗放。繁殖方式以扦插、分株、嫁接繁殖为主。

子任务 1 宿根花卉的繁殖技术

1. 扦插繁殖

扦插繁殖是指切取植物根、茎、叶的一部分，插入不同基质中，使其生根、萌芽、抽枝，培育新植株的繁殖方法。扦插繁殖具有保持品种的优良性状，使个体提早开花，繁殖方法简单，容易掌握，生产成本低的优势。

1）扦插成活的机理与过程

扦插成活机理主要是植物营养器官的再生能力。扦插成活过程：植物营养器官（根、茎、叶等）脱离母株—具备再生能力—分化不定芽、不定根—新植株。

2）扦插生根的环境条件

（1）温度 不同种类的花卉，要求不同的扦插温度。大多数花卉种类适宜扦插生根的温度为 15 ~ 20 ℃，嫩枝扦插的温度宜在 20 ~ 25 ℃，热带花卉植物可达 25 ~ 30 ℃。当插床基质内的温度（地温）高于气温 3 ~ 5 ℃时，可促进插条先生根后发芽，成活率高。

（2）湿度 插穗在生根以前，保持插穗体内的水分平衡，插床环境要保持较高的空气湿度。一般插床基质含水量控制在 50% ~ 60% 左右，插床保持空气相对湿度为 80% ~ 90%。

（3）光照　绿枝扦插带叶片，便于在阳光下进行光合作用，促进碳水化合物的合成，提高生根率。由于叶片表面积大，阳光充足温度升高，导致插条萎谢，在扦插初期要适当遮阳，当根系大量生出后，陆续给予光照。

（4）空气　插条在生根过程中需进行呼吸作用，尤其是当插穗愈伤组织形成后，新根发生时呼吸作用增强，应降低插床中的含水量，保持湿润状态，适当通风提高氧气的供应量。

（5）生根激素　常见的种类有萘乙酸（NAA）、吲哚乙酸（IAA）、吲哚丁酸（IBA）等。它们属于生长素类物质，刺激植物细胞扩大伸长，促进植物形成层细胞的分裂而生根。吲哚丁酸效果最好，萘乙酸成本低。生根剂的应用浓度要准确控制在一定范围内，过高会抑制生根，过低效果不佳。一般情况下，速蘸根部应用浓度高，草本花卉浓度 50 ~ 500 mg/kg，木本花卉浓度 500 ~ 1 000 mg/kg。浸泡根部应用浓度较低，软枝扦插用 20 ~ 100 mg/kg 溶液浸泡 6 ~ 8 h，硬枝扦插用 80 ~ 150 mg/kg 的溶液浸泡 12 h。

3）促进插穗生根的方法

（1）物理方法

①机械处理。为促进插穗生根，可于采集插穗前 20 ~ 30 天在待采枝条基部进行环剥或刻伤，使养分积累，以利于插穗生根。

②干燥处理。针对茎汁液丰富的植物，如橡皮树、一品红等，可采取干燥处理。即插穗剪取后不立即进行扦插，待汁液干燥后再扦插。

③温水浸烫法。对于枝条内含有芳香性物质的植物，如松科植物，在插穗剪取后将插穗基部放入温水浸烫，将抑制生根物质释放溶解，以利于插穗生根。

（2）化学方法　常使用以植物生长调节剂为主要成分的生根剂对插穗进行处理，如根旺（商品名）、ABT 等。

4）扦插类型

$$
扦插\begin{cases}
枝插：硬枝扦插、绿枝插、嫩枝插 \\
叶插：全叶插、片叶插 \\
芽插 \\
根插
\end{cases}
$$

5）扦插基质

扦插基质应具有保温、保湿、疏松、透气、洁净的作用，酸碱度呈中性，成本低，便于运输等特点。

（1）蛭石 一种含金属元素的云母矿物，经高温制成，呈黄褐色片状，疏松透气，保水性好，酸碱度呈微酸性。适宜木本、草本花卉扦插。

（2）珍珠岩 由石灰质火山熔岩粉碎高温处理而成，白色颗粒状，疏松透气，质地轻，保温保水性好 一次使用为宜，长时间使用易滋生病菌，颗粒变小，透气差，酸碱度呈中性，适宜木本花卉扦插。

（3）砻糠灰 由稻壳炭化而成，疏松透气，保湿性好，黑灰色吸热性好，经高温炭化不含病菌，新炭化材料酸碱度呈碱性。适宜草本花卉扦插。

（4）沙 取河床中的冲积沙为宜。质地重，疏松透气，不含病虫菌，酸碱度呈中性，适宜草本花卉扦插。

6）扦插苗床

扦插苗床类型、质量直接影响扦插生根率、成活率及扦插苗的质量。

（1）全基质型苗床 也称无土苗床，底层用水泥制作或用塑料薄膜与土壤隔开，其上先铺厚度 10 ~ 15 cm 的碎石（或石子），石子上再铺一层 10 ~ 15 cm 厚的粗沙（或珍珠岩与粗沙各半，或珍珠岩、粗沙、草炭各 1/3）。苗床宽度一般为 100 ~ 130 cm，长度根据具体田块而定。其优点是：①由于与土壤隔离，土壤中的微生物不会浸染、危害植物插穗；②透水透气性很好，不会因水分过多而窒息；③因为以无机物为主，微生物难以藏身，消毒容易彻底；④苗床可以反复使用，每年能在同一张苗床上繁殖 5 ~ 8 批。

（2）免移栽薄基质苗床 直接在土壤上面铺上 4 cm 左右的粗沙，将插穗插入粗沙之中，使其在粗沙透气的环境中生根后向下面的土层中深扎。其优点是：①节省材料；②插穗生根后可以不用急着移栽，让其在有土的条件下生长，直到休眠期安全地移栽出圃。缺点是：由于与土壤接触，微生物较多，要注意经常消毒。

（3）容器式繁殖 采用穴盘或繁殖杯，在其中放入基质（一般珍珠岩、蛭石、泥炭各 1/3），插穗直接插入基质，待生根后进行无土栽培，成苗后连容器销售。其优点是：①基质一次使用，不会有病菌累积；②容器苗是国际标准化栽培的趋势；③容器苗打破了苗木销售、移栽季节，可以随时销售，随时运输移栽。

（4）全光自动喷雾扦插苗床 也称全光喷雾扦插苗床，由扦插苗床和全光自动喷雾设备组成，苗床床底层平铺 4 ~ 5 cm 厚碎石子或碎石子与粗沙混合物，上面再铺 3 cm 厚的珍珠岩，最上一层为 10 ~ 11 cm 的蛭石；全光自动喷雾可自动喷雾，保持插穗及周围环境的湿润，加速插穗生根。其优点是：插穗成活率高，根系发达、生长快、长势壮，能缩短繁殖期。

7）扦插技术

（1）枝插 采用花卉枝条作插穗的扦插方法，分为硬枝插、绿枝插和嫩枝插。

①硬枝插。在休眠期用完全木质化的一、二年生枝条作插穗的扦插方法（图 1-28）。适用于木本花卉，如紫荆、海棠类。

操作步骤：在秋季落叶后或翌年萌芽前采集生长势旺盛、节间短而粗壮、无病虫害的枝条，截取芽体饱满的中段，带 3 ~ 5 个芽，长 10 ~ 15 cm 的小段，上剪口在芽上方 1 cm 左右，下剪口在基部芽下 0.3 cm 处，并削成斜面。插床基质为壤土或沙壤土，开沟将插穗斜埋于基质中成垄形，覆盖顶部芽，喷水压实。

有些难于扦插成活的花卉可采用带踵插、锤形插和泥球插等。

②绿枝插。生长期用半木质化带叶片的绿枝作插穗的扦插方法（图 1-29）。

图 1-28 硬枝插

匍匐绿枝扦插

图 1-29 绿枝插

操作步骤：花谢一周左右，选腋芽饱满、叶片发育正常、无病害的枝条，剪成 10 ~ 15 cm 的小段，上剪口在芽上方 1 cm 左右，下剪口在基部芽下 0.3 cm，切面要平滑。枝条上部保留 2 ~ 4 枚叶片，以便光合作用制造营养促进生根。扦插基质为蛭石或砻糠，插穗插入前先用相当粗细的木棒插一孔洞，避免基部撕裂皮层，插入深度为插穗的 1/2 ~ 2/3，保留叶片 1/2，喷水压实。常使用绿枝插的花卉有月季、大叶黄杨、小叶黄杨、女贞、桂花等。

③嫩枝插。在生长旺盛期，切取 10 cm 长的幼嫩枝梢，基部削面平滑，插入蛭石、砻糠、河沙等基质中，用手压实后喷水。如菊花、一串红、石竹等。

（2）叶插 采用花卉叶片或叶柄作插穗的扦插方法（有虚拟仿真视频）。

①叶片插。用于叶脉发达、切伤后易生根的花卉作全叶插或片叶插。如蟆叶海棠、落地生根。

②叶柄插。用于易发根的叶柄作插穗。将带叶的叶柄插入基质中，叶柄基部发根；也可剪除半张叶片斜插于基质，如橡皮树、豆瓣绿、非洲紫罗兰、球兰等。

（3）芽插　利用芽作插穗，取2 cm长、枝上有较成熟芽（带叶片）的枝条作插穗，芽的对面略削去皮层，将插穗的枝条露出基质，可在茎部表皮破损处愈合生根，腋芽萌发成为新植株，如橡皮树、天竺葵等。

（4）根插　用根作插穗，适于带根芽的肉质根花卉（图1-30）。结合分株将粗壮的根剪成5～10 cm一段，全部埋入插床基质或顶梢露出土面，注意上下方向不可颠倒。如牡丹、芍药、月季、补血草等。某些小型草本植物的根，可剪成3～5 cm的小段，然后用撒播法撒于床面后覆土即可，如薹草、宿根福禄考等。

图1-30　根插

8）插后管理

扦插后的管理决定扦插是否成活。主要包括空气湿度、温度、光照等管理。

（1）基质（土）温度要略高于气温　北方的硬枝插、根插需搭盖小拱棚，防止冻害；调节土壤墒情提高土温，促进插穗基部愈伤组织的形成。一般基质（土）温度高于气温3～5℃为宜。

（2）保持较高的空气湿度　扦插初期，硬枝插、绿枝插、嫩枝插和叶插的插穗无根，靠自身平衡水分，相对空气湿度需保持90%。气温上升后，及时遮阳防止插穗蒸发失水，影响成活。

（3）由弱到强的光照　扦插后，逐渐增加光照，加强光合作用，尽快产生愈伤组织而生根。

（4）及时通风透光　根形成以后，应及时通风透光，以增加根部氧气，促使根系健壮生长。

2. 分株繁殖

分株繁殖是将花卉的萌蘖枝、丛生枝、吸芽、匍匐枝等从母株上分割下来，另行栽植为独立新植株的方法。特点：方法简便，成活率高，新植株成苗快，但繁殖系数低。主要应用于丛生性强的花灌木和萌蘖力强的宿根花卉，如吊兰、中国兰花、玉簪、鸢尾等。

1）类型

（1）匍匐茎与走茎　由短缩的茎部或由叶轴的基部长出长蔓，节间较短，横走地面的为匍匐茎，如狗牙根、野牛草等。观赏盆栽草莓是典型的以匍匐茎繁殖（图 1-31）；节间较长不贴地面的为走茎，如虎耳草、吊兰等。

（2）萌蘖　有些植物根上产生不定芽萌发成根蘖苗，与母株分离后可成为新株，如海棠、石榴、萱草、玉簪、蜀葵等。生产中通常在春秋季节，利用自然根蘖进行分株繁殖（图 1-32）。

（3）吸芽　吸芽是某些植物根部或地上茎叶腋间自然发生的短缩、肥厚呈莲座状短枝。吸芽下部可自然生根，故可分离而成新株（图 1-33）。菠萝的地上茎叶腋间能抽生吸芽；多浆植物芦荟、景天、拟石莲花等常在根部处着生吸芽。

图 1-31　草莓匍匐茎繁殖　　　图 1-32　樱花萌蘖繁殖　　　图 1-33　菠萝吸芽繁殖

（4）珠芽及零余子　珠芽为某些植物所具有的特殊形式的芽，生于叶腋间，如卷丹；零余子是某些植物生于花序中的特殊形式的芽，呈鳞茎状（如观赏葱类）或块茎状（如薯蓣类）。珠芽及零余子脱离母株后自然落地可生根。

2）时间

一般在春秋两季进行，若生产条件好，亦可周年进行。

子任务 2　代表性宿根花卉生产

1. 春花类

1）芍药 *Paeonia lactiflora*

别名：白芍、将离、没骨花、婪尾春（图 1-34）。毛茛科，芍药属。

（1）形态特点　落叶宿根花卉，根粗壮肉质，纺锤形，株高 60～80 cm，茎簇生，初生茎叶均紫红色，随后转绿，叶二回三出复叶。花单生，具长梗，着生茎顶或叶腋，单瓣或重瓣，花瓣倒卵形，花盘浅杯状，花色丰富，有白、黄、粉、紫红等色，花期 4 月下

图 1-34 芍药

旬—6 月上旬。种子黑色或褐色，个体较大。

（2）类型及品种　目前，国际栽培的芍药品种已达千余种，依据观赏时间早晚分为早花型和晚花型；依据花色分为黄花类、红花类、紫花类、绿花类和混色类；依据瓣型分为单瓣型、千层型、楼子型和台阁型。我国栽培芍药已有 4 000 年历史，形成了草芍药、美丽芍药、芍药、多花芍药、白花芍药、川赤药、新疆芍药和窄叶芍药 8 个种是国际芍药新品种选育与研发的重要亲本资源。

（3）分布与习性　原产于我国北方、日本及西伯利亚一带，朝鲜、俄罗斯亦有分布，现世界各地广为栽培。喜冷凉、耐寒能力强，在我国北方常露地栽培，忌酷暑。喜阳光充足，喜肥，适应性强，在疏松肥沃、排水良好的沙壤中生长良好。

（4）栽培管理技术

①繁殖技术。以分株繁殖为主，也可播种、扦插繁殖。

a. 分株繁殖：即分根繁殖，芍药春天开花，分株宜 9 月上旬—10 月上旬进行，此时气温适宜，分株后根系伤口愈合较快，还可刺激萌发新根，增强抗寒耐旱能力。忌春天分株，农谚有"春分分芍药，到老不开花"的经验总结。分株时将全株掘出，震落附土，根据新芽的着生情况，顺势分割，保证每丛带数个新芽和 2 ～ 3 条粗根，切口涂草木灰或硫磺粉，新芽很脆，易碰伤，应格外注意。分株年限以栽培目的不同而异，作花坛栽植或切花栽培时，6 ～ 7 年分一次，以采根为目的时，3 ～ 5 年分株一次。

b. 扦插繁殖：分地上直立茎插和地下根插两种形式。茎插多在春季，开花前两周进行。取生长充实健壮、带 2 ～ 3 个节的顶梢，插于沙床，遮阳保湿，经 40 ～ 60 天生根，翌年春天萌芽后，带土起苗移栽。根插于秋季分株时进行，收集断根，切成 5 ～ 10 cm 小段，将整个插穗插于疏松的基质中，插后覆土 5 ～ 10 cm，浇透水，次年春季萌发新株，根插时注意插条极性，否则生根困难。

②栽培管理技术。芍药具发达的肉质根系，栽植前宜深翻土壤，施足基肥，创造应土层疏松深厚、富含有机质、排水通畅的栽培环境。花坛使用时，定植株行距 75 cm×90 cm，花圃地则适当小一些，以 40 cm×55 cm 为宜。栽植不可过深或过浅，根茎生长点以上覆土 3～4 cm 为宜。

芍药较抗旱，对水分的需要不敏感，但喜肥，除施足基肥外，生长期每年追肥 3 次，分别是花肥、芽肥和冬肥。第一次在展叶现蕾期，施花肥，以保证营养的形成与积累，为开花做好养分基础；第二次于花后，施芽肥，花后施肥有利于孕育新芽，是需肥最迫切时期，直接影响翌年生长和开花；第三次在地上部枝叶枯黄前后，结合培土、灌水，施冬肥，为健康越冬和来年开花做好铺垫。另外，生长期应结合水肥管理进行中耕除草，一方面可遏制杂草萌生，另一方面可增加土壤通透性，有利于根系生长发育。

花期管理主要为剥蕾、立支柱、剪除残花等措施。花前现蕾期及时剥除侧蕾，利于养分集中供应顶蕾，使开花肥硕丰满；盛花期立支柱，以避免倒伏；花后立即剪去残花，以减少养分消耗。入冬前，培土约 20 cm，便于防寒越冬。

（5）园林应用　芍药是我国传统"六大名花"之一（梅花、兰花、菊花、荷花、牡丹、芍药），被誉为"花相"，又被称为"五月花神"，开花清香流溢，花型花色变化多端，适应性强，是重要的春季露地宿根花卉，可布置专类园、可配置花境、花坛和花带，也可在林缘或草坪边缘作自然式丛植或群植，亦可作盆栽或切花观赏，根可入药。

2）鸢尾类 *Iris* spp.

别名：蓝蝴蝶、扁竹叶、铁扁担。鸢尾科，鸢尾属。

（1）形态特点　多年生耐寒性宿根花卉，地下根状茎短粗、匍匐、多节且节间短，呈浅黄色。叶剑形，基部重叠互抱，呈二纵列交互排列。花伸出叶丛，蝶形，呈总状花序排列，有蓝、紫、黄、白、淡红等色，花型大而美丽，花径约 10 cm，花被 6 枚，外 3 枚大，外弯或下垂，且有深紫斑点，称为"垂瓣"，内 3 枚较小，倒圆形，直立或拱形，中央有一行鸡冠状白色带紫纹突起，称为"旗瓣"，花期 4—6 月。

（2）类型及品种　本属植物 200 种以上，我国野生分布 40 余种，依据花色将鸢尾分为紫色类、蓝色类、白色类、黄白色类、黄色、混色及多色类。同属常见栽培的其他种类有：

①德国鸢尾（*I.germanica*）。花大，花径 14 cm，园艺品种丰富，有白、蓝、紫、紫红、黄和复合色等，花期 5—6 月（图 1-35）。

②西伯利亚鸢尾（*I.sibirica*）。根状茎短，丛生性强，花呈蓝紫色，适宜布置于池畔、水旁，为典型的水生观赏植物（图 1-36）。

③黄花鸢尾（*I. pseudacorus*）　多年生挺水型水生草本植物，植株高大，有肥粗根状茎，

花茎高于叶，花黄色，花茎 8 ~ 12 cm。宜栽植于池畔河边的水湿处或浅水区，既可观叶，亦可观花，是观赏价值很高的水生植物（图1-37）。

④香根鸢尾（*I. pallida*）。原产于南欧，花中等，淡紫色，有白色品种，根状茎提取芳香油（图1-38）。

⑤花菖蒲（*I.kaempfer*）。也称玉蝉花，花径达 15 cm，花色丰富，有白、黄、紫、红等色，花期6—7月，喜水湿，可栽植于浅水池，较耐寒（图1-39）。

⑥溪荪（*I. sanguinea*）。花径中等，紫蓝色、白色或黄色，花期5月，喜湿，适宜浅水区种植（图1-40）。

⑦马蔺（*I. iactea*）。花小淡蓝紫色，耐践踏，可作路旁沙地地被植物（图1-41）。

图1-35　德国鸢尾

图1-36　西伯利亚鸢尾

图1-37　黄花鸢尾

图1-38　香根鸢尾

图1-39　花菖蒲

（3）分布与习性　原产于我国中部，缅甸、日本也有分布，现广为栽培。性强健，适应能力强，耐寒，北方可露地越冬。喜光，也耐半阴。不择土壤，根茎粗壮的种类以排水良好、适度湿润的微酸性壤土为宜，如德国鸢尾、西伯利亚鸢尾等；喜水湿的鸢尾则需要湿润的土壤或浅水中方可生长良好，如溪荪、花菖蒲。

图1-40 溪荪

图1-41 马蔺

（4）栽培管理技术

①繁殖技术。以分株繁殖为主，也可播种繁殖。

a.分株繁殖。分株时间于春、秋季节或开花之后均可进行，寒冷地区应在春季进行。春季分株于花后进行；秋季分株后应保证新分的株丛入冬前生长充实，不影响翌年花芽分化。一般每隔2～4年分株一次，分株时掘起整个株丛，顺势分割根茎，每丛带2～3个芽，切口晾干或用草木灰、硫磺粉涂抹，以防病菌感染。为了尽早催根，也可将切割的根茎插于20℃素沙中促发不定根。

b.播种繁殖。用于培育新品种，播后一般3～4年开花，播种需浸种催芽。

②栽培管理技术。实生苗长出3～4枚真叶后进行定植，分株苗注意将根茎平置于床上，入土深度不超过5cm，移栽后及时浇水。栽植前应深翻土壤施足基肥，生长期内追肥2～3次，尤其对夏季形成花芽的种类。花谢后及时剪掉花序，以集中养分。栽植深度因土质不同而异，在排水良好的疏松土壤上，根茎部要低于地面5cm；在黏土质上，根茎顶部则要略高于地面。生长期经常进行中耕除草、浇水管理。花后及时剪除花葶，以免其争夺养分。冬季覆盖防寒越冬。

（5）园林应用 鸢尾类植物种类丰富，花大而美丽，如鸢似蝶，叶片似剑若带，观赏价值极高，是重要的春季宿根花卉，主要用于鸢尾专类园、花坛、花境等形式的布置，也可丛植栽培，或点缀岩石园、水边湖畔等，亦可盆栽或作切花栽培。

3）楼斗菜 *Aquilegia vulgaris*

别名：洋牡丹、血见愁、漏斗花（图1-42）。毛茛科，楼斗菜属。

（1）形态特点 多年生草本植物，株高50～70cm，茎直立，多分枝，二回三出复叶，叶具长柄。花顶生或腋生，花冠漏斗状、下垂，花萼5枚形如花瓣，花瓣基部呈长距，直立或弯曲，花色有深蓝紫色或白色，花期5—6月。

图 1-42　耧斗菜

（2）类型及品种　园艺栽培变种较多，主要有白花耧斗菜、蓝花耧斗菜等。

（3）分布与习性　原产于欧洲，俄罗斯、西伯利亚也有分布，现广为栽培。性强健，耐寒性强，忌酷暑，忌强光曝晒，在半阴处生长良好。喜肥沃、富含腐殖质、湿润且排水良好的微酸性土壤，要求 60% 以上空气湿润，以利于保持株型正常，叶色常绿。

（4）栽培管理技术

①繁殖技术。多用播种、分株繁殖。

a. 播种繁殖。春播或秋播均可。播后保持一定湿度，常用浸盆法或喷水法增湿，保持温度 15 ~ 20 ℃，用玻璃或薄膜覆盖以保温保湿，45 天后出苗整齐，实生苗 2 年即可开花。

b. 分株繁殖。春、秋季节或花后均可分株，春季于萌芽前，秋季在落叶后进行，分割时保证每丛带 3 ~ 5 个芽，处理切口后马上栽植，浇透水，2 周后新株恢复生长，次年即可开花。

②栽培管理技术。实生苗苗高 4 cm 时进行第一次移植，苗高 10 cm 时定植，株行距 30 cm × （30 ~ 40）cm。种前需施足基肥，定植后加强肥水管理，春季较干旱时，每月浇水 4 ~ 5 次，夏季需适当遮阳或种植在半遮阳处，忌积水，雨后需及时排水。开花前追肥 2 次，入冬前施冬肥一次。寒冷地区冬季需防寒，可选择灌水、覆盖或培土等方式。另外，为控制株高，利于通风透光，应及时修剪摘心。种植 3 年以上植物开始衰退，可通过分株促其更新。

（5）园林应用　耧斗菜花型奇特，花色丰富，品种多，花期长，是重要的花叶并赏的春季园林花卉，可布置花坛、花境，或成丛、成片植于林下、疏林处形成大面积自然景观，表现群体美，也可植于岩石园、假山旁点缀山石景观，亦可盆栽或切花观赏。

4）花环菊 *Chrysanthemum carinatum*

别名：勋章菊（图 1-43）。菊科，勋章菊属。

单瓣 　　　　　　　　　　　　重瓣

图 1-43　花环菊

（1）形态特点　多年生宿根草本，株高 15 ~ 20 cm，具根茎，叶丛生，披针形或倒卵状披针形，全缘或有浅羽裂，微厚革质匙状，叶背密被白绵毛。花径 7 ~ 8 cm，舌状花白、黄、橙红色，有光泽，其花心有深色眼斑，形似勋章，故也称勋章菊，早晨开放，晚上闭合，单花开放持续 10 余天，花期 4—6 月。

（2）品种及类型　园艺栽培品种有单瓣、重瓣之分等。

（3）分布与习性　原产于南非和莫桑比克，现广为栽培。性喜温暖，半耐寒，在冬季较温和的地区可顺利越冬，夏季喜凉爽，忌高温高湿，白天生长适宜温度为 16 ~ 22 ℃，夜间为 12 ~ 16 ℃，冬季 5 ℃不以下停止生长，温室栽培一年四季可开花不断。喜光，花朵白天在阳光下开放，晚上闭合。抗逆性强，耐旱，耐贫瘠，耐盐碱，能适应各种土壤环境，忌水涝，但在排水良好、疏松肥沃的沙质土壤中生长良好。

（4）栽培管理技术

①繁殖技术。以播种繁殖为主，也可分株繁殖。

a. 播种繁殖。主要通过 F1 代杂交种子繁殖，春、秋两季均可播种，约 7 ~ 10 天发芽，从播种到开花至少需 12 周。

b. 分株繁殖。在春季新枝萌芽前或秋季生长期进行，用刀在母株株丛的根颈部纵向切开，分成若干丛，每丛必须带芽和根系。

②栽培管理技术。花环菊地栽表现好，植株强健，开花多，少病虫害，耐粗放管理。为阳性花卉，阳光充足时，花色鲜艳，开花不断，夜间或阴天花朵闭合。因此，种植时选光照充足的地块。株行距 35 ~ 40 cm，生长期对水分较为敏感，应经常保持土壤湿润。花环菊抗逆性很强，只要阳光充足便能开花，但夏季喜凉爽，温度适宜时株型紧凑，不需摘心，若温度过高，植株易徒长，可喷施矮壮素、比久控制高度，效果明显。花谢后及时剪除残花，以便减少营养消耗，促使形成更多花蕾，若冬季移入室内栽培仍可继续开花。

（5）园林应用　花环菊花型奇特，花心有深色眼斑，形似勋章，色姿秀丽，适应性强，具有浓厚的野趣，是良好的春季园林花卉，适宜布置花坛和花境，也是优良的盆花、插花材料。

2. 夏花类

1）萱草类 *Hemerocallis* spp.

别名：金针花、忘忧草。百合科，萱草属。

（1）形态特点　多年生草本，肉质根粗壮纺锤形，其上着生密集的须根，具短缩的根状茎。叶翠绿狭长，基生呈带状，二列状排列。花茎高出叶片，花大，呈长漏斗状，裂片外弯，花被6枚，分为内外两轮，每轮3枚，花色橘红色至橘黄色，大多数品种单朵花期一天，朝开夕凋，但整体花期可以延续几周甚至几个月，花期7—8月。

（2）品种与类型　园艺栽培中多，同属其他常见种类有：

①大花萱草（*H. middendorfii*）。原产于我国东北等地，株丛低矮，花期较早，花梗短，2～4朵簇生，花被管1/3以上被三角形苞片包裹（图1-44）。

②金娃娃萱草（*H. dumortieri*）。株高30 cm，条形叶长约25 cm，宽1 cm，花葶粗壮，高约35 cm，螺旋状聚伞花序，着生小花7～10朵，花径7～8 cm，金黄色，花期5—11月，单花开放5～7天。抗性强，能耐受−20 ℃低温，病虫害少，能适应任何土壤条件，花期长，广泛应用于室外绿化（图1-45）。

③小黄花菜（*H. citrina*）。别名黄花、金针菜等。原产于我国长江及黄河流域，着花数量可达30朵，花被淡黄色，芳香，夜间开放，次日中午闭合，干花蕾可食用（图1-46）。

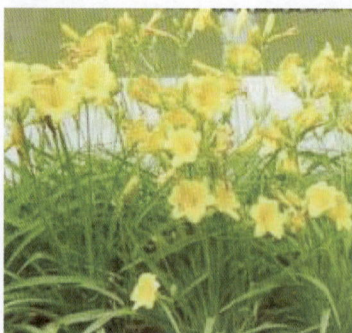

图1-44　大花萱草　　　　图1-45　金娃娃萱草　　　　图1-46　小黄花菜

（3）分布与习性　原产于我国、南欧及日本，现广为栽培，尤以欧美流行。性强健，喜温暖，耐高温，但也能耐寒冷。喜阳光，也耐半阴，适应性广泛，在我国从南到北均可种植。抗病性强，耐贫瘠也耐干旱，对土壤要求不严，但以富含腐殖质、排水良好的沙质壤土为好。

（4）栽培管理技术

①繁殖技术。以分株繁殖为主，也可播种、扦插繁殖。

a. 分株繁殖。分株多在春季萌芽前或秋季落叶后进行，将老株挖起分栽，每一株丛除带肉质根系外，还需带 2 ~ 3 个芽眼，分割后单独栽种，施足基肥，压实浇透水，缓苗容易，每 3 ~ 5 年分株一次。

b. 扦插繁殖。在生长期，花谢后剪取花茎上萌发的腋芽，插于素沙中，保湿遮阳，15天即可生根。

②栽培管理技术。萱草类花卉适应性强，栽培简单，耐粗放管理。栽培前选择排水良好，不积水，肥沃的地块，以 40 cm × 50 cm 定植（金娃娃萱草植株低矮，可控制 20 cm × 20 cm 株行距），每穴 3 ~ 4 株，经常保湿，花前追施磷钾肥 2 ~ 3 次，或叶面喷施 0.2% 磷酸二氢钾，可使花朵肥大，延长花期；入冬前施腐熟堆肥一次以提高抗寒萌发能力。花后自地面剪除花茎，及时清除株丛基部枯残叶片。

（5）园林应用　萱草类花卉叶丛翠绿，花茎高出叶丛，花色艳丽，是优良的夏季园林花卉，用于布置花丛、花境、花坛镶边、疏林草坡栽植等，也可作切花，有些品种花蕾可食用。

2）宿根石竹类 *Dianthus* spp.

石竹科，石竹属。

（1）形态特点　多年生草本，植株直立或垫状。茎节膨大，叶对生。花单生或形成顶生聚伞花序，花萼管状，下有苞片 2 至多数。

（2）品种及类型　本属园艺栽培最多的种类为香石竹（*D.caryophyllus L.*），是著名的切花材料。其他种类主要有：

①常夏石竹（*D.plumarius*）。也称地被石竹，宿根草本，株高 30 cm，茎蔓状簇生，上部有分枝，被白粉。花叶并茂，花 2 ~ 4 朵簇生顶端，喉部有暗紫色斑纹，具芳香，花色紫、粉红紫白色，单瓣、重瓣及高型品种，盛花期能全部覆盖地面，四季常青，多作地被，或布置花境、岩石园等（图 1-47）。

②西洋石竹（*D.barbatus*）。也称少女石竹，株高约 25 cm，开花茎直立，稍被毛，营养茎匍匐丛生。花茎上部分枝，花单生茎顶，具长梗，有紫、红、白等色，瓣缘呈齿状，喉部有 V 形斑，具芳香，花期 6—9 月，多用作布置花坛、花境（图 1-48）。

③瞿麦（*D.superbus*）。株高 60 cm，茎光滑有分枝，叶对生，质软，花淡红色或淡紫色，具芳香，花瓣具长爪，边缘丝状深裂，花期 7—8 月。多用于布置花坛或作切花材料（图1-49）。

④石竹（*D. chinensis*）。杂交种，株高 25 ~ 45 cm，分枝性强，冠幅 30 ~ 36 cm，开花不断观赏期持久，不易结籽，耐热性极强，病害少，适合地栽或大盆栽植，如霹雳（单瓣中等高度）、科罗娜（单瓣低矮）、王朝（重瓣中等高度）（图 1-50）。

图 1-47　常夏石竹

图 1-48　西洋石竹

图 1-49　瞿麦

霹雳

科罗娜

王朝

图 1-50　石竹

（3）分布与习性　分布于欧洲、美洲等地，现广为栽培。适应性极强，喜凉爽，忌酷暑，喜光，较耐半阴，喜地势高燥、通风良好的环境，忌水涝。耐寒、耐旱、耐贫瘠，不择土壤，但在肥沃、排水良好的土壤中生长良好。

（4）栽培管理技术

①繁殖技术。可用播种、分株及扦插法繁殖。

a. 播种繁殖。可于春、秋两季室外直播，寒冷地区可先室内育苗，发芽适宜温度为

15 ~ 20 ℃，温度过高则萌发受到抑制，保持基质湿润，2 ~ 3 周萌发。

b. 分株繁殖。多在 4 月地上部分返青开始时进行，选健壮株丛，顺势分割，每一株丛带适量根系和芽，成活容易。

c. 扦插繁殖。可于春秋季节进行，选择生长健壮带有 2 ~ 3 个节的茎段，插于沙床中，遮阳保湿，生根较易。

②栽培管理技术。实生苗经过 2 次移植后即可定植，定植前进行土壤消毒，并施足基肥，3—6 月进入旺盛生长期，每月浇水 3 ~ 4 次，保证充足的水分供应，及时中耕除草，夏季雨水较多时，注意防涝。栽植二年生以上的石竹，5—6 月开败花后，适时修剪残花枯枝，加强养分，还可于 9 月下旬再次开放。植株高大的品种，应及时设立支柱以防倒伏。另外，可以通过播种时期的调整达到花期调控的目的，如"十一"用花，可在 4—5 月播种，出苗后加强水肥管理，则能如期开放；8 月用花，可于元旦前后育苗，4 月下旬定植。

（5）园林应用　宿根石竹花色艳丽，花期长，具芳香，适应性强，耐管理粗放，是我国城市绿化中最受欢迎的地被植物之一，在很多地方表现出"冬不枯、夏不伏"的特点，被广泛用于点缀大型绿地、广场及岩石园的镶边材料，亦可作为切花材料。

3）蜀葵 *Althaea rosea*

别名：一丈红、端午锦、蜀季花（图 1-51）。锦葵科，蜀葵属。

重瓣　　　　　　　　单瓣

矮化

图 1-51　蜀葵

（1）形态特点　根系发达，植株直立高大，株高可达2～3 m，不分枝，全体被毛。叶片近圆心5～7掌状浅裂，叶面粗糙，具长柄。花单生或近簇生于叶腋，由下向上逐渐开放，花色艳丽，有粉红、红、紫、墨紫、白、黄、水红、乳黄及复色等，花径6～12 cm，花期5—9月。果实为圆盘形蒴果，种子肾形。

（2）品种及类型　园艺栽培品种较多，有单瓣、半重瓣或重瓣品种，其中千叶、五心、重台、剪绒等为名贵品种，也有高杆和矮化品种之分。

（3）分布与习性　原产于我国西南部，现世界各地广为栽培。喜阳光充足，略耐阴。喜温暖，忌炎热与霜冻，地下根系较耐寒，华北地区可安全露地越冬。忌水涝，耐盐碱能力强，不择土壤，但在土层深厚、疏松肥沃沙质土壤中生长良好。

（4）栽培管理技术

①繁殖技术。以播种繁殖为主，也可分株、扦插繁殖。

a.播种繁殖。春播，于早春露地直播或室内容器育苗，保持温度15 ℃，用塑料薄膜或玻璃覆盖保湿，2～3周萌发。可自播繁衍，实生苗第二年开花。

b.扦插繁殖。在生长旺盛季节，以茎基部的萌蘖枝作为插穗，剪取7～8 cm的茎段，插于河沙等基质，保湿遮阳，2～3周生根。

c.分株繁殖。于8—9月进行，将老株挖起，分割带须根的茎芽进行更新栽植，栽植后立即浇透水，缓苗容易，翌年即可开花。

②栽培管理技术。蜀葵栽培管理较为简单。实生苗2～3枚真叶时移植一次，5枚以上真叶时定植，加大株行距，适时浇水。幼苗生长期施2～3次液肥，以氮肥为主，当叶腋形成花芽后，结合中耕除草追肥1～2次，以磷钾肥为主，并且为延长花期，应保持充足的水分。同时经常松土、除草，以利于植株生长健壮，花后及时将地上部分剪掉，还可萌发新芽。种子成熟后易散落，应及时采收。栽植3～4年后，植株易衰老，应及时更新。另外，蜀葵易杂交，不同品种间易串粉，为保持品种的纯度，栽植时宜保持一定的间隔距离。

（5）园林应用　蜀葵叶大、花繁、色艳，花期长，抗性强，是优良的夏季园林花卉。宜列植于花境作背景材料，或成列、成丛种植点缀花坛、草坪。矮生品种可作盆花栽培，陈列于门前。也可作切花，供瓶插或作花篮、花束等用。嫩叶及花可食用，另外，还可从花中提取大量花青素，作为食品着色剂。

4）松果菊 *Echinacea purpurea*

别名：紫松果菊、紫锥花（图1–52）。菊科，松果菊属。

（1）形态特点　多年生草本植物，株高50～150 cm，全株具粗毛，茎直立。头状花序单生于枝顶，或多数聚生，舌状花紫红色，管状花橙黄色，花径达10 cm，花期6—7月。花凋谢后形成像栗子般有多刺外壳的头状花序，因像松果而得名。

与山梗菜组合　　　　　　与天人菊、石竹菜组合

图 1-52 松果菊

（2）品种及类型　有野生和栽培品种。紫松果菊（*Echinacea purpurea*），多年生草本花卉，栽培第一年株高 45 ~ 60 cm，第二年 55 ~ 75 cm，可当年开花，植株紧凑矮化，花色丰富持久，有渐变红色、橘黄色、紫色、白色等。耐热、耐旱、耐寒，能抵御零下 34 ℃的低温。

（3）分布与习性　分布在北美，世界各地多有栽培。耐寒，喜生于温暖向阳处，喜肥沃、深厚、富含有机质的土壤。

（4）栽培管理技术

①繁殖方式。可播种、分株和扦插繁殖，以播种繁殖为主。

②养护管理技术。松果菊生长健壮，管理简便。幼苗前期需水量较少，一般不需要浇水，保持土壤湿润就行。间苗时留 2 ~ 4 cm 距离。阴雨天，注意防洪排涝。气温偏低时，需要对幼苗采取防寒措施，以确保安全越冬。

（5）园林应用　花朵较大，色彩艳丽，外形美观，具有很高的观赏价值，可作背景栽植或作花境、坡地材料，亦作切花。是庭院、公园、街头绿地和街道绿化美化、节日摆花不可缺少的花卉品种之一。

3. 秋花类

1）菊花 *Chrysanthemum morifolium*

别名：帝女花、秋菊、节花、黄花（图 1-53）。菊科，菊属。

（1）形态特点　多年生草本植物，株高 30 ~ 150 cm。除悬崖菊外，茎多直立具分枝，小枝嫩绿或褐色，基部半木质化。单叶互生，边缘有缺刻及锯齿，叶表有腺毛，能分泌一种菊叶香气，叶形变化较大。头状花序顶生或腋生，一朵或数朵簇生，花径 2 ~ 30 cm，花序边缘为舌状花，俗称"花瓣"，多为雌花，花序中心为筒状花，俗称 "花心"，为

崔舌型

环勾型

圆球型

托桂型

图 1-53　菊花

两性花。花色丰富，有红、黄、白、墨、紫、绿、橙、粉、棕、雪青、淡绿等，浓淡皆备，花期 10—12 月，也有夏季、冬季及四季开花的不同品种。

（2）品种及类型　中国菊花是天然杂交而成的多倍体，也是经长期人工选择培育出的名贵观赏花卉，也称艺菊。品种已达 4 000 余种，是我国十大名花之一，已有 3 000 多年的栽培历史。园艺栽培时常按照开花季节、花径大小、花型变化等进行分类。

①依据开花季节分类。可分为四类：

a. 夏菊。花期 6—9 月，中性日照，10 ℃花芽分化。

b. 秋菊。花期 10—12 月，典型短日照花卉，花芽分化、花蕾生长都需要短日照条件，15 ℃花芽分化。秋菊按花期早晚又分为早、中、晚三类。

c. 寒菊。花期 12 月—翌年 1 月，花芽分化、花蕾生长都需要短日照条件，15 ℃花芽分化，25 ℃以上花芽分化受阻，花蕾生长、开花均受到抑制。

d. 四季菊。四季开花，对温度要求不严，中性日照。

②依据花径大小分类。可分为三类：

a. 大菊系。自然开花后，花径大于 10 cm，一般用于标本菊的培育。

b. 中菊系。自然开花后花径 6 ~ 10 cm，多用于花坛、切花及大立菊栽培。

c. 小菊系。自然开花后花径 6 cm 以下，多用于悬崖菊、塔菊和露地栽培。

③依菊花品种对短日照的不同反应分类。依据短日处理所需的时间长短分为：极敏感品种（需 15 ～ 19 天）、较敏感品种（需 20 ～ 24 天）、敏感品种（需 25 ～ 29 天）、不敏感品种（需 30 ～ 34 天）和极不敏感品种（需 34 天以上）。

④依据花型变化分类。中国园艺学会将秋菊中的大菊系统分为 5 个瓣类，分别是平瓣类、管瓣类、匙瓣类、桂瓣类和畸瓣类，瓣类之下又进一步划分为 30 个花型和 13 个亚型。小菊系统分为单瓣、复瓣（半重瓣）、龙眼（重瓣或蜂窝）和托桂类型。

⑤依整枝方式和应用分类。可分为以下几类：

a. 独本菊。一株一干一花。

b. 立菊。一株多干数花。

c. 大立菊。一株数百至数千朵花。

d. 悬崖菊。通过整枝修剪，枝条呈悬垂式分布（图 1-54）。

e. 嫁接菊。在一株的主干上嫁接不同花色的菊花（图 1-55）。

f. 案头菊。与独本菊相似，但低矮株高 20 cm，花朵硕大，适合盆栽观赏。

g. 菊艺盆景。由菊花制作的桩景或山石盆景（图 1-56）。

　　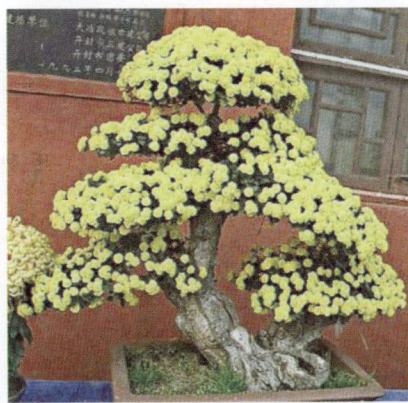

图 1-54　悬崖菊　　　　图 1-55　嫁接菊　　　　图 1-56　菊艺盆景

h. 花坛菊。用于布置花坛及岩石园，植株低矮分枝多，以小菊为主。

i. 切花菊。作为切花材料的种类，此类大多具有花型圆整，花色纯一，花颈短而粗壮，枝杆挺直高大，有标准菊（茎顶着生一花，为大花品种）和射散菊（茎顶着生数花，为小花品种）两种。

（3）分布与习性　原产于我国，已有 2 500 多年的栽培历史，现世界各地广为栽培。适应性强，喜凉，较耐寒，小菊类的耐寒性更强，生长适宜温度为 18 ～ 21 ℃，最高 32 ℃，10 ℃以上新芽萌发，地下根茎能耐 -10 ℃低温，花芽分化温度 15 ～ 20 ℃，不同品种的菊花花芽分化与温度、光照之间的关系见表 1-2。喜阳光充足，也稍耐阴。较耐旱，最忌积涝，忌连作，以地势高燥、土层深厚、富含腐殖质、疏肥沃、排水良好的微酸性（pH值 5.5 ~ 6.5）沙质壤土为好。

表1-2 不同种类的菊花花芽分化所需温度与光照条件简表

品种类型	自然花期	对日常的反应		对温度的反应
		花芽分化	花芽发育	
秋菊	10—11月	短日	短日	多数在15℃以上花芽分化，临界低温10℃，高温抑制花芽分化与发育
寒菊	12月—翌年1月	短日	短日	15℃以上花芽分化，高温抑制花芽分化与发育
夏菊	5—7月	量性短日	量性短日	大部分品种10℃左右花芽分化，少数在5℃，高温抑制花芽分化与发育
八月菊	7—8月	量性短日	量性短日	15℃以上花芽分化，低温抑制花芽分化
九月菊	9月	量性短日	短日	15℃以上花芽分化，低温抑制花芽分化

（4）栽培管理技术

①繁殖技术。以扦插、嫁接、分株繁殖为主，也可播种或组培繁殖。

a.扦插繁殖。以嫩枝扦插法为主，于春季4—5月最为适宜，结合摘心剪取具有 3 ~ 4 个节的顶梢，剪成 8 cm 左右的插穗，留顶端 2 枚嫩叶，插距 3 ~ 5 cm，插前先用与插穗粗细接近的木棍开洞，插穗 1/2 入土，压紧周围的基质，浇透水保湿，20 天左右生根。也可选择根际萌发的脚芽扦插，通常在开花期或花谢后挖取 5 cm 以上的脚芽，选择芽头饱满，距离母株较远的芽作为插穗，留顶端嫩叶 2 枚，插于河沙等基质中，保温（室温 7 ~ 8 ℃）保湿，易于成活，多用于培养大立菊和悬崖菊。

b.嫁接繁殖。花嫁接通常以黄蒿（*Artemisia annua*）和青蒿（*A.apiacea*）作为砧木，采用劈接法进行嫁接。主要有砧木准备、接穗制备、劈接和接后养护等环节。砧木准备可于前一年秋季从野外挖回生长强健的黄蒿、青蒿或白蒿，栽植于露地，加强水肥管理，促进根系生长发育，翌年春季萌发前施肥促生长，等砧木生长健壮后，于 5 月前后根据需要的高度将其切断，可高接也可低接，注意观察砧木切口的颜色，若髓心发白中空，则表明已经老化，嫁接不易成活。接穗尽量选择和砧木粗细一致、充实饱满的顶梢，保留顶部叶片 1 ~ 2 枚，基部削成楔形，削面与砧木劈开面大小相似，嵌入接穗后用湿润的薄膜绑扎，松紧适中，遮阳，15 ~ 20 天后除去绑扎物，逐渐见光。

c.分株繁殖。春秋均可进行，春季在 4 月初，秋季在花谢后，将母株挖出，切割为若干株丛，适当修剪根系和地上残枝，即可移栽。

②栽培管理技术。栽培目的不同，栽培环节和方法也有差异，菊花通常培养露地菊、盆菊（独本菊、立菊等），造型艺菊（悬崖菊、大立菊）等形式。

a.露地菊。菊花露地容易栽培，栽培养护要点是株高的控制。首先选择肥沃的沙壤土质的地块，实生苗或扦插苗于 4 月下旬—5 月上旬移栽，移栽前施足基肥，精细整地，做畦栽植，畦面宽 1.2 ~ 1.5 m，高 20 ~ 30 cm，栽植株行距 30 cm×30 cm，定植后结合浇定根水施稀薄肥液一次。6 月上旬，主茎长至 15 ~ 20 cm 时第一次摘心，并喷施生长抑制剂。生长期分别于春季萌发前、花前、花后入冬前施追肥，并且花期及时设立支柱，花后及时修剪。露地栽培的菊花每 3 ~ 4 年更新一次。另外，秋菊在 8—9 月，茎枝上端易出现"柳芽"（叶小狭长如柳叶），其顶端花蕾细小，形成花萼多而花瓣少的畸形花蕾，如任其生长也不能正常开花，应尽早摘除。在柳芽下方一般可形成 3 个侧枝，保留其中一个健壮枝留以开花，其余应全部摘除。

株高控制除及时摘心之外，还可配合使用生长抑制剂。具体做法为：花芽形成之前，第一次摘心后，侧芽长出长 3 cm 以上时，即可用 50 ~ 100 mg/L 多效唑溶液喷洒枝叶，药效可达 15 ~ 20 天，每半月喷一次，连续 2 ~ 3 次，对菊花的节间有明显的缩短作用。花芽形成之后，用 100 ~ 2 000 mg/L B9 溶液，再加 0.1% 中性洗衣粉（粘着剂）混合液喷洒枝叶，避免洒在花蕾上，或用 1 000 ~ 3 000 mg/L 的矮壮素溶液浇灌根系，均能有效控制株高。喷洒宜在傍晚气温较低时进行，对枝条的生长点与叶子的正反面均匀喷洒，可使节间明显缩短，株型敦实健壮，叶片浓绿肥厚，脚叶丰满，开花时植株挺拔，花枝繁茂，大大提高观赏价值。

b.标本菊。全株只开 1 朵花，花朵无论在色泽、瓣形及花型上都能充分表现出该品种的优良特性，整枝及栽培方法较多，最典型的方法概括为"冬存、春种、夏定、秋养"，具体是指：

冬存：秋末冬初时，选健壮脚芽扦插育苗，并将扦插成活苗置于 0 ~ 10 ℃的低温温室，作保养性养护。

春种：清明节前后移栽上盆，盆土用普通腐叶土。

夏定：7 月中旬通过摘心、剥侧芽，促进脚芽生长，只选留一个发育健全、芽头丰满的芽，待新芽长至 10 cm 高时，换盆定植。定植要求土层深厚肥沃疏松的培养土；新芽定植于花盆中央，母株不需剪掉；第一次只填花盆 1/2 体积的土。

秋养：夏定株入秋后已生长成为大苗，此时在地上 0.5 ~ 1 cm 处剪掉老株，松土并第二次填土，使新株再度发根，形成新老三段根。9 月中旬，花芽完全形成，进入孕蕾阶段，需架设支架，并经常追肥，每周施液肥一次，花蕾透色前为止。10 月上旬及时剥蕾，以集中养分。为延长花期，可适当遮阳控水，掌握干透浇透的原则，开花中后期适当降低温度至 13 ~ 15 ℃，能有效延长花期。

c.大立菊培养。大立菊是一株着花可达数百朵乃至数千朵以上的巨型菊花。培养大立菊应选择生长健壮、分枝性强，且根系发达、枝条软硬适中、易于整形的菊花品种。需要经历 1 ~ 2 年时间，可用扦插或蒿苗嫁接的形式栽培。

扦插培养通常于 11 月取根部萌发的健壮脚芽，插于浅盆中，生根后移入口径 25 cm 花盆中，冬季做保养性栽培。春季待苗高 20 cm、4 ~ 5 枚真叶时，多施基肥，并开始摘心，连续进行 5 ~ 7 次，直至 7 月中下旬。每次摘心后施用微量速效化肥催芽，以便每个摘心枝形成 3 ~ 5 个分枝，养成数百至上千个花头，同时夏季每 10 天施用一次氮磷钾复合肥。7 月下旬最后一次摘心后，施用充分腐熟饼肥，间隔 15 天再施一次。9 月下旬以后，每周追液肥一次，直至花蕾露色为止。为了便于造型，植株下部外围的花枝要少摘心一次，以使枝条开阔。立秋后经常除芽、剥蕾，同时加强水肥管理并套上预制的竹箍，用竹竿作支架，用细铅丝将花蕾逐个进行缚扎固定，形成一个微凸的球面。花蕾发育定型后即开始标扎，使花朵整齐、均匀地排列在圆圈上。此时盆土需略微干燥，以免上架折断花枝，花蕾开放后即形成大立菊。

d.悬崖菊培育。小菊的一种整枝形式，通常选用单瓣品种及分枝多、枝条细软、开花繁密的小花品种，模仿野生小菊悬垂的自然姿态，经人工栽培固定下来。

11 月在室内扦插，生根后上盆。苗高 40 ~ 50 cm 时，用细竹竿绑扎主干，作水平诱引。随植株主干不断向前生长，逐级绑于竹竿上。依不同部位进行不同长度的摘心，但主枝不摘心。基部侧枝要稍长，有 9 ~ 10 枚叶时，留一半叶摘心；中部侧枝稍短，留 3 ~ 4 枚叶摘心；顶部侧枝更短，仅留 2 ~ 3 枚叶摘心。二级侧枝有 4 ~ 5 枚真叶后留一半叶片摘心直至 9 月中上旬。如此反复摘心，以促进多分枝。茎基部的脚芽也应多次摘心，以促使叶片覆盖盆面，保持基部的丰满圆整。小菊有顶端花朵先开放，逐渐向基部推移的习性，开花时间能相差 10 天，欲使花期一致，基部枝条比顶端先摘心 10 天。10 月上旬形成花蕾，花蕾显色后不能在花蕾上喷水，避免花朵腐烂。悬崖菊用竹竿作水平诱引，主干横卧，在布置观赏时，宜在高处放置。拨掉竹竿后，主干成自然下垂之姿，甚为雄壮秀丽。

e.塔菊（"十样锦"）培育。通常以黄蒿和白蒿为砧木，于 6—7 月生长期嫁接较为适宜，砧木主枝不截顶，养至 3 ~ 5 m 高，形成丰富侧枝后，将花期相近、大小相同的各不同花型、花色的菊花在侧枝上分层嫁接，均匀分布。开花时，五彩缤纷，层层上升如同宝塔，故称塔菊。

f.园林应用　菊花为我国传统名花，被赋予高洁品性，为世人称颂，品种繁多，色彩丰富，花型各异，是优良的秋季园林花卉，也是盆花、切花的良好材料。另外，菊花还可食用及药用，且具较强的抗污染能力，能吸收二氧化硫、氟化氢等有毒气体，也是厂矿绿化的良好材料。

2）宿根福禄考 *Phlox drummondii*

别名：锥花福禄考、天蓝绣球、草夹竹桃（图 1-57）。花荵科，福禄考属。

（1）形态特点 多年生宿根花卉，多须根，株高 30 ～ 60 cm，茎直立或匍匐，基部半木质化，叶十字对生，全缘，长椭圆形，被腺毛。聚伞花序顶生，花冠基部紧收成细管，花径 2.5 ～ 3 cm，花色有蓝、紫、粉红、绯红、白等深浅不一颜色及复色，自然花期 7—10 月，长达 3 个月之久。

（2）品种与类型 常见的栽培品种有矮型（30 ～ 50 cm）和高型（50 ～ 70 cm）之分，前者耐寒性比后者强。同属其他常见栽培种类有：

丛生福禄考（*P.subulata*）也称芝樱、针叶天蓝绣球，植株呈垫状，常绿，茎密集呈匍匐状，叶锥形簇生质硬，花色有白、粉红、紫色等，略有花香，花期长达 3 个月。耐寒、耐热、耐干燥，是优良的花坛、花境、盆景、草坪、色带的栽植品种，有"开花的草坪""彩色地毯"之美称（图 1-58）。

图 1-57 宿根福禄考

图 1-58 丛生福禄考

（3）分布与习性 原产于北美洲东部。性强健，耐寒，忌炎热多雨；喜阳光充足和湿润的环境，夏天在稍荫蔽的环境下生长强壮，喜排水良好略带石灰质沙壤土。

（4）栽培管理技术

①繁殖技术。以分株、扦插繁殖为主，也可播种繁殖。

a. 分株繁殖。在早春植株开始萌动时或秋季枝叶尚未枯萎之前进行，分株时每丛带 3 ～ 5 个芽，分割后立即定植。一般 3 ～ 5 年分株一次。

b. 扦插繁殖。可分为根插、茎插、叶插。根插可结合分株进行，分株时收集断根，截成 3 ～ 4 cm 长的小段，平埋在沙土中，给予室温 20℃，保湿一个月后可发新芽。茎插多在春季选择新萌发的嫩枝，剪取 3 ～ 5 cm 顶梢，插于沙土中，遮阳保湿，约 3 周生根。

②栽培管理技术。春、秋两季均可栽植，选择背风向阳排水良好的地块，当苗高 10 ～ 15 cm 时定植，株行距因品种而异，一般为 30 cm×40 cm。生长期经常浇水，保持土壤湿润，生长旺盛季节（6—7 月）追肥 1 ～ 3 次，夏季多雨时及时排水防涝。天气炎热

时注意遮阳，以防暴晒。高型品种应在花前及时摘心以促分枝，花后及时修剪，以利越冬。冬季寒冷地区，结合培土、灌水、覆盖等措施进行防寒保暖。

（5）园林应用　宿根福禄考开花紧密，花朵繁茂，是优良的夏秋园林花卉。可丛植或孤植于花坛中心，也可布置花境或作草坪点缀，是优良的庭院花卉，亦可盆栽或作切花用。

3）玉簪 *Hosta plantaginea*

别名：玉春棒、白鹤花、白萼（图1-59）。百合科，玉簪属。

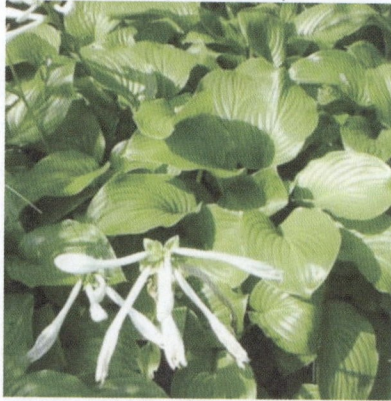

图 1-59　玉簪

（1）形态特点　地下茎粗壮，株高 40 ~ 50 cm，叶基生成丛，有光泽，具长柄及明显的平行叶脉，叶卵形至心状卵形。顶生总状花序，高出叶丛，着花 9 ~ 15 朵，花白色，极芳香。管状漏斗形，花蕾形如发髻上的玉簪而得名。花期夏至秋，夜间开放，次日凋谢。

（2）品种及类型　常见栽培品种以重瓣玉簪（var. *plena*）为主。

同属其他栽培种类有：

①波叶玉簪（*H.undulata*）。也称皱叶玉簪、花叶玉簪、白萼。叶卵形，叶缘微波状，叶面有乳白色或浅黄色纵纹。花淡紫色较小，无香味，花期 7 月（图1-60）。

图 1-60　波叶玉簪

图 1-61　紫萼

②紫萼（*H.ventricosa*）。又称紫花玉簪，叶阔卵形。总状花序顶生，具小花 10 ~ 30 朵，花淡紫色，白天开放，无香味，花期 6—7 月（图 1-61）。

（3）分布与习性　原产于我国及日本。性强健，耐寒，耐旱，喜阴湿，忌强烈日光暴晒，常栽植于大树浓荫下。耐瘠薄，耐盐碱，对土壤要求不严，但在疏松肥沃、排水良好的沙质土壤中生长繁茂。

（4）栽培管理技术

①繁殖技术。以分株繁殖为主。

分株繁殖。极易成活，多于春季 3—4 月或秋季 10—11 月进行，全株或局部分株均能成活。全株分株时将老株挖出，为避免枝条脆嫩易折，先晾晒 1 ~ 2 天，使其失水，再用快刀切分，切口涂草木灰或木炭粉后栽植。浇透水一次，成活后浇水不宜过多，以免烂根，当年即可开花。一般 2 ~ 3 年一次分株。

②栽培管理技术。玉簪性强健，栽培容易，不需要特殊管理。种植前选择无阳光直射的庇荫地块，施足底肥，生长期保湿。种植时，株行距 35 cm×40 cm，每平方米施腐熟有机肥 6 ~ 7 kg，耕翻细耙充分混合后作基肥，花前增施磷钾肥。栽植后浇透水一次，生长期间保持土壤湿润，不干燥，也不积水，夏季避免阳光直射。花后及时剪去残花枯枝。入冬前浇封冻水，并在根际附近覆盖细沙，以利于防寒越冬。

（5）园林应用　玉簪花洁白如玉，晶莹素雅，芳香袭人，花叶共赏，是良好的耐阴地被植物，也是庭园中林下、岩石园等处重要的绿化材料，矮生种及观叶品种多用于盆栽或切花、切叶。

◎ 知识拓展

其他常见露地宿根花卉的繁殖与应用技术如表 1-3 所示。

表1-3 其他常见露地宿根花卉的繁殖与应用简表

名称（别名）	学名	科、属	原产地	花色、花期	习性	繁殖方法	观赏与应用
大金鸡菊（剑叶金鸡菊）	*Coreopsis grandiflora*	菊科，金鸡菊属	美国南部	花金黄色，花期6—10月	适应性强，不择土壤	播种、分株	花色鲜艳，适宜布置花坛、花境、道路绿化或丛植山石旁，作地被材料
大花飞燕草（鸽子花、百部草、鸡爪）	*Delphinium grandiflorum*	毛茛科，翠雀属	欧洲南部	花蓝色或紫蓝色，花期8—9月	较耐寒，喜阳光，怕暑热，忌积劳，宜在深厚肥沃的沙质土壤中生长	播种、分株、扦插	花型别致，色彩淡雅。常栽植于花坛、花境中，丛植或片植，也作切花
金光菊（臭菊）	*Rudbeckia laciniata*	菊科，金光菊属	加拿大及美国	花橘红色，深红色，粉红色等，花期5—10月	喜通风良好，阳光充足的环境，适应性强，耐寒又耐旱，不择土壤	播种、分株	株型较大，盛花期花朵繁多，五颜六色，花期长，能形成长达半年之久的艳丽花海景观，适合公共场所布置，可做花坛、花境材料，也作切花栽培
剪秋罗	*Lychnis senno*	石竹科，剪秋萝属	我国及日本	花橙红色，具芳香，花期7—8月	耐寒，喜冷凉，稍耐阴	播种、分株、扦插	配置花坛、花境，也是岩石园的优良材料；也可盆栽及切花栽培
天人菊（虎皮菊）	*Gaillardia pulchella*	菊科，天人菊属	北美	花黄色，基部带紫色、紫红色，花期6—8月	喜光，耐干旱炎热，不耐寒，也耐半阴，宜排水良好的疏松土壤	播种、分株	可作花坛、花丛的材料
银叶菊（雪叶菊）	*Senecio cineraria*	菊科，千里光属	南欧	花黄色，花期6—9月	喜凉爽湿润，阳光充足气候，忌酷暑	播种	银白色叶片与其他色彩纯色花卉配置栽植效果极佳，重要花坛观叶植物
麦冬（麦门冬、沿阶草、书带草）	*Ophiopogon japonicum*	百合科，沿阶草属	我国西南等地	花小，淡紫色，花期7—8月	喜温暖，耐半阴	分株	观叶地被植物，宜片植或丛植
石碱花（肥皂草）	*Saponaria officinalis*	石竹科，肥皂草属	欧洲暖温带	花淡红色、白色，红色等，花期夏季	阳性花卉，不耐干湿，地下茎发达，有自播习性	播种、分株	适应性强，广泛应用于园林绿化中，作花境背景，丛植于林地、篱旁
薰衣草（灵香草、香草）	*Lavandula pedunculata*	唇形科，薰衣草属	地中海沿岸	花蓝色、深紫色、粉红色、白色等，花期6—8月	喜光照充足、干燥的气候，耐寒性强，肥沃沙质壤土	播种、扦插	叶形花色优美典雅，花序秀丽，宜布境丛植栽植或点缀庭院

任务4　球根花卉生产技术

◎**知识目标**

1. 识别常见的球根花卉，了解常见球根花卉的形态特点和类型。

2. 掌握常见球根花卉的繁殖方法和园林应用。

◎**任务目标**

1. 能正确识别常见球根花卉20种以上。

2. 能熟练进行球根花卉的无性繁殖及日常养护管理。

3. 能根据需要和花卉特点合理运用球根花卉进行园林绿化布置。

◎**任务背景**

球根花卉是指地下部分（包括根和地下茎）变态，膨大成块状、球状的多年生草本花卉。种类丰富，花色艳丽，花期长，栽培容易，适应性强，是园林布置中理想的植物材料之一。球根花卉具有以下特点：

1. 种类丰富。球根花卉依据地下变态器官的结构分为鳞茎、球茎、块茎、根茎和块根。依据栽培季节不同又分为春植球根和秋植球根，春植球根花卉在一年内的生长表现类似于一年生花卉，春季植球，夏秋开花，入冬前采收，如大丽花、美人蕉；秋植球根花卉在一年内的生长表现类似于二年生花卉，秋季植球，翌年春季开花，入夏采收，如郁金香、风信子等。

2. 以分球繁殖为主。以自然增殖的仔球或人工切割种球作为繁殖材料，自然增殖力差的球根花卉也可播种繁殖，鳞茎类可采用鳞片扦插、株芽栽植等方法增大繁殖系数。

3. 开花繁茂，花色艳丽，花径大。由于种球中包含了丰富的养分和水分，因此，形成的幼苗茁壮，生长迅速，长势强健，花朵硕大繁茂，花色艳丽。

◎**任务分析**

球根花卉栽培过程为整地、施肥、种植球根、生长期管理、采收及贮存。

1. 整地。整地深度以30～40 cm为宜，球根花卉对土壤要求较严，大多数喜富含腐殖质的沙壤土，尤以下层土壤为排水良好的砂砾土，表层土壤为土层深厚沙壤土为宜。

2. 施肥。球根花卉喜肥，对氮肥需用量较少，磷肥需求最多，钾肥中等，注意氮磷钾复合肥的比例。

3. 栽植。栽植深度一般为种球直径的2～3倍，但晚香玉、葱兰以覆土至球根顶部为宜，而百合科中，多数种类要求深度为球高的4倍以上。常穴植，大小球分开，株行距也视植株大小而定，一般大丽花为 60～100 cm，风信子、水仙为 20～30 cm，葱兰为 5～8 cm。种植初期，浇透水一次。

4. 生长期管理。球根花卉大多根少而脆，再生性不强，因此生长期间不可频繁移植。叶片数量较少的种类，应注意护叶，避免损伤。生长期经常中耕除草，以增强土层透气性，花后新球充实之际仍需加强水肥管理，采收前一个月停止施肥灌水。花后及时剪去残花和果实，以便节省养分使新球膨大，有些种类生长期需要进行除芽、剥蕾等修剪整形等工作。

5. 球根采收及贮藏。球根花卉在停止生长进入休眠期后，需采收种球，春植球根于深秋季节采收贮藏越冬，秋植球根于夏季采收贮藏越夏。采收工作应于生长停止，茎叶枯黄未脱落，土层略湿润时进行，以地上茎叶 1/2～2/3 枯黄为采收适期。种球挖出后除去过多的附土，适当修剪地上部分，种球外皮较厚者可翻晒数天，充分干燥，如唐菖蒲、晚香玉等；种皮较薄者适当阴干至外皮干燥即可，为保持水分不宜过干，秋植球根均不可在太阳下暴晒。

种球贮藏前，可对其进行消毒处理，如用液体的硫酸铜、福尔马林淋洒，或用固体的草木灰、防腐剂涂抹。放置环境要求低温、黑暗、通风湿润或干燥密闭；低温能有效抑制呼吸，减弱养分消耗；湿润能防止蒸腾引起的种球失水萎蔫，但为防止霉变可配合相对通风的条件，如需干燥贮藏，为了降低呼吸减少蒸腾，则应给予相对密闭的环境条件；黑暗则有效降低新陈代谢，使其处于进行微弱的生命活动。为满足以上条件，可将种球堆藏于微湿的锯末或细沙中，保持低温条件，春植球根以 0～10 ℃为宜，最适宜 1～4 ℃，而秋植球根以 20～25 ℃为宜。

◎任务操作

球根花卉生产要从繁殖开始，其生长周期较长，花色艳丽，花期长，栽培容易。繁殖方式以扦插、分生或嫁接繁殖为主。

子任务 1　球根花卉繁殖技术

分球繁殖是利用特殊营养器官来完成的，即人为地将植物营养器官的一部分（变态根、茎等）进行分割，脱离母体培育独立个体的繁殖方法。特点：方法简便，成活率高，新植株成苗快，但繁殖系数低。分球繁殖一般主要应用于球根花卉，如大丽花、美人蕉等。

子任务 2　代表性球根花卉生产技术

1. 春花类球根花卉

1）郁金香 *Tulipa gesneriana*

别名：草麝香、洋荷花（图 1-62）。百合科，郁金香属。

图 1-62　郁金香

（1）形态特点　多年生草本，株高 20～80 cm，整株被白粉，鳞茎卵圆形，外被褐色膜质外皮。茎光滑，叶着生基部，阔披针形或卵状披针形，通常 3～5 枚，全缘略呈波状，灰绿色。花单生茎顶，花茎高 20～40 cm，花大直立，花被 6 瓣，花瓣有全缘、锯齿、皱边等变化，花有红、橙、黄、紫、白等色或复色，并有条纹，基部常黑紫色，白天开放，夜间及阴雨天闭合。花期 3 月下旬至 5 月下旬，视品种而异，单朵花期 10～15 天。

（2）类型及品种　依花型变化可分为杯型（如达尔文郁金香）、碗型（如睡莲郁金香）、百合型（如百合花郁金香）和球型（如部分重瓣种）；依开花早迟分为早花种和晚花种。早花种有单瓣、重瓣之分，开花 3—4 月；晚花种开花 4 月下旬至 5 月上旬，有达尔文系、达尔文杂交系等，花期、花型、花色及株型极富变化。主要种类有：

①克氏郁金香（*T. clusiana*）。鳞茎外皮褐色革质，具有匍匐枝。叶 2～5 枚，灰绿色，无毛，狭线形；花茎高约 30 cm，花冠漏斗状，先端尖，有芳香，白色具柠檬黄晕，基部紫黑色，花期 4—5 月。

②福氏郁金香（*T. fosteriana*）。茎叶具二型，高型种株高 20～25 cm，叶 3 枚，少数 4 枚，宽广平滑，缘具明显的紫红色线条，直立性明显。矮型种高 15～18 cm，有白粉，两者花型相同，杯状，花径 15 cm，花被片端部常有黑斑，有黄色边缘，花粉紫色或鲜红色，为本属中花色最美的种类。对病毒抵抗力强，常用作培育抗病品种的亲本材料，但鳞茎产生仔球数量少，培养 2～3 年才开花。

③香郁金香（*T. suaveolens*）。株高 7 ~ 15 cm，叶 3 ~ 4 枚，花冠钟状，长 3 ~ 7 cm，花被片长椭圆形，鲜红色，边缘黄色，有芳香。

（3）分布与习性　原产于地中海沿岸及中亚细亚、土耳其等地，为荷兰国花。喜冬季温暖干燥、夏季凉爽湿润的环境，耐寒，适宜生长温度为 15 ~ 20 ℃，花芽分化适宜温度为 20 ~ 25 ℃，不宜高于 28 ℃，忌酷暑，耐干旱，夏季休眠。喜阳光充足、通风良好的环境，要求排水良好、肥沃而富含腐殖质的沙质土壤，忌连作。

（4）栽培管理技术

①繁殖技术。以分球繁殖为主。母球在当年花后一个月便干枯死亡，新生种球 1 ~ 3 个，同时在鳞叶处萌生许多小仔球，于秋季 9—10 月分离新球及仔球栽种，仔球需培养 3 ~ 4 年才可开花，新球深翻土层后直接栽种。

②栽培管理技术。郁金香属秋植球根，既可地栽也能盆栽。

地栽一般根据气温于 9 月下旬至 11 月初栽种，栽前要深耕土层，施足基肥，栽植深度为球高的 3 倍，株行距 10 cm×20 cm。栽种前浇透水，栽植后，不立即灌水，以诱导鳞茎向深处扎根，利于来年更好地生长发育。寒冷地区入冬后适当覆盖，翌年早春化冻前及时除去覆盖物，同时灌水。生长期追肥 2 ~ 3 次，花后及时剪掉残花，以保证地下鳞茎充分发育。入夏后茎叶开始变黄时及时采收鳞茎，保持室温 20 ~ 25 ℃，置于通风干燥的室内贮藏，以安全越夏，同时完成花芽分化。

盆栽自然花期 3—5 月，作促成栽培可于春节前后开花。具体做法：首先选择早花品种，并选择充实肥大的鳞茎作为种球，栽植前先进行低温处理，保证完成花芽分化，可给予温度 17 ~ 20 ℃，相对湿度 65% ~ 70% 的贮藏环境，促使充分完成花芽分化，然后经过 2 ~ 4 个月（因品种而异）的 1 ~ 5 ℃低温处理，即可进行栽植。一般选择口径 20 cm 左右的深筒盆栽植，腐叶土 6 份、沙土 3 份、厩肥 1 份混匀配制培养土。栽培容器和培养土充分消毒后以每盆 2 ~ 3 粒进行栽植，摆正种球，顶部与土面平齐，不可过深，不必压实。定植初期浇水不宜过多，当植株现蕾后，可适当加大浇水量，以促使花梗抽生，浇水后及时中耕。施肥可在其长出 2 ~ 3 枚叶片时，追施富含磷钾肥的液体肥料一次。另外，温度是影响郁金香开花的重要限制因子。上盆后土温要求 9 ~ 10 ℃，并保持 2 周，在此期间要求弱光，种球长好根系，开始冒芽展叶时，温度控制在 10 ~ 15 ℃，以利于正常开花，花后给予温度 8 ~ 12 ℃并保持土壤湿润，光线充足但不直射的条件，可保证一个月的观花期。

（5）园林应用　郁金香是世界著名花卉，其花茎刚劲挺拔，花大色艳，成片栽植时，花开绚丽夺目，是春季园林中的重要球根花卉，宜作花境丛植及带状布置，也可作花坛群植。高型品种为重要的切花材料。矮型品种常盆栽或促成栽培，供冬季、早春观赏（图 1-63、图 1-64）。

图 1-63　郁金香地栽

图 1-64　郁金香盆栽

2）风信子 *Hyacinthus orientalis*

别名：洋水仙、五色水仙（图 1-65）。百合科，风信子属。

（1）形态特点　鳞茎球形或扁球形，外被皮膜，具光泽，颜色常与花色有关，呈紫蓝色、粉红或白色等。基生叶 4 ~ 6 枚，肥厚带状披针形。花葶高 15 ~ 45 cm，中空，总状花序顶生，小花 10 ~ 20 余朵密集其上，多横向生长，少有下垂。花冠漏斗状，花瓣裂片端部向外反卷，花色有白、黄、红、蓝、雪青等，原种为浅紫色，具芳香，花期 3—5 月。

（2）品种及类型　栽培品种极多，具各种颜色及重瓣品种，亦有大花和小花品种（图1-66）、早花和晚花品种之分。

图 1-65　风信子

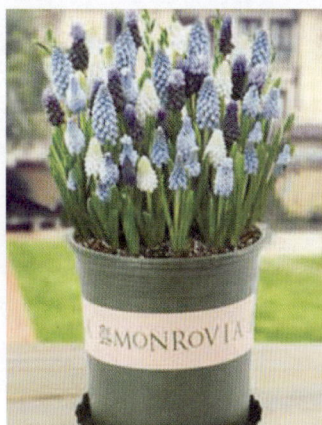

图 1-66　葡萄风信子

（3）分布与习性　原产于南欧、地中海东部沿岸一带。喜凉爽湿润而阳光充足的环境，要求排水良好的沙质土。较耐寒，长江流域可露地越冬。休眠期进行花芽分化，要求温度 25 ℃，需经历 30 天，花芽伸长需 60 天低温（13 ℃以下）处理。

（4）生产管理技术

①繁殖技术。以分球繁殖为主，花后地上部分枯萎后，挖出鳞茎，切割大球与仔球，

并贮藏于通风处。大球秋植，翌年春季开花，仔球培养 3 年开花。

若需大量繁殖，可在夏季刺激种球长出更多的仔球，操作过程为：于 8 月上、中旬将大球的底部茎盘先均匀地挖掉一部分，伤口呈凹形，再自下向上纵横各切一刀，呈十字形切口，深度达鳞茎内的芽心为止，切口用 0.1% L 汞涂抹，然后在烈日下将伤口暴晒 1 ~ 2 h，平摊于室内，室温保持 21 ℃，使其产生愈伤组织，随后升温至 30 ℃，保持空气湿度 85%，90 天左右即可长出许多小鳞茎。

②栽培管理技术。秋季 9—10 月间栽种，选择土层深厚、排水良好的沙质壤土，穴植，深度 20 cm，施入腐熟的堆肥后再植球，并覆土，深度为种球直径的 2 ~ 3 倍。冬季严寒地区，地面覆盖以防冻伤。春季施追肥 1 ~ 2 次，花后及时剪除花茎，有利于种球膨大。种球采收前一个月节制肥水，避免鳞茎腐烂。鳞茎贮藏需干燥凉爽的环境，将其分层摊放以利通风。

盆栽风信子，选口径 15 cm 花盆，泥炭和河沙等量混合配制培养土。种植深度为种球直径的 2 ~ 3 倍为宜。种植后，浇透水，放入 9 ℃冷室使其完成开花诱导，随后给予 8 ~ 18 ℃的温度及充足的光照，保持湿润的土壤环境，旺盛生长期每隔 15 天施稀薄液肥一次。开花后，降温至 10 ℃，保持光线充足但无阳光直射、通风透气的环境，便能延长观赏期。

（5）园林应用 风信子为著名秋植球根花卉，株丛低矮，花丛紧密而繁茂，最适合布置早春花坛、花境及林缘、绿地，也可盆栽观赏（图 1-67、图 1-68）。

图 1-67 风信子基质培

图 1-68 风信子地栽

3）花毛茛 *Ranunculus anunculus*

别名：芹菜花、波斯毛茛、陆莲花（图 1-69）。毛茛科，毛茛属。

（1）形态特征 具纺锤形块根，常数个簇生于根茎处。株高 20 ~ 40 cm，地上茎细长，少分枝，具短刚毛，基生叶椭圆形，具长柄，茎生叶羽状细裂，几无柄。花单生枝顶，花瓣平展，多为上下两层，每层 8 枚，花径 2.5 ~ 4 cm，花色丰富，有白、黄、橙、水红、大红、紫、褐等色，花期 4—5 月。

图 1-69　花毛茛

图 1-70　花毛茛地栽

（2）类型及品种　园艺品种较多，花高度重瓣且色彩极丰富，分为波斯花毛茛系、法兰西花毛茛系、土耳其花毛茛系和牡丹型花毛茛系四个系统，其中牡丹花毛茛系为杂交种，重瓣与半重瓣，花型硕大，株型最高。

（3）分布与习性　原产于欧洲东南部和亚洲西南部。喜凉爽和半阴的环境，较耐寒，长江以南可露地越冬，忌阳光暴晒，夏季休眠。要求排水良好、富含腐殖质、肥沃湿润的沙质土壤，土壤酸碱性以中性或微碱性为宜。

（4）栽培管理技术

①繁殖技术。以分球繁殖为主，也可播种繁殖。为秋植球根，于 9—10 月栽植，栽植前将块根自根颈部顺势分割，保证每墩带有一段根茎即可。

播种繁殖用于培育新品种，常秋季盆播育苗，将种子浸湿后置于 7—10℃ 环境中，经 3 周便可发芽，翌年 3 月下旬室外定植，入夏即可开花。

②栽培管理技术。栽植前首先选择无阳光直射、通风良好的半阴环境。栽植前块根用 40% 福尔马林消毒，地栽株行距 20 cm × 20 cm，覆土 3 ~ 5 cm，生长初期浇水不宜过多，保湿即可，以免腐烂。翌年早春萌芽前注意浇水防干旱，开花前追施液肥 1 ~ 2 次。入夏后枝叶枯黄时采收块根，放室内阴凉处贮藏。

（5）园林应用　花毛茛花大色艳，喜欢荫蔽的生长环境，是春季园林蔽荫环境中的优良美化材料，多配植于林下花坛之中或丛植于草坪一角。矮生种可盆栽，高型种作切花材料（图 1-70）。

2. 夏秋开花类球根花卉

1）唐菖蒲 *Gladiolus hybridus*

别名：十样锦、剑兰、荸荠莲、十三太保（图 1-71）。鸢尾科，唐菖蒲属。

图 1–71　唐菖蒲

（1）形态特点　球茎类球根花卉，地下球茎外被膜质鳞片。基生叶剑形，嵌为二列状，常 7 ～ 9 枚。穗状花序顶生，花葶自叶丛中抽出，着花 8 ～ 20 朵，小花漏斗状，色彩丰富，花径 7 ～ 18 cm，花期 6—7 月。

（2）品种及类型　栽培品种极其丰富，形态、形状多样，园艺栽培种，依据花期有春花类和夏花类之分，依据生育期分类有早花类（植球后 60 ～ 75 天开花）、中花类（植球后 75 ～ 90 天开花）和晚花类（植球后 90 ～ 115 天开花）。依据花径大小分类，有大花型（花径 10 cm）、中花型（花径 8 ～ 10 cm）和小花型（花径小于 6 cm）。

同属常见栽培种有：

①罗马唐菖蒲（G.byzdntinus）。株高可达 1 m，穗长而柔弱。花鲜洋红、粉色，喜高温，花期 7 月。

②绯红唐菖蒲（G.cardinalis）。原产于非洲好望角，株高 90 ～ 120 cm，球茎大，花序长而直立，着花 6 ～ 7 朵，小花钟形，绯红色，花期 6—7 月，对现代唐菖蒲改良育种工作起到了重要作用。

③齐氏唐菖蒲（G. chieldsii）。杂交种，后经改良而成。性强健，花大而绚丽，是近代大花型唐菖蒲的典范。

④柯氏唐菖蒲（G. colvillei）。杂交育成，株高 60 cm，着花 2 ～ 4 朵，花黄紫色，花穗长 45 ～ 60 cm，具香味。花期早，是重要的春花类杂交种。

⑤多花唐菖蒲（G. floribundus）。株高 45 ～ 60 cm，叶片 3 ～ 5 枚，着花多达 20 余朵，花大，色白，花期 5 月，属于小花矮生品种。

（3）分布与习性　原产于好望角等地，现广为栽培。为典型的长日照花卉，14 h 以上的日照有利于花芽分化，花芽分化后短日条件能促进花芽发育。球茎 4 ～ 5 ℃时萌芽，昼温 20 ～ 25 ℃、夜温 12 ～ 18 ℃为最适生长温度，炎热夏季花蕾易枯萎。要求土层深厚、土质疏松、排水通畅、富含有机质的微酸性沙质壤土，忌干旱，忌水涝。

（4）栽培管理技术

①繁殖技术。以分球繁殖为主。

分球繁殖：将新生的大球和仔球按大小分级，充分晾干后贮藏在 5 ℃以内的通风干燥处备用。新球栽植后第二年开花，为加速繁殖，亦可将球茎分切，每块必须具芽及发根部位，切口涂以草木灰，略干燥后栽种。仔球直径小于 2.5 cm 时，休眠程度深，需培育 1 ～ 2 年后才可开花，在自然越冬条件下需经历 4 个月解除休眠。栽植前 32 ℃温水中浸泡 2 天使外皮软化，随后在 53 ~ 55 ℃杀菌剂溶液中浸泡 30 min（杀菌剂是在 100 L 水中加 100 g 苯菌灵及 180 g 克菌丹，或直接用 200 倍苯雷特溶液），然后凉水冲洗 10 min，摊开晾干，贮藏于 2 ~ 4 ℃环境中，第二次采收后，仔球直径变大。球径仍小于 2.5 cm 的种球还需再次培育，只是消毒液温度降至 46 ℃，浸泡时间减至 15 min。唐菖蒲种球退化现象比较明显，栽培年限越长，退化越严重，因此，需注重仔球培育。

②栽培管理技术。栽培唐菖蒲应选择向阳、排水良好、富含腐殖质的沙质壤土，黏土中虽能生长开花，但新球发育差，仔球形成较少。栽种前施足富含磷钾肥的基肥，栽植深度依土壤性质与球茎大小而异，一般入土 5 ~ 10 cm，株行距 15 ~ 25 cm。生长期追肥 2 ~ 3 次，第一次在 2 枚真叶展开后，为促进茎叶生长，喷施壮茎灵，可使植物杆茎粗壮、叶片肥厚、叶色鲜嫩。第二次在孕蕾期，喷施花朵壮蒂灵，可促使花枝粗壮、花蕾强壮、花瓣肥大、花色艳丽；第三次在开花后，以促进新球发育。生长期给予长日照有利于花芽分化，短日照有利于花芽发育，夏季如遇干旱，应充分灌溉，雨季注意排灌。通常 10 月下旬至 11 月中旬，当地上茎叶 1/3 ~ 1/2 枯黄时，开始采收地下球茎。

（5）园林应用　唐菖蒲花序高大，花色艳丽，是优良的夏季园林花卉，适宜配置花坛、花境，也是世界四大切花之一，广泛应用于花篮、花束等艺术插花中（图 1-72、图 1-73）。

图 1-72　切花唐菖蒲

图 1-73　盆栽唐菖蒲

2）葱兰 *Zephyranthes candida*

别名：葱莲、玉帘、白花菖蒲莲、韭菜莲、肝风草（图 1-74）。石蒜科，葱莲属。

（1）形态特点　多年生常绿草本植物。株高 30 ~ 40 cm，鳞茎卵形，直径较小，有明显的长颈。叶基生，肉质线形。花葶较短，中空，花单生，花被 6 枚，花色有白色、红色、黄色等，花径 4 ~ 5 cm，花期 7—11 月。

图 1-74 葱兰

图 1-75 韭兰

（2）品种及类型　同属常见种：韭兰（*Z.grandiflora Lindl.*）也称红花葱兰，红花菖蒲莲。与葱兰主要区别是鳞茎卵圆形，颈部短，鳞茎稍大，叶扁平线形，基部有紫色红晕，花粉红或玫红，花径 5 ～ 7 cm，苞片红色，花期 6—9 月，落叶种（图 1-75）。

（3）分布与习性　原产于北美至南美一带。在原产地具有常绿性，在冬季严寒地区只作为春植球根花卉。喜温暖，具有一定耐寒性，可忍受 0 ℃以下低温。喜阳光充足，也耐半阴，喜湿润略带黏质、肥沃而排水好的土壤。

（4）栽培管理技术

①繁殖技术。以分球、播种繁殖为主，葱兰极易自然分球，每一母球在一个生长季可自然分生 3 ～ 4 个仔球，春季将仔球分离，另行栽植，培养 2 年即可开花，3 ～ 4 年分栽一次。

播种繁殖：种子萌发容易，在花后约 20 天，种子成熟，及时采收，避免种子在母体上发芽的情况，播种最适宜温度为 15 ～ 20 ℃，常在 9 月中下旬进行秋播，温水浸种12 ～ 24 h，种子吸水膨胀后，穴播于容器内，覆盖基质，厚度为种粒的 2 ～ 3 倍，保温保湿，2 ～ 3 周萌发。

②栽培管理技术。葱兰性喜阳光充足，适宜富含腐殖质和排水良好的沙质壤土。因此，栽植地点应选避风向阳、土质肥沃湿润之处。地栽前施足基肥，种植不宜过深，穴植，每穴植 3 ～ 4 个鳞茎，生长期间保持土壤湿润，天气干旱时经常向叶面上喷水，以增加空气湿度，否则叶尖易枯黄。追施 2 ～ 3 次稀薄饼肥水，即可生长良好、开花繁茂。盛花期及时剪除败花，以保持美观，避免消耗更多养分。夏季炎热，光照强度太大时，适当给予遮阳，霜冻到来前采收种球。

（5）园林应用　葱兰叶色翠绿，开花洁白，植株低矮整齐，花朵繁多，花期长，管理粗放。常作花坛的镶边材料，或绿地丛植作缀花草地，也可用作林下半阴处的地被植物，或于庭院小径旁栽植（图 1-76、图 1-77），亦可药用。

图 1-76　葱兰地栽

图 1-77　韭兰地栽

3）大丽花 *Dahlia pinnata*

别名：大理花、天竺牡丹、地瓜花（图 1-78）。菊科，大丽花属。

图 1-78　大丽花

（1）形态特点　为春植球根花卉，地下部分具肥大纺锤形肉质块根，形似地瓜。茎中空，高 50～100 cm，叶对生，1～2 回羽状分裂，边缘具粗钝锯齿，头状花序顶生，花径 5～35 cm，其大小、色彩、性状因品种而异，花冠由外围舌状花与中部管状花组成，花期 6—10 月。

（2）品种及类型　本属约有30个种，栽培品种极为繁多，已达3万个以上，花型、花色、株高均富有变化。依花型分为单瓣型、托桂型、芍药型、球型、蜂窝型等。依株高分为高型（150 cm以上）、中型（100～150 cm）、矮型（60～90 cm）和极矮型（20～40 cm）。依花朵大小分为巨型AA（＞25 cm）、大型A（20～25 cm）、中型B（15～20 cm）、小型BB（10～15 cm）等。

（3）分布与习性　原产于墨西哥热带高原地带，栽培品种广布世界各地。喜高燥凉爽、阳光充足的环境，不耐寒，又忌酷暑，不耐旱，也忌积水。喜排水良好、富含腐殖质的中性或微酸性沙壤土。喜光，但夏季忌强光直射。生长期适宜温度为10～25 ℃，在夏季气候凉爽、昼夜温差大的地区，生长良好。

（4）栽培管理技术

①繁殖技术。以分根、扦插繁殖为主，也可播种、嫁接繁殖。

a.分根繁殖。大丽花肥大的块根是由茎基部发生的不定根膨大形成，肥大部分不长芽，仅在根颈部发生新芽，因此，春季分割块根时需带有根颈部的1～2个芽眼，切口处涂抹草木灰防腐烂，然后栽植，埋土深度宜覆盖根颈新芽萌发处1～2 cm，浇透水。分根法简便，成活率高，花期早，但繁殖量小。

b.扦插繁殖。一年四季均可进行，但以春季成活率最高。全株各部位的顶芽、腋芽、脚芽均可作为插穗，但以根颈萌发的脚芽最好。为提高扦插成活率，插前将块根置于温室湿沙中催芽，以根颈处刚能露出沙面，保持温度15～20 ℃，新芽萌发速度较快，嫩芽长至5～6 cm时，将其在根颈处掰离并扦插。通常选择疏松透气的栽培基质作为扦插介质，扦插间距3 cm×3 cm，保持温度15～22 ℃，保湿，2～3周生根。夏秋两季扦插，可用侧枝顶梢作插穗，繁殖数量较大。

c.嫁接繁殖。一般以块根作为砧木，选择具有优良品种特性的枝条作为接穗，嫁接前清除根颈上所有的芽，用劈接法嫁接接穗，接后遮阳保湿，2～3周除去绑扎物，即可成活。

②栽培管理技术。露地栽培宜选用中、矮型品种。栽植前选土层深厚、疏松、高燥、肥沃、排水通畅，阳光充足，背风的场所，施足基肥，基肥多穴施于植株根系四周，但勿与块根接触。定植前先催芽，温度保持15 ℃，覆土较浅，约2～3 cm，充分灌水，当植株展叶时定植为最佳时期，栽植深度以6～12 cm为宜，株行距依花坛种植设计而定，通常中高品种60～100 cm，矮小品种40～60 cm。生长期间追肥2～3次，分别于孕蕾前、初花期、盛花期施入。夏季炎热干旱时，植株处于半休眠状态，不需施肥，注意防暑、防晒、防涝。生长过程中还需注意摘心、除蕾和修剪，苗高15 cm时，留基部2～3节打顶摘心，促发侧枝，可形成4枚花枝，每株保留花枝数量依品种特性及栽培要求而定。一般大花品

种以 4 ～ 6 枝为宜，中小品种以 8 ～ 10 枝为宜。在孕蕾初期，根据需要及时剥除主枝顶端过于密集的花蕾，并及时设立支柱，以防风折。霜后地上部分完全凋萎而停止生长时，采收块根，外皮充分干燥后贮藏于微湿的细沙内，维持 5 ～ 7 ℃，相对湿度 50%，待第二年早春栽植。

（5）园林应用　大丽花品种极为丰富，花型多变，以富贵华丽取胜，是重要的夏秋季园林花卉。矮型品种最适宜布置花坛、花境或盆栽；大花型常用于花型展览、品种鉴定及室内装饰，高型品种宜作切花。

4）大花美人蕉 Canna generalis

别名：法国美人蕉、红艳蕉（图 1-79）。美人蕉科，美人蕉属。

（1）形态特点　株高 100 ～ 150 cm，具粗壮肉质根状茎，地上茎肉质，由叶鞘互相抱合而成，不分枝，被白粉。叶大型，互生，呈长椭圆形，绿色或红褐色，叶柄鞘状。顶生总状花序，常数十朵簇生在一起，花被 3 枚，花瓣直立，柔软，先端向外翻卷。花径达 12 cm。花色丰富，有红、粉红橙、橙黄、紫红等色，并有复色斑纹。雄蕊瓣化，基部有红色斑点，中部以上常具彩色条纹或彩色镶边，其中一枚常外翻成舌状，其他的呈旋卷状，花期 6—10 月。

图 1-79　美人蕉

（2）品种及类型　大花美人蕉除由花色变化而分成不同品种外，依叶色也有粉绿、亮绿、古铜、红绿镶嵌、黄绿镶嵌等品种之分。依株高不同分为：矮生种（株高仅 50 ～ 60 cm）和高生种（株高可达 2 ～ 3 m）。目前园艺上栽培的大花美人蕉同属其他种类还有：

①蕉藕（C. edulis）。原产于印度和南美洲。别名食用美人蕉，植株粗壮高大，株高 2 ～ 3 m，茎紫红色，叶背及叶缘晕紫色；花期 5—10 月，但在我国大部分地区不见开花。

②黄花美人蕉（C. flaccida）。原产于美国佛罗里达州至南卡罗来纳州。别名柔瓣美人蕉，株高 1.2 ～ 1.5 m，茎绿色，叶片长圆状披针形，花序单生而稀疏，着花少，苞片极小，花大而柔软，向下反曲，淡黄色。

③紫叶美人蕉（C. warscewiczii）。原产于哥斯达黎加和巴西。别名红叶美人蕉，株高 1 ～ 1.2 m，茎叶均紫褐色并具白粉，总苞褐色，花大，红色。

（3）分布与习性　原产于美洲热带和亚热带，我国各地普遍栽培。性强健，适应性强，喜阳光充足，不耐寒，怕强风。不择土壤，但以湿润肥沃、排水良好的土层深厚的壤土为宜。耐湿，但忌积水。在长江以南可露地越冬，北方地区冬季需采收根茎。

（4）栽培管理技术

①繁殖技术。以分根繁殖为主，也可播种繁殖。

a. 分根繁殖。早春将贮藏的根茎分割成段，每段带芽 2～3 个及少量须根，切口处涂抹草木灰防腐，此法简单，成活容易。

b. 播种繁殖。种皮坚硬，直播发芽困难，播种前需将种皮刻伤或以 26～30 ℃的温水浸种 24 h，发芽适宜温度为 25 ℃以上，经 20～30 天发芽，定植后当年开花。

②栽培管理技术。栽培容易，适应性强，管理粗放，病虫害少。春天挖穴栽植，选光照条件较好，地势高燥排水好的地块，栽前施足基肥，栽培深度 8～10 cm，株距 60～80 cm。花前施肥 2～3 次，并经常保持土壤湿润，花后及时剪去残花，以免消耗养分，若略施肥水可使新茎相继抽出，开花连续不断。寒冷地区待地上部分 2/3 以上枯黄后采收根茎，适当干燥后贮藏于沙中或堆放在通风的室内，保持室温 5～7 ℃即可安全越冬。温暖地方 2～3 年采收根茎并更新一次，冬季可剪除地上部分枯萎的茎叶，并覆盖在植株上，壅土以备安全越冬。翌春及时去除覆盖材料，以利新芽出土。

（5）园林应用　美人蕉植株健壮，高大美观，枝叶繁茂，花期长，管理粗放，为优良的夏秋园林花卉。宜作花境背景或花坛中心栽植，也可丛植于草坪（图 1-80）。因其抗污染力很强，常用于道路沿线及厂矿区绿化。矮生种也可盆栽，其根茎和花均可入药。

图 1-80　美人蕉地栽

◎**知识拓展**

其他常见露地球根花卉的繁殖与应用技术如表 1-4 所示。

表 1—4　其他常见露地球根花卉的繁殖与应用简表

名称（别名）	学名	科属	原产地	花色、花期	习性	繁殖方法	观赏与应用
嘉兰（火焰百合）	Glorisa superb	百合科，嘉兰属	我国云南、亚洲及非洲热带河边森林地区	花多为红色、黄色，花期5—10月	蔓生植物，喜温温润，喜光也耐半阴，不耐寒	切割块茎	花型特殊，花色艳丽如燃烧的火焰，是美丽的攀援植物，亦可作切花、盆花
春番红花（番紫花）	Crocus sativus	鸢尾科，番红花属	巴尔干半岛和土耳其	花白色、堇色，春季开花	喜凉爽、湿润和阳光充足的环境，耐寒性强	秋季分栽小球茎	性强健，花色艳丽，丛植片植常作花坛，最宜作疏林地被
红花石蒜（彼岸花，蟑螂花）	Lycoris radiata	石蒜科，石蒜属	我国和日本为其分布中心	花鲜红色，具白色边缘，夏季开花	喜温暖湿润的环境，适应性强，较耐寒，不择土壤	春季切割鳞茎或播种	地被花卉，有中国郁金香之誉，冬春叶色翠绿怒放，布置花境，点缀草坪，片植，丛植效果俱佳
忽地笑（黄花石蒜）	Lycoris aurea	石蒜科，石蒜属	我国西南、中南等地	花黄色，花瓣高度反卷，花期8—9月	喜温暖阴湿的环境，适应性强，较耐寒，不择土壤	春季切割鳞茎或播种	地被花卉、布置花境，点缀草坪，片植，丛植效果俱佳
蜘蛛兰（美丽水鬼蕉）	Hymenocallis americana	石蒜科，蜘蛛兰属	南美、墨西哥及西非等地	花白色，芳香，夏秋开花	喜温暖及阳光充足的环境，也耐半阴	春季分栽小鳞茎或播种	花型奇特，花叶俱美，宜林缘、草地丛植，或布置花坛、花境
红花酢浆草（夜合梅，花化草）	Oxalis rubra	酢浆草科，酢浆草属	南美巴西	花淡红色或深桃红色，花期4—11月	喜温暖湿润，荫蔽的环境，耐阴性强	春季切割根茎	株型低矮，整齐，叶色清翠，花色明艳，覆盖地面迅速，是优良的观花地被
虎眼万年青（鸟乳花）	Ornithogalum caudatum	百合科，鸟乳花属	南非	花白色，花期6—8月	不耐寒，喜湿润，耐半阴	分栽鳞茎或播种	宜作地被材料，或盆栽
文珠兰	Crinum asiaticum	石蒜科，殊兰属	亚洲热带地区	花白色，花期夏秋	不耐寒，略耐阴	春季分切肉质根茎	花境材料，也可室内盆栽
欧洲银莲花（白头翁，罂粟秋牡丹）	Anemone coronaria	毛茛科，银莲花属	地中海沿岸	花红色、紫色、白色、蓝色或复色，花期4—5月	喜凉爽，阳光充足的环境，稍耐寒	秋季分栽块茎或播种繁殖	花型丰富，花色艳丽，为春季花坛、花境材料，尤其适合林缘草地丛植

任务5　木本花卉生产技术

◎**知识目标**

1. 识别常见的木本花卉，了解常见木本花卉的生长特点和习性。

2. 掌握常见木本花卉的繁殖方法和园林应用。

◎**任务目标**

1. 能正确识别常见木本花卉15种以上。

2. 能熟练进行木本花卉的繁殖及日常养护管理。

3. 能根据需要和花卉特点合理运用木本花卉进行园林绿化布置。

◎**任务背景**

露地木本花卉种类繁多，各有特色。牡丹花开繁茂，富丽堂皇，被誉为"花中之王"。月季开花周期长，花色娇艳，香气浓郁，被誉为"花中皇后"。茶花性喜半荫，株型优美，花开艳丽缤纷，被誉"花中娇客"。桂花终年常绿，秋季开花，芳香四溢，有"十里飘香"的美称，深入学习代表性木本花卉的观赏特点、生长习性和栽培养护要点，体会其适应性强，抗性好，用途广泛的特点，为后续的生产、养护做好铺垫。

◎**任务分析**

木本花卉在室外花境、花丛、花群、专类园的布置中起着非常重要的作用。了解其观赏特点、繁殖方法、生长习性和养护技巧，以便根据其特色营造更好的室外景观。

◎**任务操作**

木本花卉生长周期长，繁殖方式以压条、扦插、嫁接等无性繁殖为主，其中嫁接繁殖根据接穗选择不同，又有枝接、芽接、根接等形式。

子任务1　木本花卉繁殖技术

1. 嫁接繁殖

嫁接繁殖指将一种植物的枝、芽等接到另一种植物的根、茎上，培育新植株的繁殖方法。用于嫁接的枝条称接穗，嫁接的芽称接芽，被嫁接的植株称砧木，嫁接培育成活的新植株称嫁接苗。

特点：能保持原有品种的优良性状，能提高抗旱、抗寒等适应性，比实生苗提早开花，能提高花卉的观赏价值。但技术要求高，部分植物成活率低。

1）嫁接成活的原理及过程

（1）细胞的再生能力　植物细胞的再生能力是嫁接成活的生理基础，再生能力最旺盛的细胞主要集中在形成层，形成层薄壁细胞可以形成愈伤组织，愈伤组织分化新的输导组织连通砧木与接穗组成整体。

（2）嫁接亲和力　嫁接亲和力是指砧木与接穗在内部组织结构、生理、遗传等相同或相近，嫁接相互融合并正常生长发育的能力。亲缘关系越近，亲和力越大，越易成活。一般而言，同种不同品种间亲和力最大。生产中，嫁接一般在同属、同种或同品种间进行。

（3）嫁接成活的过程　砧木与接穗切口形成层密接，形成层薄壁细胞后形成愈伤组织，导致双方细胞密接，输导组织上下贯通成为一体（图 1-81）。

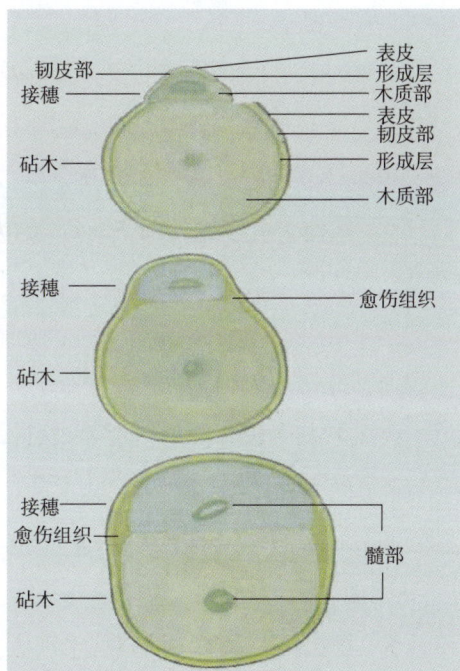

图 1-81　嫁接愈合示意图

2）嫁接方法与类型

按嫁接所取材料不同可分为芽接、枝接、根接三类。

$$
嫁接\begin{cases} 芽接：T字形芽接、嵌芽接、带木质部芽接、方块形芽接等 \\ 枝接：劈接、切接、切腹接、舌接、靠接、皮下接等 \\ 根接 \end{cases}
$$

3）嫁接时期

嫁接时期因地区、嫁接方法、植物种类、生产条件等而有所差异。一般而言，枝接宜在早春，北方地区在 3 月下旬—5 月上旬，南方地区在 2—4 月；芽接可在春、夏、秋进行，以夏秋为主。

4）砧木与接穗的选择

（1）砧木的选择　砧木与接穗有良好的亲和力；砧木适应本地区的气候、土壤条件，根系发达，生长健壮；对接穗的生长、开花、寿命有良好的基础；对病虫害、旱涝、地温、大气污染等有较好的抗性；能满足生产上的需要，如矮化、乔化、无刺等，以一、二年生实生苗为好。

（2）接穗的采集　采集接穗应从优良品种、特性典型的植株上采取；枝条生长充实、色泽鲜亮光洁、芽体饱满，取枝条的中间部分，过嫩不成熟，过老基部芽体不饱满；春季嫁接采用翌年生枝，生长期芽接和嫩枝接采用当年生枝。

5）影响因素

（1）嫁接亲和力　亲和力为影响嫁接成活的主要内因。亲和力强的砧木和接穗嫁接，成活率高、生长良好。亲和力弱的砧木和接穗嫁接，经常出现以下不良表现：①愈合不良；②生长开花不正常；③生长不协调。

（2）嫁接天气　嫁接时天气对嫁接成活有一定的影响，一般而言，嫁接一般宜选择在阴天、无风、无雨的天气进行。实际生产中，如若不能选择有利天气条件，嫁接时可采取一定保护措施。如在夏天温度高、光照强的天气嫁接时，可对接穗进行遮阳。

（3）环境条件　主要包括温度、湿度等环境条件。一般而言，气温、地温在20～25℃有利于嫁接成活，空气相对湿度以60%～70%为宜。

（4）砧木和接穗的质量　砧木和接穗的质量直接影响嫁接的质量，衡量砧木和接穗质量的标准有：①嫁接成活后，接穗与砧木生长的协调性；②砧木与接穗各自优良特性是否充分体现。

（5）嫁接技术水平　嫁接技术因人而异，衡量嫁接技术可用"快、平、准、紧、齐"等五字概括，即动作快、削面平、下刀准、绑扎紧、形成层对齐。

6）嫁接方法

花卉栽培中常用的是枝接、芽接、根接和髓心接等。

（1）枝接　以枝条为接穗的嫁接方法。

①切接。一般在春季3—4月进行。碧桃、红叶桃等可用此方法嫁接（图1-82）。操作步骤包括砧木处理、接穗处理和接合三个环节。

a.砧木处理：离地面20～25 cm横切一刀，选砧木的光滑侧面垂直向下削一刀，切口深2～2.5 cm。

b.接穗处理：将选定的接穗截取3～5 cm长的一段，其上具2～3芽，两面削，长面1.5～2 cm，短面0.5～1 cm，削好后保湿。

c.接合：接穗的长切面向里，短切面向外，插入砧木，使形成层对齐，用嫁接膜、麻线或塑料膜带绑紧。

②劈接。嫁接一般在春季3—4月进行，菊花的大立菊栽培嫁接，杜鹃花、榕树、金橘、樱花的高头换接都用此嫁接方法（图1-83）。操作步骤为：

a.砧木处理：在砧木离地10～12 cm左右处，剪断砧木后，削平截面，在砧木横切面中央用嫁接刀在中心纵劈一刀，劈口深约2 cm。

b.接穗处理：截取接穗枝条5～8 cm，保留2～3个芽，将接穗的下端削成楔形，有两个对称的马耳形削面，削面一定要平，削后的接穗外侧应稍厚于内侧。

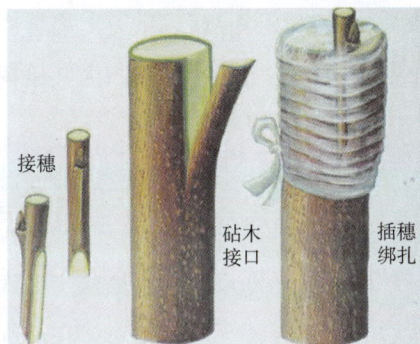

图 1-82　切接

图 1-83　劈接

c. 接合：撬开砧木劈口，将接穗插入砧木，使接穗厚的一侧在外，薄的一面在内，并使接穗的削面略露出砧木的截面，然后使砧木和接穗的形成层对齐，再用塑料嫁接条缠严、绑好。

枝接除上述方法外还有皮下接、切腹接、舌接等。

（2）芽接　以芽为接穗的嫁接方法。夏秋皮层易剥离时应用较多的嫁接方法。

①T 字形芽接。要求砧木离皮。操作步骤：

a. 砧木处理：首先在砧木适当部位切一个 T 字形切口，深度以切断韧皮部为宜。

b. 接穗削取：选枝条中部饱满的侧芽选作接芽，剪去叶片，保留叶柄，在芽上方 0.5 ~ 0.7 cm 处横切一刀深达木质部，再在芽下方 1 cm 处向上斜削一刀，削到与芽上面的切口相遇，用右手扣取盾形芽片。

c. 接合：将盾形芽片插入 T 字形切口，将芽片上端与 T 字形切口的上端对齐，然后用塑料条捆绑好。

②嵌芽接。在砧穗不易离皮时用此方法。碧桃、银杏等可用此方法嫁接（图 1-84）。操作步骤：

a. 接穗处理：用刀从接穗芽的上方 0.5 ~ 1 cm 处斜切一刀，稍带部分木质部，然后在芽下方 0.5 ~ 0.8 cm 处向下斜削一刀，至第一切口。

b. 砧木处理：与接穗相同。砧木切口大小要与接穗芽片大体相近，或稍长于芽片。

c. 嵌合：将芽片嵌入砧木切口，形成层对齐，芽片上端露一点砧木皮层（露白）用塑料膜带扎紧。

d. 芽接除上述方法外还有方块形芽接、套芽接等。

（3）靠接　用于嫁接不易成活的花卉。靠接在温度适宜且花卉生长季节进行，在高温期最好，先将靠接的两株植株移置一处，各选定一个粗细相当的枝条，在靠近部位相对削去相等长的削面，削面要平整，深至近中部，使两枝条的削面形成层紧密结合，至少对准一侧形成层，然后用塑料膜带扎紧，待愈合成活后，将接穗自接口下方剪离母体，并截去砧木接口以上的部分，则成一株新苗。如用小叶女贞作砧木嫁接桂花、大叶榕树嫁接小叶榕树、代代嫁接香园或佛手等。

（4）髓心接　接穗和砧木以髓心愈合而成的嫁接方法，多用于仙人掌类花卉，温室内一年四季均可进行。

①仙人球嫁接。先将仙人球砧木上面切平，外缘削去一圈皮肉，平展露出仙人球的髓心。再将另一个仙人球基部也削成一个平面，然后砧木和接穗平面切口对接在一起，中间髓心对齐，最后用细绳连盆一块绑扎固定，放半阴干燥处，一周内不浇水。保持一定的空气湿度，防止伤口干燥。待成活拆去扎线，拆线后一周可移到阳光下进行正常管理。

②蟹爪莲嫁接。以仙人掌为砧木，蟹爪莲为接穗的髓心嫁接。将培养好的仙人掌上部平削去 1 cm，露出髓心部分。接穗要采集生长成熟、色泽鲜绿肥厚的 2 ~ 3 节分枝，在基部 1 cm 处两侧都削去外皮，露出髓心。在肥厚的仙人掌切面的髓心左右切一刀，再将插穗插入砧木髓心挤紧，用仙人掌针刺将髓心穿透固定。髓心切口处用溶解蜡汁封平，避免水分进入切口。一周内不浇水，保持一定的空气湿度，当蟹爪莲嫁接成活后移到阳光下进行正常管理。

（5）根接　以根为砧木的嫁接方法，肉质根的花卉用此方法嫁接。如牡丹根接，其操作大致如下：秋天在温室内进行，以牡丹枝为接穗，芍药根为砧木，按劈接的方法嫁接成一株，嫁接处扎紧放入湿沙堆埋住，露出接穗，保持空气湿度，30天成活后即可移栽（图1-85）。

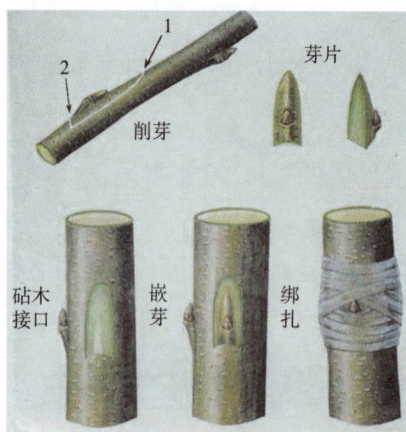

图 1-84　嵌芽接

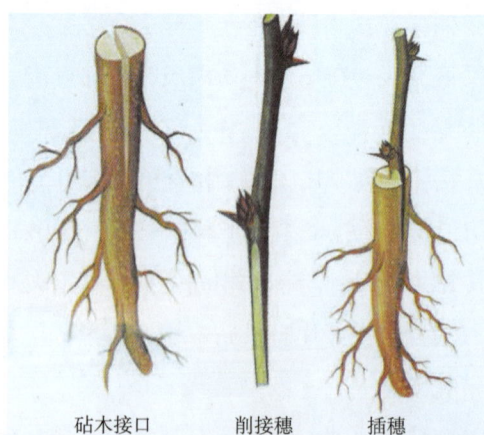

图 1-85　根接

7）嫁接后的管理

（1）检查成活、解绑及补接　嫁接后 7 ~ 15 天，即可检查成活情况，芽接接芽新鲜、叶柄一触即落者为已成活；枝接需待接穗萌芽后有一定的生长量时才能确定是否成活。成活的要及时解除绑缚物，未成活的要及时补接。

（2）剪砧　夏末和秋季芽接的在翌春发芽前及时剪去接芽以上砧木，促进接芽萌发，春季芽接的随即剪砧，夏季芽接时一般 10 天后解绑剪砧。剪砧时，修枝剪的刀刃应迎向接芽的一面，在芽片上 0.3 ~ 0.4 cm 处剪下。剪口向芽背面稍微倾斜，但剪口不可过低，以防伤害接芽。

（3）除萌　剪砧后砧木基部会发生萌蘖，须及时除去以免消耗水分和养分。

（4）设立支柱　接穗成活萌发后，遇有大风易被吹折或吹歪而影响成活和正常生长。需将接穗用绳捆在立于其旁的支柱上，直至生长牢固为止。一般在新梢长到 5 ~ 8 cm 时，紧贴砧木立一支棍，将新梢绑于支棍上，不要过紧或过松。

（5）圃内整形　某些树种和品种的半成苗，发芽后在生长期间，会萌发副梢即二次梢或多次梢，如桃树可在当年萌发 2 ~ 4 次副梢，可以利用副梢进行圃内整形，培养优质成形的大苗。

（6）其他管理　在嫁接苗生长过程中要注意中耕除草、追肥灌水和防治病虫害等工作。

2. 压条繁殖

压条繁殖是在枝条不与母株分离的情况下，将枝梢部分埋于土中，或包裹在能发根的基质中，促进枝梢生根，然后再与母株分离成独立植株的繁殖方法。

特点：这种方法适应面广，不仅适用于扦插易活的植物，对于扦插难以生根的树种和品种也可采用。因为新植株在生根前，其养分、水分和激素等均可由母株提供，且新梢埋入土中又有黄化作用，故较易生根。其缺点是繁殖系数低，花卉中仅有一少部分花木采用压条繁殖。

1）压条时间

压条时间因地区、植物种类、生产条件等而变。一般而言，北方适宜春季或上半年压条，其中常绿树种以 5—8 月为宜，落叶树种以 3—9 月为宜。温暖地区一年四季均适宜。

2）压条枝条的选取原则

①压条时不能损坏原有树型，以免降低花木的观赏价值。

②压下的部分能很快成形。

③选择光亮的短枝且处于遮阳的环境。

3）压条类型

$$\text{压条}\begin{cases}\text{直立（培土、壅土）压条}\\[4pt]\text{曲枝压条}\begin{cases}\text{先端压条法}\\\text{水平压条法}\\\text{普通压条法（波状压条）}\end{cases}\\[4pt]\text{空中压条}\end{cases}$$

4）压条方法

（1）直立压条 也称垂直压条、培土压条（图1-86）。石榴、无花果、木槿、玉兰、夹竹桃和樱花等均可采用直立压条法繁殖。具体方法：第一年春天，栽矮化砧自根苗，按2 m行距开沟做垄，沟深、宽均为30 ~ 40 cm，垄高30 ~ 50 cm。定植当年因长势较弱、粗度不足，可不进行培土压条。第二年春天，腋芽萌动前或开始萌动时，母株上的枝条留2 cm左右剪截，促使基部发生萌蘖。当新梢长到15 ~ 20 cm时，进行第一次培土，约一个月后新梢长到40 cm

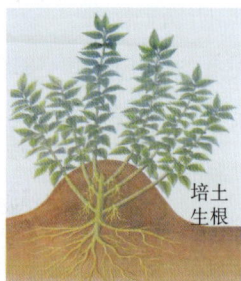

培土
生根

图1-86 直立压条

时第二次培土，一般培土后20天生根。入冬前即可分株起苗。起苗时先扒开土堆，自每根萌蘖基部，靠近母株处留2 cm短桩剪截，未生根萌蘖梢也同时短截，起苗后盖土。下年扒开培土，继续进行繁殖。

（2）曲枝压条 因曲枝方法不同又分水平压条法、普通压条法和先端压条法。西府海棠和丁香等观赏花木，均可采用此法繁殖。可在春季萌芽或生长季节枝条已半木质化时进行。

①水平压条法。也称沟压连续压或水平复压。定植时顺行向与沟底呈45°角倾斜栽植，定植当年即可压条。压条时将枝条呈水平状压入5 cm左右的浅沟，用枝杈固定，上覆浅土。待新梢生长至15 ~ 20 cm时第一次培土。一个月左右后，新梢长到25 ~ 30 cm时第二次培土，至秋季落叶后分株，靠近母株基部的地方，应保留1 ~ 2株，供来年再次水平压条用。

②普通压条法。有些藤本花木可采用普通压条法繁殖（图1-87）。即从供压条母株中选靠近地面的一年生枝条，在其附近挖沟，将待压枝条的中部弯曲压入沟底，用带有分杈的枝棍将其固定。固定之前先在弯曲处进行环剥，以利生根。枝蔓的中段压入土中后，其顶端要露出沟外，在枝蔓弯曲部分填土压平，使枝蔓埋入土中的部分生根，露在地面的部分则继续生长。秋末冬初将生根枝条与母株剪离，即成一独立植株。

③先端压条法。刺梅、迎春花等花卉常用。通常在早春将枝条上部剪截，促发较多新梢，在夏季新梢尖端生长停止时，将先端压入土中。如果压入过早，新梢不能形成顶芽而继续生长；压入太晚则根系生长差。压条生根后，即可在距地面10 cm处剪离母体，使其

成为独立的新株体。

（3）空中压条 通称高压法。贴梗海棠、小叶榕等花木常用，此法技术简单，成活率高，但对母株有损伤，空中压条在整个生长季节都可进行，但以春季和雨季为好。选充实的 2 ~ 3 年生枝条，在适宜部位进行环剥，环剥后用 5 g/L 的吲哚丁酸或萘乙酸涂抹伤口，以利伤口愈合生根，再于环剥处敷以保湿生根基质，用塑料薄膜包紧，2 ~ 3 个月后即可生根。待发根后即可剪离母体而成为一个新的独立植株（图 1-88）。

图 1-87 普通压条法

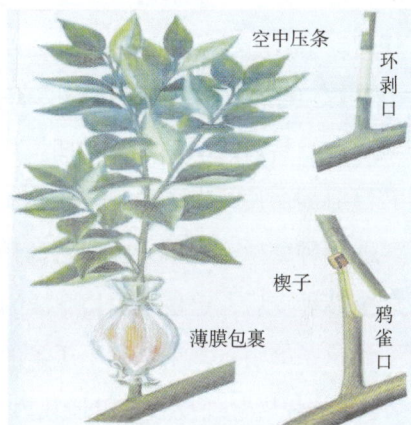

图 1-88 空中压条

子任务 2 代表性木本花卉生产技术

1. 落叶类花灌木

1）牡丹 *Paeonia suffruticosa*

别名：富贵花、洛阳花、花王、木芍药（图 1-89）。毛茛科，芍药属。

图 1-89 牡丹

（1）形态特点 落叶灌木，株高 1 ~ 3 m，肉质直根系，枝干丛生。茎枝粗壮且脆，常开裂脱落，节部叶痕明显。二回三出羽状复叶，顶生小叶常先端 3 裂，叶面绿色，叶背灰绿或有白粉，叶柄长 7 ~ 20 cm。花单生于当年生枝顶部，花径 10 ~ 30 cm，多为紫红花色，现栽培品种花色极为丰富，花期 4 月，蓇葖果成熟开裂。

（2）品种及类型 牡丹在我国栽培历史悠久，品种繁多，有多种分类方法。按花色可分为白、黄、粉红、紫、墨紫、雪青及绿等系列；按花期早晚可分为早、中、晚三种，相差时间 10 ~ 15 天；按用途分为观赏种、药用种、油用种；在园艺栽培中主要按花型分类，有单瓣型、荷花型、千瓣型、金环型、托桂型、楼子型和绣球型，较常见的名品有姚黄、魏紫、豆绿、赵粉、墨魁、二乔、白玉、状元红、洛阳紫、天女散花等。

（3）产地与生态习性　原产于我国西北部，分布于甘肃、陕西、山西、河南、安徽等省的山地及高原。基3本习性是"宜凉畏寒，喜燥恶湿"，喜光，较耐寒，有些品种可耐 –30 ℃低温。怕水涝，土壤黏重易引起根系腐烂。因此，地势高燥、土层深厚、肥沃疏松是牡丹栽植必备条件。

（4）栽培管理技术　繁殖方法：常用分株、嫁接繁殖，也可播种、扦插及压条繁殖。

①分株繁殖。秋季选 4 ~ 5 年生的植株，挖出根系去除附土，晾 1 ~ 2 天，顺势分割，并修剪老根。分株不宜过晚，常在停止生长前一个月进行。

②嫁接繁殖。用实生苗或芍药根系作砧木，于秋季进行根接，芍药作砧木，因其木质柔软，嫁接易成活，生长初期长势旺盛；若牡丹作砧木，木质较硬，难嫁接，成活后长势较慢但寿命长，分枝多。砧木和接穗选择时要注意开花色泽，白色砧木应选择白色接穗。

③播种繁殖。秋季采收成熟的种子，进行低温层积沙藏处理，保持河沙湿润，翌年春天胚突破种皮后，定植于疏松肥沃的土层即可。

④压条繁殖。多采用壅土压条的方式，在春季进行。

（5）栽培管理技术　以地栽为主，宜 9 ~ 10 月进行，栽后的水肥管理可遵守以下原则：春夏生长季节要把握见干见湿的浇水原则，夏季多雨时注意排水，秋季适当控制浇水，冬季只浇封冻水。牡丹喜肥，一年追肥 3 次，第一次为"花肥"，春天结合浇返青水施入，宜用速效肥；第二次"芽肥"于花后追肥，补充开花的养分消耗，为花芽分化供应充足养分，以磷钾肥为主；第三次"冬肥"结合浇封冻水进行，利于植株安全越冬。

生长期必须整形修剪，栽培 2 ~ 3 年后要进行定枝，生长势旺，发枝能力强的品种保留 4 ~ 6 个主枝，生长势弱、发枝力差的品种只剪除细弱枝，保留强枝。观赏用植株，应尽量去掉基部的萌生枝，以尽快形成美观的株型；繁殖用的植株，则萌生枝可适当多留。

（6）园林应用　牡丹为我国的国花，开花雍容华贵，国色天香，自古尊为"花王"，也称"富贵花"，代表繁荣昌盛、吉祥幸福，是我国的传统名花，多植于公园、庭院、花坛、草地等地作为主景搭配，也可群栽，以专类园的形式展现形形色色的品种（图 1-90）。

图 1-90　牡丹树

2）月季 *Rosa hybrida*

别名：斗雪红、长春花、月月红。蔷薇科，蔷薇属。

（1）形态特征　常绿或半常绿低矮灌木，直立、蔓生或攀援，具有钩刺或无刺。小枝绿色，叶互生，奇数羽状复叶，小叶 3 ~ 5 枚，椭圆形，先端渐尖，具尖齿，托叶与叶柄合生，全缘或具腺齿，顶端分离为耳状。花簇生枝顶，花色丰富，花径 4 ~ 5 cm，重瓣或单瓣，花期 4—10 月，春季开花最多。

（2）品种及类型　目前正式登记的月季品种大约有 3 万种，主要有壮花月季、丰花月季、藤本月季、地被月季、树型月季、盆栽月季等（图 1-91—图 1-94）。

图 1-91　大花月季

图 1-92　藤本月季

图 1-93　盆栽月季

图 1-94　丰花月季

（3）分布与习性　原产于北半球寒温带及亚热带，现广为栽培。为北京、天津等市的市花。在我国河南南阳市石桥镇、山东莱州、江苏沭阳都有"月季之乡"之称，出产的月季驰名中外。月季为阳性植物，光线充足、空气流通的环境中，有连续开花的特性。适应性强，喜温暖湿润，但也耐寒耐旱，白天最适宜温度为 22 ~ 25 ℃，夜间为 15 ℃，冬季 5 ℃以下进入休眠，能忍受 –15 ℃低温，相对湿度以 75% ~ 80% 最为适宜。喜富含腐殖质、疏松透气、排水良好的微酸性沙质壤土。

（4）栽培管理技术

①繁殖技术。以扦插繁殖为主，亦可嫁接、播种、组培繁殖。

a. 扦插繁殖。一年四季均可进行，秋冬季以硬枝扦插为主，一般在温室或大棚内进行，如露地扦插要求具备防寒保湿设备；夏季以绿枝扦插为主，注意湿度和温度控制，约 4 周生根，若用萘乙酸或吲哚乙酸溶液浸泡插穗，可加速生根速度，提高成活率。

b. 嫁接繁殖。砧木选择野蔷薇，用于品种特性突出但数量少，实生苗根系弱，生长极为缓慢的品种。多采用芽接和枝接两种形式，芽接以 5—11 月为宜，采用 T 型芽接或嵌芽接，可用折砧的方式，将砧木顶端 1/3 折断，春季芽接约 3 ~ 4 周，愈合后再剪砧；秋季芽接则在翌年春季萌芽前剪砧。枝接则适宜在早春发芽前进行，采用劈接、切接等方法，约 4 周愈合。嫁接株通常需度约 40 ~ 45 天开花。由此可见与扦插相比，嫁接可将开花时间提前。

②栽培管理技术。月季为阳性花卉，且喜肥喜湿，种植前需选择土层深厚、通风、光照充足的地块，生长期保证供水充足，尤其开花期，土壤应经常保持湿润，进入休眠期后适当控水。因生长期不断发芽、孕蕾、开花，因此必须经常施追肥，供给养分使花开不断，5 月以后进入生长旺季，每隔 10 天追施液肥一次，肥水比为 3 : 7，进入 11 月停止施肥。月季忌炎热，生长适宜温度为 20 ~ 25 ℃，夏季超过 30 ℃时生长受阻，需降温遮阳，避免强光灼伤花瓣及叶片。另外，经常修剪是月季栽培管理中至关重要的环节，具体方法为：休眠期修剪，每年落叶时进行一次重剪，留下约 15 cm 高的枝条，修剪的部位在向外伸展的叶芽之上约 1 cm 处，同时剪去侧枝、病枝和同心枝。生长期修剪，每年第一次花开完，将开花枝的 1/2 ~ 2/3 剪除，以便于再生花芽。孕蕾期若欲使花开硕大，可摘除一部分侧蕾，既可使营养集中，又能达到延长花期和分批开放目的。

（5）园林应用　月季被称为花中皇后，花容秀美，千姿百态，芳香馥郁，四时常开，被评为我国十大名花之一。广泛用于园艺栽培和切花花材，在园林绿化中常布置花坛和花境，或点缀草坪或庭院，也是盆景、切花的良好材料。另外，花可提取香料，根、叶、花均可入药。

2. 常绿花灌木

1）夹竹桃 *Nerium indicum*

别名：柳叶桃、半年红。夹竹桃科，夹竹桃属。

（1）形态特点　常绿灌木或小乔木，株高 5 m，具白色乳汁。茎直立、光滑，三叉状分枝，分枝力强。叶窄披针形，革质，3 ~ 4 枚轮生。聚伞花序顶生，花冠漏斗形，深红色或粉红色，芳香，单瓣、半重瓣或重瓣，花期 6—10 月。

（2）品种及类型　园艺栽培品种以重瓣为主，花色丰富，有红色、紫色、白色、粉色及橙色等，以白色及粉红色最为普遍。常见变种有白花夹竹桃（花白色，单瓣）、斑叶夹竹桃（花红色，单瓣，叶面有斑纹）、淡黄夹竹桃（花淡黄色，单瓣）及红花夹竹桃等（图 1-95、图 1-96）。

图 1-95　红花夹竹桃

图 1-96　白花夹竹桃

（3）分布与习性　原产于印度、伊朗及尼泊尔，现广泛栽植于热带及亚热带地区。适应性强，喜阳光充足、温暖湿润的气候。喜光照，不耐寒，忌积水，稍耐干旱，对土壤要求不严，但适宜排水良好、肥沃的中性土壤。萌发力强，耐修剪，对粉尘及有毒气体具有很强吸收能力。

（4）栽培管理技术

①繁殖技术。以扦插繁殖为主，也可分株、压条繁殖。

a. 扦插繁殖。在春季和夏季均可进行，水插或基质插。水插时，剪取的 1 ~ 2 年生枝条，截成 15 ~ 20 cm 的茎段，将其 1/3 插入清水，每隔 1 ~ 2 天换水一次，温度控制在 20 ~ 25 ℃，2 周左右形成不定根，即可入土栽植，先用竹签打洞，以免损伤不定根。基质插常于夏季选用母株基部萌蘖枝或半木质化枝条作为插穗，留顶端 2 ~ 3 枚小叶，插于基质中，注意遮阳保湿，较易成活。

b. 压条繁殖。选健壮枝条，将欲压埋部分于节下刻伤或环割，埋入土中，2 个月即可剪离母体，来年带土移栽。

②栽培管理技术。夹竹桃适应性强，栽培管理较粗放。地栽时可少施肥，生长期经常保持土壤湿润即可，由于萌发能力强，生长期需经常修剪整枝，以保持冠型，可按三叉九顶的原则进行，一般于 60 ~ 80 cm 处剪顶，剪口留壮芽 3 枚。移栽需在春季进行，冬季需注意防寒保温。

盆栽夹竹桃，除了要求排水良好之外，还需于春季返青前、开花前和开花后各施肥一次。夏季生长旺盛和开花期，需水量大，除保持盆土湿润之外，还应经常向叶面喷水，以防嫩枝萎蔫，停止生长后扣水，抑制继续生长，使枝条组织老化，以利安全越冬。越冬温度需维持在 8 ~ 10 ℃，0 ℃以下引起落叶。另外，春季萌发时进行整形修剪，对过密枝、徒长枝和纤弱枝疏剪，使枝条分布均匀，保持树形充实圆满。栽培 1 ~ 2 年后，为保证养分供应，结合春季修剪需换盆一次。

（5）园林应用　夹竹桃花繁叶茂，树体高大，花期长，具芳香，是园林造景中重要的花灌木，宜作花篱、树屏、拱道及绿带。另外，它对粉尘和有毒气体具有很强吸收能力，是工矿区环保绿化的良好材料。也可盆栽，用以净化空气。茎叶有毒，可入药，人畜误食可致命。

2）扶桑 *Hibiscus rosa-sinensis*

别名：朱槿、佛桑、大红花（图 1-97）。锦葵科，木槿属。

（1）形态特征　落叶或常绿灌木，株高约 6 m，茎直立，多分枝。叶互生，形似桑叶，边缘有锯齿及缺刻。花单生叶腋，喇叭状，花径 10 ~ 17 cm，有单瓣、重瓣之分。单瓣花漏斗状，鲜红色，重瓣花型似牡丹，有红、粉、黄、白等色，雄蕊筒及柱头不伸出花冠之外，多不结实。花期全年，以夏秋为盛。

（2）品种及类型　栽培品种繁多，目前有 3 000 种以上，以夏威夷最多。习惯上以花瓣为第一级、花色为第二级、花径为第三级的分类标准。同属其他常见栽培种类：

吊灯扶桑（*H. schizopetalus*）也称吊灯花、吊篮花，和扶桑的主要区别为花梗细长，大而下垂，花瓣深裂呈流苏状，而且向上反卷，如同垂吊的花灯，单体雄雌蕊远伸出花冠之外（图 1-98）。

图 1-97　扶桑

图 1-98　吊灯扶桑

（3）分布与习性　原产于非洲中部，现各地广泛栽培。为强阳性植物，性喜温暖湿润，不耐寒，温度 30 ℃以上时开花繁茂，越冬温度 12 ~ 15 ℃，2 ~ 5 ℃时出现落叶。喜光照充足，不耐阴。不择土壤，但以富含有机质、pH 值为 6.5 ~ 7 的微酸性壤土中生长良好。发枝力强，耐修剪。

（4）栽培管理技术

①繁殖方法。以扦插繁殖为主，也可播种、嫁接繁殖。

a.扦插繁殖。于夏季生长期进行，剪取一年生半木质化粗壮枝条 10～15 cm，仅保留顶端叶片 2 枚，插于河沙中，深度为插穗长的 1/3，浇透水，遮阳保湿，保持温度为 20～25 ℃，一个月即可生根。

b.嫁接繁殖。在春、秋季进行，是针对品种长势弱或扦插困难的品种，尤其是重瓣品种，砧木选择生长健壮、适应性强的单瓣品种。用枝接或芽接的方法，嫁接苗当年抽枝开花。

②栽培管理技术。选择阳光充足、土壤疏松肥沃、排水良好的地块，栽前施足基肥，栽后压实土层，浇透水一次，先庇荫数天，再给予充分光照，有利成活。夏季生长期，开花前后每周追施液肥一次，早晚浇水，保持土壤湿润，夏季炎热强光时，应经常叶面喷水，以防花瓣灼伤。生长期摘心 1～2 次，促发新梢，保证开花繁茂。扶桑花期长，夏秋为盛花期，如需冬季或早春开花，可提前移入温室，放置向阳处，加强水肥管理，能再次开花。

盆栽扶桑适宜用富含有机质的沙壤土栽培，一般在栽培基质中掺入 10% 腐熟的饼肥，以确保有机养分供应。早春换盆，修剪过密须根，并进行摘心，留基部 2～3 个芽，其余均剪除，以促使萌发新枝，增加着花枝，越冬温度应保持 5 ℃。

（5）园林应用　扶桑花朵鲜艳夺目，朝开暮萎，姹紫嫣红，花期长，所谓"扶桑鲜吐四时艳"，是著名夏秋季节观赏的花灌木，在温暖湿润地区多散植于池畔、亭前、道旁和墙边，常作花丛、花篱栽植。也可盆栽摆设。

3）桂花 *Osmanthus fragrans*

别名：木犀、丹桂、岩桂、九里香、金粟。木犀科，木犀属。

（1）形态特点　常绿阔叶乔木，高 3～15 m，分枝性强，分支点低。树干粗糙，灰白色。叶革质，对生，椭圆形或长椭圆形，幼叶边缘有锯齿。密伞形花序，有小花 3～9 朵，花梗纤细，香气浓郁，花色因品种而异，有乳白、黄、橙红等色，花期9—10月，果实俗称桂子。

（2）品种及类型　已形成了丰富多样的栽培品种。现确定为四大品种群，分别是：四季桂（四季开花，花色稍白，或淡黄，香气较淡，叶片薄，有月月桂、齿叶四季桂等）、银桂（秋季开花，花色纯白、乳白、黄白色，叶片较薄，有籽银桂等）、金桂（秋季开花，花柠檬黄淡至金黄色，气味较淡，叶片较厚，有大花金桂、圆叶金桂等）和丹桂（秋季开花，花色较深，橙黄、橙红至朱红色，气味浓郁，叶片厚，有大花丹桂、齿丹桂等）（图 1-99—图 1-102）。

（3）分布与习性　原产于我国西南部喜马拉雅山东段，印度、尼泊尔也有分布。抗逆性强，耐高温，也较耐寒，在我国秦岭、淮河以南的地区均可露地越冬。喜阳光，亦稍耐半阴。忌干旱和瘠薄，宜在土层深厚、肥沃疏松、富含腐殖质、排水良好的偏酸性沙质土壤中生长。

图 1-99　四季桂

图 1-100　金桂

图 1-101　银桂

图 1-102　丹桂

（4）栽培管理技术

①繁殖技术。以扦插繁殖为主，也可播种、嫁接、压条和组培育苗。

a. 扦插繁殖。分为硬枝和绿枝扦插，硬枝常于 11 月上旬至翌年 2 月进行，绿枝扦插在生长期 5—9 月进行，选生长充实健壮的当年生枝条，插于河沙中，3～4 周生根。若插条用吲哚乙酸或萘乙酸等生根激素处理，能有效促进生根成活率。

b. 播种繁殖。播种育苗能获得大量的实生苗，但开花较晚，变异几率大，有返祖现象。可将实生苗用于砧木栽培，当年果实成熟后及时采收，并沙藏促进种子后熟，于 10—11 月或翌年 2—3 月播种，播时将种脐朝向一侧，覆土 1～2 cm，覆盖薄膜，以利于保温保湿。萌发出土后，及时去除覆盖物。

c. 嫁接繁殖。以实生苗、女贞或小叶女贞作为砧木，常用枝接，即切接或靠接，接后 25 天成活发芽，生长势旺盛。

d. 压条繁殖。地面压条于晚春进行，选母株下部 2～3 年生枝条压入湿土，半年后生根；高空压条选树冠中部健壮二年生枝条，在节下环割，并用苔藓等保湿材料包裹，3 个月左右成活。

②栽培管理技术。桂花主根不明显，侧根和须根发达，栽植易成活。适宜秋季（温暖地区）或春季（较寒冷地区）大苗栽植，宜浅不宜深，选择地势高燥、肥沃的地块栽植，植后适当修剪，不耐积水，雨季一定及时排涝。有二次萌发开花的习性，因此分别于11—12月补施基肥，促进翌春枝叶繁茂及花芽分化及7月增施追肥，有利于秋季花繁叶茂。中大苗全年施肥3 ~ 4次，春季萌芽时，及时剥除主干下部的萌蘖芽，以集中养分。幼龄桂树不宜强剪，只剪除基部萌蘖枝，成年桂树适当疏枝，并短截，去弱留强，以增强树势。

（5）园林应用　桂花为我国传统名花，自古就有"独占三秋压群芳"的美誉，又有"仙树""花中月老"之美称，树姿典雅、四季常绿，深得人们喜爱，常于庭前对植，营造"两桂当庭""双桂留芳"的氛围，亦与玉兰、海棠、牡丹和迎春同栽于庭前，取"玉堂春富贵"之意。在园林绿化中，常置于道路两侧、草坪、假山等地，对植、片植或与其他树种混栽，是点缀秋景的极好材料，也是优秀的切花材料。另外，桂花也有食用和药用价值。

4）山茶花 *Camellia japonica*

别名：茶花、山茶、洋茶、川茶（图1–103）。山茶科，山茶属。

图 1–103　山茶

（1）形态特点　常绿灌木或小乔木，株高可达8 m，叶革质，表面平而光亮，叶柄短，花单生枝顶或近顶端的叶腋，花径约5 cm，花色以红色为主，栽培品种花色丰富，有白、粉、紫、红及数种颜色相间等色，花期11月—翌年5月。

（2）品种及类型　栽培品种丰富，全世界有5 000多个品种，按照花瓣分为三类（单瓣、半重瓣及重瓣）。

（3）分布与习性　原产于我国，野生种分布于浙江、江西、四川的山岳、沟、谷、丛林下和山东崂山及沿海岛屿，现广为栽培。喜温暖、湿润和半阴的环境。不耐寒（品种间差异较大）怕高温，生长适宜温度为18 ~ 25 ℃。忌烈日，怕干旱，要求肥沃、疏松、微酸性的沙质土壤，以pH值5.5 ~ 6.5为宜。

（4）栽培管理技术

①繁殖技术。以扦插、嫁接、压条繁殖为主，也可播种或组培繁殖。

a. 扦插繁殖。于花后雨季进行，一般以6月中旬和8月底最为适宜。选生长健壮的营养枝，剪成长8～10 cm的小段，留顶端2枚叶子，插于湿沙或蛭石中，遮阳保湿，空气湿度80%以上有利于成活，30天左右生根。

b. 嫁接繁殖。扦插难生根的品种选用嫁接繁殖，一般在夏季生长期用枝接、靠接或切接法进行绿枝扦插，砧木选择实生苗，接穗选择具有典型特性的品种，嫁接适宜温度为25～30 ℃。高温季节嫁接，要注意遮阳保湿，也可通过空气喷雾以增加空气湿度。

c. 压条繁殖。一般于生长季节前期5—6月进行，即可单枝压条也可高空压条。梅雨季选用健壮1年生枝条，离顶端20 cm处，节下环状剥皮处理，入土埋压或用湿润的腐叶土缚上后包以塑料薄膜，约60天后生根，剪下可直接盆栽，成活率高。

d. 播种繁殖。主要用于培育砧木或新品种。适宜秋播，也可将种子沙藏后春播，一般秋播比春播发芽率高。

②栽培管理技术。盆栽山茶可选择松针土或泥炭、蛭石的混合基质。栽培2～3年后，需在早春新芽生长前或入秋后换盆一次，根系脆弱，移栽时要注意不伤根系。幼苗上盆以冬季11月或早春2—3月为宜，上盆后浇足水分，但盆土不宜过湿，否则易引起烂根；入夏后茎叶生长旺盛期，15天施肥一次，现蕾至开花期，增施1～2次磷钾肥。

春天与梅雨季节要给予充足阳光，否则茎叶细弱徒长，并易感染病虫害。夏季高温期及时遮阳降温。生长适宜温度为18～25 ℃，越冬以保持3～4 ℃为宜。

山茶不宜强度修剪，只需删除病虫枝、过密枝和弱枝即可，夏末初秋花芽形成时，每枝宜留1～2个花蕾，以免过度消耗养分，影响主花蕾开花，摘蕾时注意叶芽位置，以保持株型美观。

（5）园林应用　山茶花树姿优美，端庄高雅，终年常青，花期长，是我国传统十大名花之一。盆栽点缀客厅、书房和阳台，也是良好的插花花材。另外，温暖地区常庭院配植，与花墙、亭前山石相伴，景色自然怡人。

任务6　水生花卉生产技术

◎知识目标

1. 熟悉水生花卉的定义与分类，识别常见的水生花卉。

2. 掌握常见水生花卉的繁殖方法和生产技术规程。

3. 掌握水生花卉的生长特点。

◎**任务目标**

1. 能正确识别常见水生花卉。

2. 能根据需要和花卉特点合理运用水生花卉进行园林绿化布置。

◎**任务背景**

水生花卉在生长习性方面不同于其他花卉。首先，对水质的要求很高，水体质量的好坏直接影响到水生花卉的生存。其次，除沉水花卉外，大多数种类要求充足的光照，一般需要全日照 70% 以上的光照强度，浮水、漂浮、挺水植物及红树林都属于阳性植物。

水生花卉的栽培要点主要有以下几方面：

1. 根据观赏、配置要求及环境条件选择适宜的栽培种类或品种。

2. 选用适宜的繁殖方法，如有性繁殖或无性繁殖。

3. 确定栽培方式，如容器栽培或湖塘栽培。

4. 栽后管护，主要体现在水分、施肥、清理及越冬等方面。但水位调整是最重要的环节之一。栽培前选择肥沃泥土，栽培后枯枝及杂草的清理也是管护必不可少的环节，一年至少清理 1～2 次。另外，对不耐寒的种类还需做好防寒越冬工作。

◎**任务分析**

水生花卉不仅可以观花赏叶，开可以净化水体，在园林水景设计中起到不容忽视的作用。根据不同种类水生花卉的生物学特点，合理开发利用，重视后期养护与管理工作，是维持水水体景观效果的关键环节。

◎**任务操作**

水生花卉生长环境特殊，以水为伴，种类不同需水量不同。繁殖方式可根据不同花卉的特点选择播种、分生、扦插等形式。

1. 荷花 *Nelumbo nucifera*

别名：莲花、芙蓉、菡萏、芙蕖（图 1-104）。睡莲科，莲属。

图 1-104　荷花

1）形态特点

多年生球根挺水型水生花卉，地下茎膨大为纺锤形，横生于泥中，称为藕，有节和节间，节上密生不定根并抽生叶和花，同时萌发侧芽。叶大，呈盾状圆形，具数条辐射状叶脉，叶径达 70 cm，全缘。叶面绿色，表面被蜡粉，不湿水。从顶芽长出的叶浮于水面称钱叶，最早从藕节上长出的叶生长初期浮于水面（浮叶），后期立出水面（立叶）。花单生顶端，单瓣或重瓣，花色各异，有粉红、白、淡绿、深红及间色等。花径 10 ~ 30 cm，因品种而异。花期6—9月，单花期 3 ~ 4 天，果实俗称莲子。

2）品种及类型

我国栽培荷花品种丰富，按用途分为子用莲、藕用莲和观赏莲三大类。观赏莲开花多，群体花期长，花色、花型丰富，观赏价值高，又分为单瓣莲、重瓣莲和重台莲，其中观赏价值较高的为并蒂莲（一梗两花）、四面莲（一梗四花）、四季莲（花开四季）、红台莲（花上有花）（图 1-105、图 1-106）。

图 1-105　并蒂莲

图 1-106　碗莲

3）分布与习性

原产于我国、印度、日本等温带地区。具有喜水、喜温、喜光的习性。对温度要求严格，一般 8 ~ 10 ℃开始萌芽，栽植时要求温度在 13 ℃以上，18 ~ 21 ℃开始抽生"立叶"，开花则需 22 ℃以上，能耐 40 ℃以上高温。为阳性花卉，要求阳光充足，若每天接受 10 h 以上的光照，能促其开花不断。喜肥但不耐肥，要求含有丰富腐殖质、肥沃的微酸性土壤。

4）栽培管理技术

（1）繁殖技术　以分株繁殖为主，也可播种繁殖。

①分株繁殖。选用藕身健壮，无病虫害，具有顶芽、侧芽和叶芽的完整主藕作母本，

分栽时间以 4 月中旬顶芽开始萌发时最为适宜，分株时将完整的主藕或子藕留 2 ～ 3 节切断另行栽植即可。也可切割未膨大的地下茎（称为藕鞭），即为"分密繁殖"，具体是切取节上有 1 ～ 2 个侧芽，带 2 枚直径 30 cm 立叶的走茎，随即栽入塘泥，随分随种，就地取材，成活容易。

②播种繁殖。莲子的萌发力很强，充分成熟后种皮呈黑色时，及时采收，晾干并于通风处保存，次年春季 4—5 月播种，播前将莲尾端凹平一端剪破硬壳，使种皮外露并勿伤胚芽，用清水浸种，每天换水一次，4 ～ 7 天后，胚芽显露，即可播种，保持温度 20℃左右，一般当年都能开花。

（2）栽培管理技术　栽培荷花时要求静水栽植，土层深厚，水流缓慢，水位稳定，水质无严重污染，水深在 150 cm 以内，保证每天 10 h 以上的光照，并有围栏养护的条件。生长期各个阶段对水分的要求各不相同，前期只需浅水（水位 25 cm），中期满水（水位 60 ～ 80 cm），后期少水（水位 15 cm 以内），多雨季节雨量较为集中时，水位以 25 ～ 40 cm 为宜，不能淹没立叶，避免遭受灭顶之灾。荷花喜肥但不耐肥，需薄肥勤施，尤其苗期需肥少，因此，基肥可相对少施，夏季旺盛生长期每隔 15 ～ 20 天追肥一次，饼肥或复合肥均可。另外，杂草对荷花的生长不利，要及时清除，可每月喷施一次除草剂，以控制杂草生长。入冬后，黄河以北地区整个冬季需保持土壤湿润，并覆盖。室温保持 3 ～ 5 ℃，以利防寒越冬，南方可露地越冬。

5）园林应用

荷花为我国传统的十大名花之一，花叶清秀，清香四溢，因其出污泥而不染，迎朝阳而不畏的高贵气节，深受大众喜爱，被誉为"君子花"。在室内外水景设计上广泛应用，也是插花的好材料。另外，荷花还具有重要的食用和药用价值，莲藕食用，叶、梗、蒂、莲蓬、花瓣、莲子均可入药。

2. 睡莲 *Nymphaea tetragona*

别名：水芹花、子午莲（图 1-107）。睡莲科，睡莲属。

图 1-107　睡莲

1）形态特点

多年生浮水型水生花卉。地下具块状根，横生于淤泥中，叶丛生并浮于水面，具长柄细而柔软，圆形或卵圆形，全缘，纸质或革质，叶面浓绿有光泽，叶背暗紫色。花单朵顶生，浮于水面或略高于水面，花径 2 ~ 7.5 cm，有白、黄、粉红、紫红等色，花期 6—9 月。

2）品种及类型

栽培历史，根据耐寒性不同分为不耐寒类和耐寒类。常见栽培的睡莲种类有：

（1）白睡莲（*N. lotus*）　花白色，花径 12 ~ 15 cm，有香味，夏季开花，终日开放，是目前栽培最广种类，属于不耐寒类。

（2）黄睡莲（*N. mexicana*）　花黄色，花径约 10 cm，傍晚至午前开放，属于不耐寒类。

（3）香睡莲（*N. odorata*）　花白色，花径 3.6 ~ 12 cm，上午开放，午后关闭，极香，属于耐寒类。

3）分布与习性

大部分原产于北非和东南亚热带地区，在我国分布广泛，常生长在池沼、湖泊中。喜强光、喜肥、喜温暖湿润的环境，耐寒品种遇 –20 ℃低温不致冻死。不耐寒品种，15 ℃以下停止生长，10 ℃以下则发生冻害。在水质良好、肥沃微酸性的土壤中生长良好。

4）栽培管理技术

（1）繁殖技术　以分株、播种繁殖为主。

①分株繁殖。于春季 3 月上旬取带有芽的地下茎，清洗，剪除老化的不定根和叶片，切成 3 ~ 5 cm 带芽的小段，插入基质，微露顶芽即可，成活容易，一般栽植 3 年以上需重新分栽一次。

②播种繁殖。果实在水中成熟，种子常沉入泥底，取出种子后立即播种，若种子失水，萌芽能力将会减弱，实生苗第二年开花。

（2）栽培管理技术　睡莲品种繁多，应根据不同的栽培方式选择相应的品种，盆栽时选择小型品种，如海尔荚拉、红花小睡莲、白子午莲等，盆直径宜 30 ~ 40 cm。缸栽睡莲可选中型品种，如大主教、查兰娜斯创、霞妃等，缸直径 50 ~ 60 cm，高约 50 cm。浅水池中的栽植时，大面积种植可直接栽于池内淤泥中；小面积栽植时，先将睡莲栽植在缸（盆）里，再将缸置放池内，也可在水池中砌种植台或挖种植穴。首先在容器或池内施足腐熟基肥，生长期间追肥 3 ~ 4 次。若用根茎段栽植时，不宜过深，顶芽朝上，深度与泥面平齐，株行距保持 40 cm×40 cm。生长初期注入浅水，待气温升高新芽萌动后，再逐渐加深水位，大型睡莲可耐 100 ~ 120 cm 的深水，中型睡莲宜 20 ~ 40 cm 的水位，而小型睡莲水深不应超过 20 cm，耐寒性品种越冬水位不能低于 80 cm。生长环境必须保持阳光充足、空气流通，否则水面易生苔藻，导致生长衰弱而不开花。

耐寒睡莲在 3 月上旬开始萌动，3 月中旬至下旬展叶，5 月上旬开花，10 月下旬为终花期，霜降前后逐渐枯叶，进入休眠期。整个生长期及时清楚残叶、残花及杂草，可用 0.5% 硫酸铜喷杀藻类，以利于通风透光，保持水质良好。

5）园林应用

在欧美园林中以睡莲作水景主题的材料极为普遍，是水面绿化的主要材料，常点缀于平静的水池、湖面，也可和同属白睡莲、红睡莲、黄睡莲等搭配，共同点缀水面，塑造生机勃勃的水面景观。亦可盆栽观赏。

3. 田字萍 *Marsilea quadrifolia*

别名：四叶萍（图 1–108）。萍科，萍属。

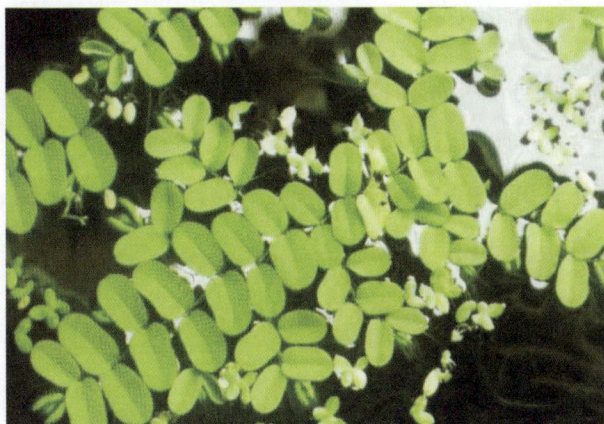

图 1–108　四字萍

1）形态特点

一年生漂浮型水生花卉，根状茎横生，匍匐细长，多分枝。叶柄长 20 ~ 30 cm，叶由 4 枚倒三角形的小叶组成，呈十字形，外缘半圆形，两侧截形，叶脉扇形分叉，为典型的小型观叶水生植物。

2）品种及类型

同类其他常见种类：

（1）槐叶萍（*Salvinia natans*）　正名槐叶苹，别名蜈蚣萍，一年生漂浮观叶植物，叶在茎两侧紧密排列，形如槐叶，叶绿色（图 1–109）。

（2）满江红（*Azolla imbricata*）　别名鸭并草、红萍、三角藻，小型漂浮植物，叶小型无柄，绿色，秋后变红色。

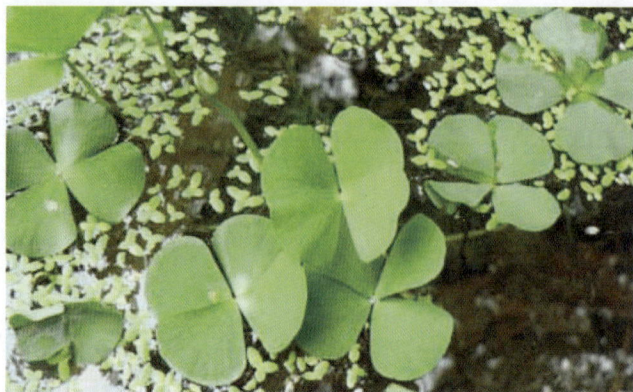

图1-109　槐叶萍

3）分布与习性

广布于世界热带及温带地区，我国华北以南主要分布，常见于水田、池塘或沼泽地中。喜高温高湿，不耐寒，生长适宜温度为20～28 ℃。

4）栽培管理技术

（1）繁殖技术　以孢子繁殖和分株繁殖为主。

①孢子繁殖。对土壤及所用器皿消毒，选择生长健壮成熟的孢子叶，将孢子叶平铺在栽培基质表面，孢子囊朝下，压紧并灌水，加盖玻璃以保湿保温，每天通风2 h，保持室温18～25 ℃和90%以上的湿度，2个月后长出新个体。

②分株繁殖。选取生长健壮的母株，清除老根，切割匍匐茎，置于水中，若温度适宜即可生长出新植株。

（2）栽培管理技术　田字萍生长快，整体形态美观，耐粗放管理，生长期无须特殊养护。幼年沉水，成熟时漂浮或挺水。整个生长期喜高温浅水的环境，需保持水位30 cm以内。春季萌发新叶，夏季形成新的根茎，可追肥1～2次，水温20 ℃以上生长迅速，光照强烈时需遮阳，生长期及时清除杂草和枯叶，以提高开阔的生长环境，增强观赏效果。秋季产孢，然后扩散，孢子果形成时需挺水，冬季入室贮藏越冬或根状茎在泥中越冬。

5）园林应用

田字萍叶形小巧奇特，可与本属的槐叶萍、满江红等搭配成片，点缀水景，共同烘托水面景观，是近年来比较常用的观叶漂浮型水生植物。

◎知识拓展

其他常见水生花卉的繁殖与应用技术如表1-5所示。

表1-5 其他常见水生花卉的繁殖与应用简表

名称（别名）	学名	科属	类型	繁殖方法及栽培应用
鸭舌草（水玉簪）	*Monochoria vaginalis*	雨久花科，雨久花属	多年生挺水草本	播种。原产于我国各地，顶生总状花序蓝色，花期7—9月，株高50 cm，喜温暖湿润，光照充足的浅水区
雨久花	*Monochoria korsakowii*	雨久花科，雨久花属	多年生挺水植物	播种、分株繁殖。花大而美丽，浓蓝色，像飞舞的蓝鸟，故也称蓝鸟花。叶色翠绿、光亮，素雅，在园林水景布置中常与其他水生观赏植物搭配使用
水鳖	*Hydrocharis dubia*	水鳖科，水鳖属	多年生漂浮植物	播种、分株繁殖。叶色、株型奇特，花小洁白，基部黄色，是良好的漂浮水生花卉，也可供水族箱中栽培观赏
石菖蒲	*Acorus gramineus*	天南星科，菖蒲属	多年生挺水草本	分株繁殖。喜温暖阴湿，沟边石缝中生长，宜作阴湿地被，镶边材料
泽泻	*Alisma orientale*	泽泻科，泽泻属	多年生水生草本	块茎分株繁殖。可用于公园内浅水边的绿化
芡实	*Euryale ferox*	睡莲科，芡实属	多年生浮水植物	播种繁殖。叶大肥厚，浓绿皱褶，花型奇特，花色明丽（紫色），孤植形似王莲，可与荷花、睡莲等配置，别具野趣，效果极佳
荇菜	*Nymphoides peltatum*	龙胆科，荇菜属	多年生浮水植物	播种、分株和扦插繁殖。叶似睡莲，叶小巧别致，花色鲜黄，花多而花期长，可以和金鱼藻、菖蒲、苦草、浮萍等水生植物搭配，是庭院、水池点缀水景的优良材料
菖蒲	*Acorus calamus*	天南星科，菖蒲属	多年生沼生草本	播种、分株繁殖。叶片挺拔剑状，气味香浓，宜作池边、溪边、岩石旁、浅水区的水体绿化，常与同属植物石菖蒲、花叶菖蒲等搭配，做林下阴湿地被
花叶芦竹	*Arundo donax*	禾本科，芦竹属	多年生沼生草本	播种、分株或扦插繁殖。地上茎挺直，地上茎似毛竹。主要用作水景园背景材料或充当水岸植物，点缀干桥、亭、树四周。叶背具白色条纹，叶弯垂，圆锥花序形，圆锥花序
水生美人蕉	*Canna glauca*	美人蕉科，美人蕉属	多年生挺水草本	播种、切割块茎繁殖。叶色美丽，喜温喜湿，喜温暖，不耐寒，宜栽植于湿地，水池旁，也可盆栽
慈姑	*Sagittaria sagitifolia*	泽泻科，慈姑属	多年生挺水植物	分球、播种繁殖。喜阳光喜温暖，宜浅水，观叶为主，叶形奇特色泽亮丽，宜栽植水岸或水面绿化，也可盆栽

续表

名称（别名）	学名	科属	类型	繁殖方法及栽培应用
水葱	Scirpus tabermaemontani	莎草科，藨草属	多年生挺水植物	播种、分株繁殖。喜温暖，北方可露地栽培，以观叶为主，株丛挺直，色泽淡雅，宜栽植于岸边、水畔，也可盆栽
苦草	Vallisneria spiralis	水鳖科，苦草属	多年生沉水植物	分株繁殖。喜温暖，静水环境，用作水族箱点缀材料
菱	Trapa quadrispinosa	菱科，菱属	多年浮水植物	播种繁殖。喜温暖，喜光，耐深水，叶密集重叠，白花具野趣，适宜作水面绿化材料，果实可食用，茎叶为饲料
皇冠草	Echinodorus amazsonicus	泽泻科，皇冠草属	沉水草本	匍匐茎或根茎子株繁殖。原产于南美，喜温暖怕严寒，喜中度光照，是水景箱中景材料
红莲子草（紫叶草）	Alternanthera paronychioides	苋科，莲子草属	挺水草本	扦插，分株繁殖。原产于巴西南部及我国华东以南。喜高温高湿，阳光充足，适宜河畔浅水或湿地
莼菜	Brasenia schreberi	莼菜科，莼菜属	多年生浮水植物	分株，扦插繁殖。叶形美观，叶有红、绿色之别，作水面绿化材料，花期5—7月，是珍贵的水生蔬菜
藨草	Scirpus triqueter	莎草科，藨草属	多年生挺水草本	播种、分株繁殖。茎秆挺拔直立，耐寒性强，可在岸边、池旁作为点缀植物材料，是近年来兴起人工湿地的重要植物材料
萍蓬草	Nuphar pumilum	睡莲科，萍蓬草属	多年生浮水植物	播种或分株繁殖。夏季水景园重要的观花、观叶植物
大藻	Pistia stratiotes	天南星科，大藻属	多年生浮水草本	分株繁殖为主。株型独特，叶色翠绿，叶形富于变化、根系发达，吸收有害物质及过剩营养物质的能力强，水体净化效果显著，是水面绿化、净化和美化的良好观叶植物，还是优良的饲料植物，注意圈栏圈养

任务7　露地花卉花期调控技术

◎ **知识目标**

1. 了解花期调控的意义、依据。

2. 熟悉花期调控的具体方法。

3. 掌握露地花卉花期调控的具体方法。

◎ **任务目标**

1. 能熟练掌握不同花卉的花期调控方法。

2. 能熟练应用露地花卉花期调控的具体方法。

◎ **任务背景**

花期控制也称花期调控、催延花期，即通过人为地控制环境条件或采取一些特殊的栽培管理方法，满足各种花卉生长发育的需要，使花卉在自然花期之外，按照人们的意愿提早或延迟开花，是当前花卉生产中的一项重要技术。

在自然条件下，每种花朵的开放时间都受地理位置和季节的限制，这种花开有期的传统规律制约着花卉在园林中应用的广泛性。随着经济的发展、科学技术的进步和人们生活水平的不断提高，社会对花卉产品的需求日益增加，不仅要求花卉生产者增加品种、数量，提高品质，而且还对花卉的周年供应提出了更高的要求。花期控制技术因此应运而生，并已被广泛应用，在以花卉为商品的生产中，这项技术更加重要。花期调控的意义主要有以下几个方面：

1. 满足花卉的四季均衡供应，解决市场的旺淡矛盾。

2. 保证节日和国际交往的特殊用花需要。

3. 使父母本同时开花，解决杂交授粉的矛盾，有利于育种。

4. 缩短栽培期，加速土地利用的周转率。

5. 提高花卉的商品价值，增加种植者的收入。

6. 增加外贸出口。

7. 利于举办花展。

◎ **任务分析**

花期调控是一项复杂的、长期的花卉生长与环境之间相互影响、相互适应关系的表达过程。选择花期调控的具体方法首先取决于花卉自身种类及特点，露地花卉花期调控主要针对与一、二年生种类，这一类花卉生育期短，尤其一年生种类，没有春化现象，日照习性不明显，花期早晚主要取决于生长时间和温度，因此，露地花卉花期调控主要学习播种期和一般园艺操作的调控方法。

◎ **任务操作**

露地花卉花期调控需要现制定调控方案，确定目标花期，再推理播种时间以及移栽、定植等环节的具体时间和养护手段。

1. 花期调控的依据

碳氮比学说：植物的开花，不仅受到外界环境的诱导及体内生理生化等活动的影响，还与植物体内是否能提供一定量的营养物质有很大的关系。1918 年，美国科学家克劳斯和克里勃斯曾提出植株开花的碳氮比理论，并指出促进开花的因素并不是碳、氮两种物质的绝对含量，而是其总含量的比例。当以糖类为主的含碳化合物多于含氮化合物时，植株便会开花；而当以糖类为主的含碳化合物少于含氮化合物时，植株的开花便会受到抑制。也就是说，供试材料的开花与否可以通过调节植株体内的含碳化合物或含氮化合物的水平来进行调控，而不是一成不变的。对于一、二年生花卉来说，只需要满足体内的营养积累，即可达到开花状态。

2. 花期调控的方法

1）调节播种期

在花期调控措施中，播种期除了指种子的播撒时间外，还包括球根花卉种植时间及部分花卉扦插繁殖时间。一、二年生花卉大部分是以播种繁殖为主，用调节播种时间来控制开花时间是比较容易掌握的花期控制技术，关键问题是要明确某个花卉种类或品种在何时、何种栽培条件和技术下播种，从播种到开花需要多少天。而后，只要在预期开花时间之前提前播种即可。如天竺葵在适宜生长温度条件下，从播种到开花是 120 ~ 150 天，如果希望天竺葵在春节前（2 月中旬）开花，那么，在 9 月上旬开始播种，即可按时开花。球根花卉的种球大部分是在冷库中贮存，冷藏时间达到花芽完全成熟后或需要打破休眠时，从冷库中取出种球，放到适宜温度环境中进行促成栽培。在较短的时间里，冷藏处理过的种球就会开花，如郁金香、风信子、百合、唐菖蒲等。从冷库取出种球在适宜温度环境中栽培至开花的天数，是进行球根花卉花期控制所要掌握的重要依据。有一部分草本花卉以扦插繁殖为主要繁殖手段，开始扦插繁殖到扦插苗开花是需要掌握的花期控制依据，如四季海棠、一串红、菊花等。

2）使用摘心、修剪技术

一串红、天竺葵、金盏菊等都可以在开花后修剪，然后再施以水肥，加强管理，使其重新抽枝、发叶、开花。例如，不断地剪除月季的残花，就能使其不断开花。摘心处理有利于植株整形、多发侧枝。例如，菊花一般要摘心 3 ~ 4 次，一串红也要摘心 2 ~ 3 次（最后一次摘心的时间依预定开花期而定），不仅可以控制花期，还能使株型丰满，开花繁茂。

任务 8　花卉室外应用

◎**知识目标**

1. 了解花卉在城市景观、休闲、观光农业园中的应用形式。

2. 熟悉花丛、花台、花带、绿篱、垂直绿化等几种形式的花卉应用。

3. 掌握建筑前后的花坛、建筑上的攀援、陪衬植物以及屋顶花园的景观装饰技巧。

◎**任务目标**

1. 能根据需要设计适合的花坛、花丛、花台、花带等。

2. 能根据设计图种植花坛、花丛、花台、花带等。

◎**任务背景**

花卉在室外环境中不仅用于公园、街头绿地，还可用于企事业单位、居住区等地。适于室外应用的花卉以露地花卉为主，也包括草坪、地被植物和部分盆花。根据花卉的群体色彩、花期的变化及各种装饰效果，花卉在室外环境中常布置成花坛、花境和花台等多种形式。

◎**任务分析**

露地花卉生产的最终目的都是用于城市景观建设，不同的应用形式应该选择不同的花卉种类。在熟悉花卉特点，熟练掌握应用形式的基础上，开展室外花卉应用的设计与实施，是学生应该具备的核心技能。

◎**任务操作**

花卉室外应用的主要形式是城市景观营造和休闲、观光农业园花卉景观营造，不管哪种用途都需要抓住不同景观营造的侧重点，再根据植物自身的习性和特征进行选择。例如观光园中花海景观，休闲观光园大多场地空旷，因此花卉景观营造既要突出花朵的色彩，又要有一定株高，表达"海"一样的景观，因此，可以选择高杆百日草品种，而城市、广场等的花坛则适宜选择低矮的百日草品种，塑造低矮整齐、色彩鲜艳的景观。因此，花卉室外应用的关键在于抓住各类景观的特征特点，再选择合适的花卉对号入座。

1. 城市景观的花卉应用

1）花坛

花坛是在具有几何形轮廓的栽植床内种植不同色彩的花卉，运用花卉的群体效果来体现图案纹样，或观赏盛花时绚丽景观的一种花卉应用形式。以突出鲜艳的色彩或精美华丽的纹样来表达装饰效果。

（1）花坛的类型

①依花材及表现主题分类：

a. 盛花花坛。也称为花丛花坛，主要由观花草本植物组成，欣赏盛花时花卉群体的绚丽色彩，或由不同花色的种或品种组合搭配，体现华丽的图案和优美的外形。根据平面长和宽的比例不同，又可分为花丛花坛、带状花丛花坛和花缘。

b. 模纹花坛。主要由低矮的观叶植物或花叶兼美的植物组成，欣赏群体组成的精致图案纹样，又可分为毛毡花坛、浮雕花坛和彩结花坛等。

c. 现代花坛。是以上两种类型花坛相结合的形式。如在立体花坛中，立面为模纹式，基部为水平的盛花式。

②依空间位置分类：

a. 平面花坛。花坛与地平面基本一致，主要观赏花坛的平面效果，有沉床花坛、稍高出地面的花坛类型。

b. 斜面花坛。花坛表面为斜面，花坛设置在斜坡或阶地上，或布置在台阶两旁或台阶上，在坡地上设置花坛，坡度不宜过大，以免水土流失严重。

c. 高台花坛。也称为花台，一般面积较小，常设置在高出地面的台座上，多设于广场、庭院、阶旁、出入口两边等处。

d. 立体花坛。是一种超出花坛原有含义的布置形式，以四面观为多。花坛常常向空间伸展，具有竖向景观，如立体造型花坛，外形可以是花篮、花瓶、动物等，主要以枝叶细密的植物材料种植于具有一定结构的立体造型骨架上而成型。

③依花坛的组合分类：

a. 独立花坛。单个花坛独立设置，作为主景。通常设置在建筑广场中央、公园的进出口广场上、道路交叉口、建筑物前庭后院等处，为了视觉效果的完整，独立花坛一般设置有坡度。

b. 连续花坛群。许多个独立花坛相互协调，呈直线排列，组成一个有节律、不可分割的构图整体，每个独立花坛外形可以是圆形、长方形等，不要求形状完全一致。常布置于道路两侧或宽阔路面的中央，或纵长的铺装广场，既允许花坛轮廓的变化，又有统一的规律，观赏者移动视点才能欣赏花坛的整体效果。

c. 花坛群。由多个独立花坛组成一个既协调又不可分割的整体，即花坛群。花坛群底色应统一，或草坪或铺装广场，以突出其整体感，其中有主体花坛作为中心，四周有对称的花坛，形成一个构图整体。

d. 花坛组。在同一个环境中设置联系不够紧密的多个单体花坛。如沿路布置的多个带状花坛、建筑前作基础装饰的数个小花坛等。

（2）花坛的设计　花坛的大小需与花坛设置的广场、出入口及周围建筑的高低及横宽成比例，一般为广场面积的 1/5 ~ 1/3 为宜。出入口处设置花坛以美观不妨碍游人路线为原则，高度不宜遮挡出入口处视线。花坛的外部轮廓也应与建筑物边线、相邻的路边和广场的形状协调。色彩应与所在环境有所区别，既能起到醒目和装饰作用，又与环境协调，融于环境之中，形成整体美及特色。花坛在环境中可作为主景，亦可作为配景。设计时先在风格、样式、大小等方面与周围环境相搭配，再突显花坛本身的特色。如现代风格的建筑物前可设计有时代感的一些抽象图案，形式多变，力求新颖；在民族风格的建筑前，应选择具中国传统风格的图案纹样和形式。

2）花境

花境是模拟自然界中林地边缘地带多种野生花卉交错生长的状态，运用艺术手法设计的一种花卉应用形式，是一种半自然式的带状种植形式，以表现植物个体自然美和个体之间自然组合的群落美为主题。一次种植，可多年使用，并能做到四季有景。

（1）花境的类型

①依设计形式分类：

a. 单面观赏花境。这是传统的花境形式，多临近道路设置。花境常以建筑物、矮墙、树丛、绿篱等为背景，前面为低矮的边缘植物，整体上前低后高，仅供一面观赏，常分布在道路两侧、建筑物和草坪的四周。

b. 双面观赏花境。此种形式没有背景，多设在广场、道路和草地的中央，种植时中间植物较高，两边较低，可供两面观赏。

c. 对应式花境。在设计上统一考虑，作为一组景观，多采用拟对称的手法，力求富有韵律的变化之美。常在园路轴线的两侧、广场、草坪或建筑物周围设置相对应的两个花境，两个花境呈左右二列式。

②依植物材料分类：

a. 灌木花境。花境内所用植物全部为灌木，以观花、观叶或观果且体量较小的灌木为主，如丁香、锦带花、紫荆、迎春等。

b. 球根花卉花境。花境内栽植的花卉为球根花卉，如百合、水仙、大丽花、郁金香、唐菖蒲等。

c. 宿根花卉花境。花境内所有植物均为可露地过冬的宿根花卉，如玉簪、香石竹、鸢尾、大花萱草等。

d. 专类花境。由一类或一种植物组成的花境，常以种或品种丰富的植物为主要材料，如鸢尾属、芍药、牡丹等组成的花境。

e. 混合花境。花境种植材料以耐寒的宿根花卉为主，配置少量的花灌木、球根花卉或

一、二年生花卉，如丁香和鸢尾配置，榆叶梅和萱草配置等。

在园林中，宿根花卉花境和混合花境是最常见的花境类型。

（2）花境的设置位置

①建筑物墙基布置。色彩明快的建筑物与道路之间的带状空地，布置花境作基础种植，可软化建筑的硬线条，使建筑与地面的强烈对比得到缓和，连接周围的自然风景。作为建筑物基础栽植的花境，应采用单面观赏的形式，但若建筑物过高，则不宜用花境来装饰，会因比例过大而不相称，而墙基种植藤本植物形成绿色屏障作为花境的背景，效果更佳。

②道路布置。常有三种形式：

a. 在道路的一侧布置花境供游人欣赏。

b. 若道路尽头有雕塑、喷泉等园林小品，可在道路两边各设置一列花境组成对应式花境。

c. 在道路的中央布置两面观花境，道路两侧可以是简单的草地、行道树或植篱，也可将道路中央的两面观花境作为主景，道路两侧再各设一个单面观花境作为配景。

③绿篱、树墙前布置。在较长的绿篱、树墙前布置花境，绿色背景可充分表现花境色彩，而花境又装饰绿篱、树墙的单调基部，两者交相辉映，效果良好。

④草坪布置。在宽阔的草坪上、树丛间，适宜布置两面观赏的花境，可丰富景观。组织游览路线时通常在花境两侧辟出游步道，以便观赏。

⑤庭院布置。通常在庭院周边布置花境。此外，还可结合游廊、花架、栅栏等设施布置。

（3）花境主体种植设计

①植物选择。花境的植物材料应以在当地能露地越冬、生长强健且栽培管理简单的宿根花卉为主；植物的株高、株型、花序形态等变化丰富，有水平线条和竖直线条的交错；植物的花期长，有连续性和季相变化，整个花境的花卉在生长期内次第开放，形成优美的群落景观。

②色彩设计。花境的色彩主要由植物的花色来体现，植物叶色的运用也很重要，尤其是少量观叶植物。花境的色彩要与周围的环境色彩相协调，与季节相吻合。

宿根花卉是色彩丰富的一类植物，适当配合一些球根及一、二年生花卉，色彩则更加丰富。可巧妙地利用不同花色来创造空间或景观效果。如把冷色占优势的植物群放在花境后部，在视觉上有加大花境深度、增加宽度之感；在狭小的环境中用冷色调组成花境，有空间扩大感。利用花色可产生冷、暖的心理感觉，因而夏季宜使用冷色调的蓝、紫色系花卉，而早春或秋天宜用暖色的红、橙色系花卉。在安静休息区宜多用冷色调花，如为增加热烈气氛，则多使用暖色调的花。

③季相设计。理想的花境应是四季有景可观，寒冷地区做到三季有景，季相变化是花境的主要特征之一。花境的季相是通过种植设计实现的，而植物的花期和色彩是表现季相

的主要因素。通过设计，利用不同季节植物的花期、花色来创造季相景观，使花境中植物开花不断。具体设计方法类似色彩设计，两者可结合起来同时进行。

3）花丛、花台、花带

（1）花丛 花丛重在表现植物开花时华丽的色彩或彩叶植物美丽的叶色，是将若干数量的花卉植株组合成丛配植阶旁、墙下、路旁、林下、草地、岩隙、水畔的自然式花卉种植形式。

花丛从平面轮廓到立面构图都是自然式的，边缘不用镶边植物，与周围草地、树木等没有明显界限，常呈一种错综自然的状态。花丛可大可小，小者为丛，集丛成群，大小结合，聚散相宜，位置灵活，极富自然之趣，是自然式花卉配置最基本的单位，应用最广泛。因此，最适布置于自然式园林环境中，也可点缀于建筑周围或广场一角，对过于生硬的线条和规整的人工环境起到软化和调和作用。

花丛设计时，植物材料应以适应性强、能露地越冬的宿根花卉和球根花卉为主。可以是一种，也可以是两种或更多，但要主次分明，不可以太多，各种花卉多以块状混交，同时各种花卉要有大有小，有疏有密，要有变化和统一的节奏。避免花丛大小相等、等距排列，显得单调，缺乏自然柔和的氛围。

（2）花台 花台也称高设花坛，多设于广场、庭院、建筑物前、阶旁、出入口两边、墙下、窗户下等处，古典园林中更是多见。是将花卉种植在高出地面的台座上而形成的花卉景观。

花台可分为规则式与自然式两种类型。规则式花台一般布置于规则式园林环境中，尤其是由形状和大小不同的花台，或相互穿插组合，或高低错落而成的组合式花台最适于现代化建筑广场，形式多样，可以是圆形、椭圆形、长方形、菱形等几何形状。自然式花台常布置于传统的自然式园林中，结合环境和地形，形式较为灵活，如布置在山坡、山脚的花台。

用于花台的植物种类，要根据花台的形状、大小及所处的环境来选择。规则式及组合式花台常用一些花色鲜艳、株高整齐、花期一致的草本花卉，如一串红、郁金香、鸡冠花等，以盛花期鲜艳的花色取胜；也可选用低矮、花期较长、花繁色艳的灌木，如月季、花石榴等；常绿观叶植物或彩叶植物如黄杨、金叶女贞等，可维持花台周年良好的景观。自然式花台多采用不规则种植方式，植物种类常以宿根花卉和花灌木为主，如玉簪、芍药、牡丹、荷兰菊等，在配置上可单一种植，也可高低错落、疏密有致地进行搭配。

（3）花带 花带也称带状花坛，是盛花花坛的一种形式，其宽度超过 1 m，且长轴是短轴的 3 ~ 4 倍以上。花带通常作为配景，布置于带状种植床，如道路两侧、建筑基础、墙基、岸边或草坪上，有时也作为连接风景中的独立构图。花带可由单一品种组成，也可由不同品种组成图案或成段交替种植。花带的种植床可视具体环境设计成规则式矩形或流线型。

4）绿篱

植物密植成行所形成的树墙称为绿篱。绿篱在园林中具有分隔景区、美化环境和装饰建筑物等作用。

（1）种类　依生态习性可分为常绿、半常绿和落叶性绿篱，如侧柏、小叶女贞、连翘等，在实际应用中，为达到四季景观效果，多数绿篱为常绿性。依景观效果可分为绿篱、花篱、果篱、观赏叶色篱等，绿篱如小叶黄杨、大叶黄杨、桧柏等；花篱如贴梗海棠、扶桑等；果篱如多花拘子、火棘等；观赏叶色篱如石楠、紫叶小檗等。依绿篱的高度可分为高篱、普通篱和矮篱。一般高度为 1.6 m 以上者为高篱，0.5 ~ 1.5 m 为普通篱，0.5 m 以下者为矮篱。

（2）植物的选择及管理　适宜作绿篱的植物，应具有适应性强、枝叶繁茂、生长旺盛、抗性强、耐修剪、萌芽力强的特点。绿篱一般每年最少修剪两次，通常根据绿篱植物生态习性的不同，在春季、梅雨季节或晚秋进行，修剪后能较快布满枝叶，保持旺盛的长势。但对花篱和观果篱，则要根据开花习性确定修剪时间。如连翘属、丁香属花芽着生在头一年枝条上，花期在春天，若春季修剪会影响其开花，应在花后及时修剪，以促发新枝。而忍冬属、蔷薇属等植物，花芽着生在新梢顶端，若温、光适宜即可开花，此类植物在秋季修剪也不会影响开花。

5）垂直绿化

垂直绿化指利用各种攀援植物对建筑的立面或局部环境进行竖向绿化装饰，或专设棚、架、栏等设施布置攀援植物的绿化方式。垂直绿化是增加城市绿化量、美化环境的一个重要手段。

（1）墙面垂直绿化　泛指在建筑或人工构筑物的墙面进行绿化的形式。一般有以下几种形式。

①直接附壁。利用吸附性攀援植物直接攀附墙面形成垂直绿化，这类植物具有吸盘或气生根，可分泌戮胶将植物体赫附于它物之上，适宜墙面的垂直绿化，是最经济、实用的垂直绿化方式。常见植物种类有爬山虎属、常春藤属等。

②墙面安装条状或格状支架供植物攀附。对于表面较为光滑或其他原因不便于植物直接攀附的墙面，可安装纵横向或格栅状支架供植物攀附，使许多卷攀型、钩刺型、缠绕型植物借支架绿化墙面，如葡萄、蛇葡萄、茑萝等。

③悬垂或披垂在低矮墙垣的顶部。设种植槽，利用蔓性强、俯垂及攀援植物，如常春藤、迎春、忍冬、云南黄馨、黑眼苏珊等，使其枝叶从上部披垂或悬垂而下，也可在墙的

一侧种植攀援植物而使其越墙垂悬于墙的另一侧，从而使墙顶及墙体两面得到绿化。

④墙面贴植。将一些枝条易于造型的乔灌木紧贴墙面种植，通过固定、修剪、整形等方法，使之沿墙面生长的绿化方式。适于此绿化的植物有石楠、珊瑚树、福建茶、黄杨、桧柏等。

（2）棚架绿化　棚架绿化也称花架，利用各种材料构建而成，作为攀附性或藤本植物的依附物。适用于花架的植物材料，通常是生长旺盛、枝叶茂密、开花结果的攀援和藤本植物，如紫藤、凌霄、葡萄、炮仗花、猕猴桃、葫芦、蛇瓜、木香、金银花等。棚架是园林中最常见、结构造型最丰富的构筑物之一，经各种花卉的装点，不仅具有观赏作用，还具有遮荫、供游览及休息的功能。

（3）柱式垂直绿化　将植物材料攀援于立柱状物体上，形成绿柱或花柱的垂直绿化方式。立柱式垂直绿化的材料宜选用缠绕类或吸附类攀援植物，如地锦、常春藤、凌霄、常春油麻藤等。立柱状物体很多，如电线杆、灯柱、桥梁支柱、廊柱、立交桥支柱等，对这些柱体进行垂直绿化，可使人们的生活更加贴近自然。也可人工构筑或利用枯树干、高大乔木的树干布置攀援植物进行垂直绿化。

（4）栏杆的垂直绿化　对栏杆进行垂直绿化，使植物攀援、披垂或凭靠栏杆形成绿墙、花墙、绿篱等。适于此绿化方式的植物主要为攀援类及垂吊类中的一些俯垂型种类，如蔷薇类、叶子花、铁线莲、牵牛花、旱金莲及丝瓜等观赏瓜类。

2. 休闲、观光农业园中的花卉应用

现代农业不仅具有生产性功能，还具有改善生态环境质量，为人们提供观光、休闲、度假的生活性功能。休闲观光农业园是一种农业与园林结合，集观赏、休闲、科普功能于一体的公园式农业园，是一种充分体现人与自然和谐的新兴景观。

1）观光农业园的类型

观光农业是把观光旅游与农业结合在一起的一种观赏性农业形式，形式多样。德国、法国、美国、日本、荷兰及我国台湾等地应用较多，规模较大的主要有以下五大类型。

（1）观光农业　在城市近郊或风景区附近开辟特色果园、菜园、茶园、花圃等，让游客摘果、拔菜、赏花、采茶，享受田园乐趣，这是国外观光农业最普遍的一种形式。

（2）农业公园　按照公园的经营思路，把农业生产场所、农产品消费场所和休闲旅游场所结合为一体。除了果品、水稻、花卉、茶叶等专业性农业公园外，目前大多数是综合性的，包括服务区、景观区、草原区、森林区、水果区、花卉区及活动区等。农业公园的面积，因性质和功能而异，既有小型的 0.3 m² 的水稻公园，又有几十公顷的果树公园。

（3）教育农业园　兼顾农业生产与科普教育功能的农业经营形态，即利用农园中所栽植的作物（如特色植物、热带植物、传统农具展示等），饲养的动物，进行农业科技示

范、生态农业示范，传授游客农业知识。代表性的有法国的教育农场、日本的学童农园、我国台湾省的自然生态教室等。

（4）森林公园　以林木为主，具有多变的地形、开阔的林地、优美的林相和山谷、奇石、溪流等多种景观的大农业复合生态群体。在树种结构上，针叶树、阔叶树与果树相结合；在空间布局上，林、果、渔、菜、花相结合，以森林风光与其他自然景观为主体，配套一定的服务设施、必要的景观建筑，在适当位置建设有狩猎场、游泳池、垂钓区、露营地、野炊区等，是人们回归自然、休闲、度假、旅游、野营、避暑、科学考察和进行森林浴的理想场所。

（5）民俗观光村　在具有地方或民族特色的农村地域，利用其特有的文化或民俗风情，提供可供夜宿的农舍或乡村旅店之类的游憩场所，让游客充分享受浓郁的乡土风情及别具一格的民间文化和地方习俗，如深圳的民俗文化村等。

2）休闲观光农业园花卉应用

（1）休闲观光农业园的花卉应用　休闲观光农业园的花卉应用可以参照公园的格局进行布置，自然与规则式结合，通常比公园更体现出自然休闲色彩。如以藤本植物做成圆形拱门。沿道路两旁依次分布绿色农家饭庄、宾馆、观光休闲农园的文化展示、温室观赏蔬菜品种及设施、蔬菜采摘区、各种花卉布置的品种小游园、特种观赏与生产结合的果树品种园、蔬菜与水果长廊、果树蔬菜花卉生产区、绿色蔬菜配送中心等，每一种植物都挂牌指示植物名称、习性等。

（2）花海花田生态景观　花海是一种开满鲜花的自然景观或园林景观。花海由很多的开花密集的花草或树木构成。远远望去，看不到边际，如海洋一般广阔，风吹来时，花浪起伏，也如同大海的波涛翻滚，故名花海。天然花海常常可以在草原、森林边缘和河流附近看到。人工花海最早源于工业加工用花、种子种球生产用花的生产基地，如著名的普罗旺斯的熏衣草园、荷兰郁金香花海、保加利亚玫瑰谷。人工花海以花色艳丽、花期长观花草本为主，按照花色、花期、株型效果，定制组合方案，呈现理想的花海花田效果。根据建植效果不同可分为：自然花海、花海花田两种产品。花海景观不在于大小，而在于花海内容的丰富度、规划建设的精致度。花海如果仅仅是看花，那是失败的花海，需要的是服务和运营的品牌化，它应该是"互联网＋"的入口，是一个场景，能跨界整合各种能结合的资源，如亲子、餐饮、婚纱、科普、拓展和体验等，因此，花海主要是引流，想要达到盈利还要靠创新和运营其他项目。

项目2　盆栽花卉生产技术

◎**思维导图**

```
观果类盆花生产技术                              盆栽花卉种类及生产流程

多肉多浆类盆花生产技术      盆栽花卉          观花类盆花生产技术
                           生产技术

盆花应用形式                                    观叶类盆花生产技术
```

任务1　盆栽花卉的生产流程

◎**知识目标**

1. 理解盆栽花卉土壤栽培与无土栽培之间的异同与各自的特点。

2. 熟悉盆栽花卉的栽培管理环节和方法。

3. 掌握培养土配制的原则与特点。

4. 掌握无土栽培方法在盆花生产中的应用技术，熟悉常用无土栽培基质的性质与特点、以及常见的无土栽培形式。

◎**任务目标**

1. 能熟练进行培养土的配制。

2. 能熟练进行常见盆栽花卉的繁殖及日常养护管理。

3. 能根据基质来源选择适宜的盆花无土栽培方法。

◎**任务背景**

花卉盆栽是将花卉栽植于花盆中的生产栽培形式，适于居室观赏、庭院美化或室外装饰摆放等，既有观花类，又有彩叶类，种类丰富多样。根据植物姿态及造型分为直立式（如伞莎草）、散射式（如苏铁）、垂吊式（如常春藤）、图腾柱式（如绿萝）及攀援式（如旱金莲）等。根据植物组成分为独本盆栽、多本群栽、多类混栽，其中独本盆栽是将具有独特观赏价值的种类单独栽植的一种盆栽形式，如菊花、仙客来、彩叶凤梨等；多本群栽是将一至数株相同的植物在同一容器内栽植的盆栽形式，可形成群体美，有室内花坛的效果，如鹤望兰、豆瓣绿、虎尾兰、文竹、蝴蝶兰等；多类混栽也称组合栽培，是将几种对环境要求相似的小型花卉栽种于同一容器内形成色彩调和、高低参差、形式相称的小群体，模拟自然群落的景观，成为缩小的"室内花园"，可以是观叶、观花、观果花卉相互组合，并配以匍匐性植物衬托基部。通常一年生植物栽培容易、色彩丰富，是组合盆栽的首选植物。

◎任务分析

盆栽花卉由于根系、茎叶等器官的生长空间和环境均受到不同程度的限制，养分来源只有靠栽培基质提供，因此营养物质丰富、物理性质良好的土壤或基质才能满足其生长发育的要求。根据实际情况和需求，可以选择土壤栽培或无土栽培，其中土壤栽培为了提供盆花赖以生存的土壤条件和源源不断的营养物质，需要对栽培土壤进行细心配制。而无土栽培是用其他栽培基质代替土壤的一种栽培方法。

◎任务操作

土壤栽培和无土栽培是根据生产现状和需求来确定，也可以相互转化。

1. 盆栽花卉的土壤栽培

培养土的主要作用是固定植物根系，为盆花的生长提供必要的水分和养分。盆花种类繁多，习性各异，对栽培基质的要求各不相同。但通常盆栽花卉要求培养土既要疏松透气，满足根系呼吸的需要，又要透水性好，不积水，还应要富含腐殖质，具有一定保持水分和养分的能力，不断满足花卉生长发育的需要，并且酸碱度适宜，不含有害微生物。

1）培养土的配制

常见培养土配制的原料有田园土、腐叶土、泥炭、河沙、蛭石和珍珠岩等。不同的花卉种类及不同发育阶段都应选配不同的培养土。通常选择两种或两种以上材料，按一定比例混合成复合培养土作为栽培基质，发挥不同基质各自的优点，以提供尽可能丰富的养分，便于盆栽生长发育。常用复合培养土的配方有下列几种：

（1）常规培养土配制

①疏松培养土。6份腐叶土、2份田园土、2份河沙。

②中性培养土。4份腐叶土、4份田园土、2份河沙。

③黏性培养土。2份腐叶土、6份田园土、2份河沙。

可见，培养土的类型取决于腐叶土和田园土的比例。

（2）各类花卉培养土配制

①扦插成活苗上盆。2份珍珠岩（河沙）、1份壤土、1份腐叶土。

②一般盆栽。1份蛭石（河沙）、2份壤土、1份腐叶土、0.5份干燥腐熟厩肥，每4 kg上述混合土加入适量骨粉。

③移植小苗和已上盆扦插苗。1份蛭石（河沙）、1份壤土、1份腐叶土。

④较喜肥的盆花。2份蛭石（河沙）、2份壤土、2份腐叶土、0.5份干燥腐熟厩肥和适量骨粉。

⑤木本花卉上盆。2份蛭石（河沙）、2份壤土、2份泥炭、1份腐叶土、0.5份干燥腐熟厩肥。

⑥仙人掌和多肉植物。2份蛭石（河沙）、2份壤土、1份细碎盆粒、0.5份腐叶土、适量骨粉和石灰。

（3）培养土的消毒　主要有化学消毒和物理消毒两类。

①化学消毒。常用的药剂为氯化苦或福尔马林溶液。

a. 氯化苦。氯化苦是一种高效的剧毒熏蒸剂，既可杀菌，又能杀虫。具体方法：将培养土摊平，厚度20～30 cm，每平方米均匀喷洒氯化苦50 mL，堆3～4层，堆好后用塑料薄膜密闭覆盖，20 ℃以上气温保持10天，然后揭去薄膜，并翻动多次，药味散尽后即可使用。氯化苦对活的花卉组织和人体有毒害作用，使用时务必注意安全。

b. 福尔马林。在培养土上喷洒40%福尔马林溶液，每立方米400～500 mL，然后用塑料薄膜严密覆盖，24～48 h后揭去薄膜，待药物挥发散尽后使用。

c. 溴甲烷。该药剂能有效杀死大多数线虫、昆虫、杂草种子和一些真菌。使用时将基质堆起，用塑料管将药液喷注到基质上并混匀，用量一般为每立方米基质用药100～200 g。混匀后用薄膜覆盖密封2～5天，使用前要晾晒2～3天。溴甲烷有毒害作用，使用时注意安全。

d. 漂白剂。该消毒剂尤其适于砾石、沙子消毒。一般在水池中配制0.3%～1%的药液（有效氯含量），浸泡基质半小时以上，最后用清水冲洗，消除残留氯。此法简便迅速，短时间就能完成。次氯酸也可代替漂白剂用于基质消毒。

②物理消毒。主要有蒸汽消毒和日光消毒两种方式。

a. 高温蒸汽消毒。把培养土放在水泥地上，通入高温蒸汽，再用塑料薄膜覆盖，95～100 ℃高温下持续10 min可杀死大部分病原菌。

b. 日光消毒。将培养土摊晒在烈日下，经10余天的高温和烈日直射，以达到杀菌灭虫的目的，能保留土壤中的有益微生物和共生菌。

（4）培养土的贮存　经过消毒的培养土应室内贮藏以备后用，否则会因养分淋失和结构破坏，而影响优良性状。贮藏前可稍干燥，以防变质，若露天堆放应注意防雨淋、日晒。

2）水肥

（1）灌水　盆栽花卉灌水以雨水最佳，若为井水或是含氯的自来水，均应贮放24 h之后再用。浇水的次数和浇水量要根据花卉的种类、习性、生长阶段、季节和栽培基质等多种因素灵活掌握。一般遵循"见干见湿，干透浇透"的浇水原则。所谓"见干"即盆的表层土壤颜色变浅时就要浇水；"见湿"即每次浇水正好把全部盆土都浇透，不能浇成上湿下干的"半截水"。既能满足这类花卉生长发育所需要的水分，又能保证根部呼吸作用所需要氧气，有利于花卉苗壮生长。

（2）施肥　一般上盆及换盆时施基肥，生长期间施追肥。常用基肥主要有饼肥、牛粪、鸡粪等，基肥施入量不应超过盆土总量的20%，可与培养土混合后均匀施入。追肥以"薄肥勤施"为原则，通常以沤制好的饼肥、油渣为主，也可用化肥或微量元素根部施入或叶面喷洒。叶面喷施时有机液肥的浓度不宜超过5%，化肥施用浓度一般不超过0.3%，微量元素浓度不超过0.05%。待盆土稍干时松土施肥，施后立即用水喷洒叶面，第二天浇一次透水。

3）盆花管理

（1）整形　方法有支缚、绑扎和诱引等，分自然式和人工式两种类型。自然式是利用植物的自然株型，稍加人工修剪，使分枝布局更加合理美观。人工式则是人为对植物进行整形，强制植物按照人为的造型进行生长。在确定整形形式前，必须对植物的特性作充分了解，如花枝细长的小苍兰、大丽花等常设支柱，攀援性的香豌豆、球兰、旱金莲常绑扎成屏风形，枝繁叶茂的绿萝、喜林芋绑扎成树形；枝杆柔软的叶子花绑扎成圆球形、动物造型等。

（2）修剪

①摘心与剪梢。摘心与剪梢均可促使侧枝萌发，增加开花枝数，并使植株矮化，株型圆整，开花整齐。还可以起到抑制生长，推迟开花的作用。对于一株一干一花（如标本菊），以及花序长大和摘心后花朵变小的种类不宜摘心。此外，球根类花卉、攀援性花卉、兰科花卉以及植株矮小、分枝性强的花卉均不摘心。

②摘叶、摘花与摘果。摘叶不仅可以改善通风透光条件，促进植物生长，减少病虫害的发生，还能促进新芽的萌发和开花。在植株生长过程中，当叶片生长过密影响通风透光，或出现黄叶、枯叶、破损叶或感染病害的叶片时，应进行摘叶。摘花包括摘除残花和摘除生长过于密集的花蕾。在观果植物栽培中，为了果实生长良好，使营养生长和生殖生长之间不存在抑制效应，也需将果实摘除一部分，以减少养分过分消耗。

③剪枝。主要有疏枝和短截两种方法。疏枝是将枝条从基部剪去，主要去除病虫枝、伤残枝，不宜利用的徒长枝、竞争枝、交叉枝、并生枝、下垂枝和重叠枝等。疏枝能使冠幅内部枝条分布趋向合理，均衡生长，改善通风透光条件，加强光合作用，增加养分积累，使枝叶生长健壮，减少病虫害等。萌发力、发枝力强的可多疏枝，反之则要少疏枝。为了促进幼苗生长迅速，宜少疏枝。短截是将枝条剪去一部分。能使养分和水分相对集中供应

给留下的枝和芽，增加分枝数目，加强局部生长势头，并能改变枝条生长方向和角度，使树冠紧凑和整齐。

4）盆花生产

（1）上盆　是指将幼苗移植于花盆的过程，实生苗长到一定大小、扦插苗生根成活后将其移入盆内养护的过程都称上盆。一般以瓦盆为好，也可以选用塑料盆等其他类型的花盆。上盆时第一步为填盆孔，以免基质从排水孔流出，可先在盆底垫一些基质粗粒以及一些煤渣、粗沙等；第二步为装盆，先加少量培养土，然后将花苗放入盆的中央，扶正，沿盆周加土，并及时将花苗轻轻上提，使根系自然舒展，盆土离盆缘应保留 2～3 cm 的距离，以便日后灌水施肥之用。第三步为上盆后的管理，包括浇水、遮阳、后期施肥等。

（2）换盆或翻盆　随着花卉的生长，需要将已经长大的盆栽，由小盆换到另一个大盆中的操作过程，称为换盆。盆栽多年的花卉，为了改善其营养状况，或要进行分株、换土等操作，必须将盆栽的植株丛花盆中取出，经分株或换土后，再栽入原盆的过程，称为翻盆。一、二年生草花因其生长迅速，一般要换盆 2～3 次；多年生宿根花卉一般每年换盆或翻盆一次。换盆时间一般在休眠期或阴雨天蒸发量小的情况下进行。

（3）转盆　盆栽花卉若周围光照不均匀，由于植株的趋光性，植株茎秆会向光线多的一侧偏转，造成植株倾斜，为了防止这种现象，应每隔一段时间，将花盆转 180°放置，此过程即为转盆，能使植株生长均匀、冠型圆满。

2. 盆栽花卉无土栽培

1）花卉无土栽培概述

无土栽培是高科技农业、都市农业、娱乐观光农业、高效农业、环保型农业和节水农业的最佳形式。花卉无土栽培是指不用天然土壤，而用花卉生长所需的营养液或固体基质栽培各类花卉的方法，能够提供良好水、肥、气、热等根际环境条件，使花卉完成整个生命周期。

无土栽培在花卉生产领域的应用，表现出巨大的优势和潜力，具有提高产量，促进品质优化；节省肥水，省时省力，提高效率；扩展栽植范围，不受自然条件限制；清洁卫生，无杂草，病虫害少；栽培过程可控性强，有利于栽培技术的现代化等优点。现已形成许多规模化经营、产业化生产的无土栽培基地。常见的无土栽培形式依栽培基质的性质分类，主要有：

（1）固体基质培　简称基质培，又分为无机基质培和有机基质培两种类型。

①无机基质培。主要有沙培、珍珠岩培、砾培、岩棉培、陶粒培、熏炭培等。

②有机基质培。主要有泥炭培、塑料泡沫培、锯沫木屑培、秸秆基质培等。

另外，固体基质培根据栽培形式还可分为槽式基质培、袋式基质培和柱式基质培。

（2）非固体基质培　主要有水培和雾培两种形式。

①水培。营养液膜技术、深液流技术、浮板毛管技术等。

②雾培。喷雾培、半喷雾培等。

由于固体基质栽培的设施简单，成本较低，栽培技术简单易掌握，目前，大多数无土栽培均为固体基质栽培的形式。

2）无土栽培基质

花卉无土栽培基质种类很多，依据所含成份分为无机基质、有机基质和化学合成基质。无机基质主要有岩棉、蛭石、珍珠岩、砾石、陶粒等，化学性质较为稳定，但对肥料养分的吸附保存能力较差。有机基质主要有草炭、椰糠、树皮、木屑、菌渣等，蓄肥能力较强，但化学性质不稳定。化学合成基质也称人工土，是人工合成的新型固体基质，以有机化学物质脲醛、聚氨酯、酚醛等作为原料，颜色洁白，易染色，可长期单独使用，也可混合使用。

（1）部分固体基质特点与性质

①沙。沙是最早应用的基质。来源丰富，价格低，粒径以 0.6 ～ 2.0 mm 为好，但容重大，持水性差，大规模生产很少用沙培。

②石砾。非石灰性石砾适宜栽培花卉，使用前用磷酸钙溶液浸泡处理，粒径宜在 1.6 ～ 20 mm 的范围内，通气排水性能好，但持水力差。

③蛭石。蛭石系云母族次生矿物，经 1 093 ℃高温处理，体积平均膨大 15 倍而成。其孔隙度大，质轻，通透性良好，持水力强，pH 值中性偏酸，含钙、钾亦较多，具有良好的保温、隔热、通气、保肥、保水作用。因为经过高温煅烧，无菌、无毒，化学稳定性好，为优良的无土栽培基质之一，但长期使用颗粒易破碎，通透性降低。

④珍珠岩。珍珠岩由硅质火山岩在 1 200 ℃下燃烧膨胀而成，通透性良好，理化性质较稳定，但其容重较轻，根系固定效果差，不宜单独使用，常和泥炭、蛭石等混合使用。

⑤岩棉。岩棉为 60％辉绿岩、20％石灰石和 20％焦炭经 1 600 ℃高温处理，然后喷成 0.5 mm 纤维，再经加压制成供栽培用的岩棉块或岩棉板。质轻、孔隙度大，通透性好，持水性略差，pH 值 7.0 ～ 8.0，西欧各国应用较多。

⑥泥炭。泥炭也称草炭，由半分解的植物残体、矿物质和腐殖质三者组成，是国际公认最好的无土栽培基质，可单独使用，也可与其他基质混合使用。容重较小，富含有机质，持水保肥能力强，偏酸性，含植物所需要的营养成分。

⑦泡沫塑料颗粒。泡沫塑料颗粒为人工合成物质，种类繁多，以脲醛泡沫塑料使用最多，成本相对较高，适合播种、扦插、盆栽等各种形式的花卉生产。其特点为质轻，孔隙度大，吸水力强，多与沙和泥炭等混合应用，也可单独使用。

⑧木屑锯末。锯末质轻，持水力和保肥力均较强并含一定营养物质，但长期使用易分解，也易被病原菌污染，用前需消毒。常与其他基质混合使用。在气候潮湿地区，木屑、锯末是很好的栽培基质，而在气候干燥地区，则不太适合栽培。

（2）基质消毒　基质消毒的方法和前面培养土消毒的方法一致。

（3）基质混合配制　花卉生产的过程中，选择栽培基质时，应根据花卉根系的适应性及基质的适用性来筛选，不同种类的花卉根系差异很大，气生根、肉质根系发达的花卉需要较高的湿度和通气性良好的环境，而须根发达的花卉则更注重湿润生长环境。理论上讲，只要基质化学性质稳定，具备一定固定能力、透气持水能力（总孔隙度在 60%，大小空隙比 0.5 左右）和蓄肥能力都可以栽培花卉，但各个地区应根据当地的基质来源，选择经济适用种类。

基质混合的总体要求是降低容重，增加孔隙度，增加水分和空气的含量。以 2～3 种基质混合为宜。混合基质栽培花卉的效果明显优于单一基质，较好的基质适用于各种花卉的生产。还可在混合基质中添加矿质养分，例如复合肥、硫酸钾等，混合基质的基础配方有以下几种：泥炭：珍珠岩 = 1∶1；泥炭：蛭石 = 1∶1；泥炭：蛭石：珍珠岩 = 2∶1∶1 等。

3. 营养液

营养液是将含有植物生长发育所必需的各种营养元素化合物和少量增强营养元素有效性的辅助材料，按一定比例溶解所配制成的溶液。无论是哪一种形式无土栽培，都主要靠营养液为花卉生长发育提供所需的养分和水分。营养液配制与管理是无土栽培技术的核心技术，包括营养液配方和浓度是否合适、营养液管理是否能满足花卉不同生长阶段需求等方面。

4. 无土栽培技术

1）营养液栽培

营养液栽培也称水培，是指将花卉的部分根系悬浮在装有营养液的栽培容器中，通过营养液的不断循环流动以改善供氧条件来栽培花卉的形式，根据营养液层的深浅、供液方式等的不同，有深液流技术、浅液流技术和雾培等技术。

2）固体基质栽培

固体基质栽培也叫基质培，按照空间分布状况分为平面栽培和立体栽培。平面栽培是利用平面空间进行栽培。大多数花卉都可以进行平面栽培，尤其适合于植株高大的种类，如橡皮树等。立体栽培是充分利用设施立体空间进行栽培，有袋式和柱式栽培等形式。

基质培和营养液培的主要区别在于根系分布的环境，如根系完全分布在固体基质中，则叫基质培，若基质只起到固定作用，全部或大部分根系生长在营养液中，则为营养液培。

二者都是依靠营养液提供养分的。根据所使用的基质不同，主要有砾培、沙培等形式。

（1）砾培　系统设备简单，主要包括种植槽、灌排装置、贮液池等（图 2-1）。砾培主要的栽培技术要点如下。

①营养液配方选择。砾培、沙培等形式，养分保持能力较差，在营养液配方选择时适合总含盐量小于 2 g/L 的配方，若大于 2 g/L 则适宜用其 1/2 剂量。

②供液频率。供液频率和供液量受石砾物理性状的影响，一般标准石砾（容重 1.5 g/cm³，总孔隙度 40%，持水率 7%）白天 3 ~ 4 h 排灌一次，种植槽内液位低于基质表面 3 cm，基质表面保持干燥防止藻类滋生。

③石砾以 0.6 ~ 2.0 mm 粒径组成，使用前彻底消毒（0.3% ~ 0.5% 次氯酸钠浸泡 30 min）。

④若栽培基质为有机基质，本身含有一定的养分，在营养液的使用上可以简化配方，降低成本。

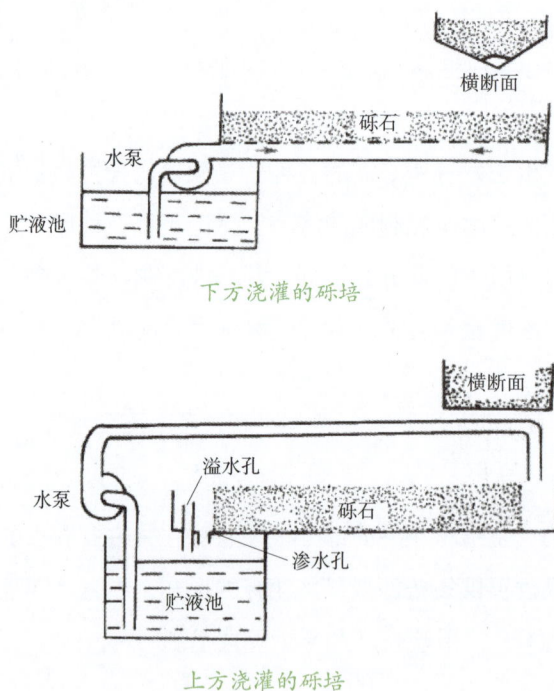

下方浇灌的砾培

上方浇灌的砾培

图 2-1　砾培示意图

（2）立体栽培

①柱状栽培。一般采用专门的无土栽培柱，栽培柱由若干个短的模型管构成，每一个模型管有几个突出的杯状物，用以栽植花苗（图 2-2）。适宜矮生性或丛生状花卉的生长，株高不宜超过 45 cm，另外，立柱从上到下的光照强度依次递减，为了弥补光照，应定期旋转立柱或人工补光。

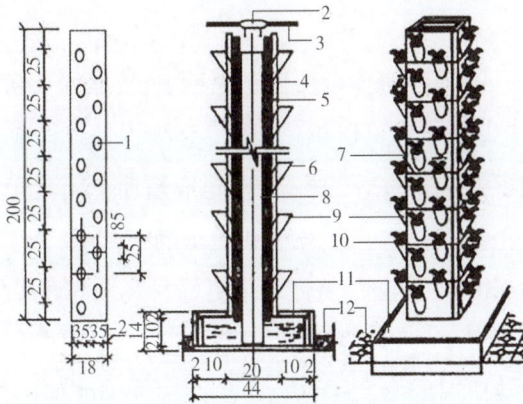

图 2-2　插管式立柱栽培示意图
1—定植孔；2—滴管盒；3—供液支管；4—泡沫塑料侧壁板；
5—无纺布；6—海绵；7—铁丝箍；8—中心柱；9—插管；
10—基质；11—泡沫塑料栽培槽；12—水泥砖操作通道

②长袋状栽培。栽培袋采用直径 15 cm，厚 0.15 mm 的聚乙烯筒膜，长度一般为 2 m，底端结紧以防基质落下，从上端装入基质为香肠状，上端结扎，然后悬挂在温室中，袋子的周围开一些 2.5 ~ 5 cm 的孔，用以栽种花卉（图 2-3）。

3）有机生态型无土栽培

有机生态型无土栽培是把有机农业导入无土栽培。是用有机固态肥来代替营养液，把有机与无机农业相结合的高效益低成本的简易无土栽培技术，所用的固态肥是经高温消毒或发酵的有机肥（如消毒鸡粪和发酵油渣）与无机肥按一定比例混合制成的颗粒肥或直接用有机固

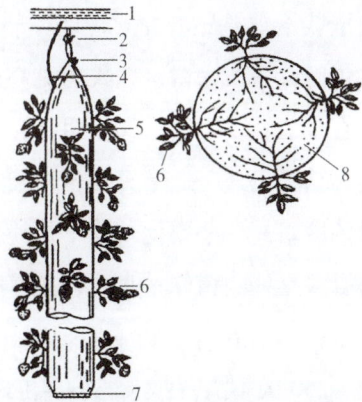

图 2-3　吊袋式立体栽培示意图
1—供液管；2—挂钩；3—抓紧的袋口；
4—滴灌管；5—种植袋；6—植物；
7—排液口；8—基质

态肥追施于基质表面，以保持养分的供应强度。主要优点体现在：第一，用有机固态肥取代传统的营养液，操作管理简单；第二，大幅度降低无土栽培设施系统的一次性投资，节省生产成本；第三，对环境无任何污染，清洁卫生，可以生产出无污染绿色食品。因此，深受广大生产者的青睐，目前已在北京、山西、山东、河南、辽宁、新疆、甘肃、广东、海南等地形成较大的种植面积，起到了良好的示范作用，获得了较好的经济和社会效益。

有机生态型无土栽培系统采用基质槽培的形式，有机肥料供应量以 N、P、K 三要素为主要指标，每立方米基质所施用的肥料内应含有：全氮（N）为 1.5 ~ 2.0 kg，全磷（P_2O_5）为 0.5 ~ 0.8 kg，全钾（K_2O）为 0.8 ~ 2.4 kg。

5. 花卉无土栽培步骤

1）移栽

移栽前选择小盆钵，浇足够营养液，以便控制根系生长，使更多养分集中于地上部分；移栽时按一定比例配制复合基质，也可以单独使用，但要保证疏松通气，便于根系呼吸，有利于生根成活。另外，除了保持基质适当水分外，也应增加空气湿度，花苗移植后 7 天内，最好使空气湿度比移栽前稍大或基本一致；移栽后每隔 7 ~ 10 天喷 0.2% 代森类杀菌剂一次，连续 1 ~ 2 次，加入 0.1% 磷酸二氢钾效果更好。栽培容器底部放入珍珠岩，可防止藻类滋生。移栽苗光照应该与移栽前相似或略弱一些，基质或营养液温度适当控制，以便于花卉生长发育，若基质温度略高于气温 2 ~ 3 ℃，则能促进根系生长，有利于移栽苗成活。

2）管理

无土栽培形式在生产花卉的过程中，光照、温度、水分等环境条件的控制方法类似于土壤栽培，差异最大的管理环节体现在养分控制方面（图 2-4）。无土栽培的花卉要求按需供肥，一般来讲，白天需肥高于夜间；磷在花卉植物光合作用中的活动及转移很频繁，氮在季节转变时的转移很明显，而钾在参与物质运输，包括水分、无机物、有机物运输中，转移相当迅速。通常只要营养液各种离子之间的比例合适，不论是水培还是基质培，营养液浓度略高一些要比营养不足使植物饥饿要好。因此，一次性投入营养液和基质的养分量可以多一些，植株本身可以按需吸收。选择营养成分比例合适的营养液浇灌花卉即可满足要求，只要花卉生长不出现明显减弱时可不必浇，如在养护杜鹃花、酒瓶兰等花卉时，28 ~ 50 天不浇营养液也不会出现不良反应。

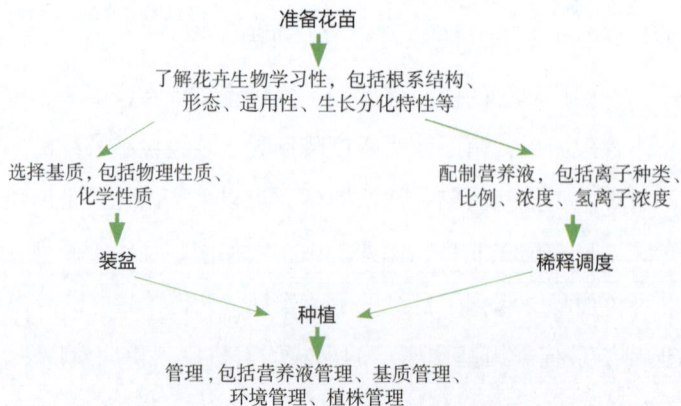

准备花苗

了解花卉生物学习性，包括根系结构、
形态、适用性、生长分化特性等

选择基质，包括物理性质、
化学性质

配制营养液，包括离子种类、
比例、浓度、氢离子浓度

装盆

稀释调度

种植

管理，包括营养液管理、基质管理、
环境管理、植株管理

图 2-4 花卉无土栽培基本程序流程图

任务 2　观花类盆花生产技术

◎知识目标

1. 了解常见盆栽年宵花卉种类及形态特点。

2. 熟悉以上各类花卉的栽培管理要点。

3. 掌握以上各类花卉典型种类的生长习性及园林应用特点。

◎任务目标

1. 能熟练识别常见的年宵花卉。

2. 能熟练进行常见年宵花卉的繁殖及日常养护管理。

3. 能根据基质性质及花卉习性选择适宜的栽培方法。

◎任务背景

观花盆栽花卉种类中，有一类花卉，其花通常能够在春节前后至元宵节前后处于盛开状态，在这一段时间销售的各种花卉统称为年宵花卉。包括花色鲜艳的观花类和叶形奇特的观叶类花卉。近年来，一些新奇并具有特殊寓意的种类更是深受大家欢迎，如寓意财源广进的食虫植物猪笼草、象征发财致富的金钱树、花型独特似袋鼠的袋鼠花等，这些种类以美丽的外观、奇特的功能、吉祥的名字和丰富的寓意吸引着众多的顾客。

◎任务分析

高档年宵花卉的种苗大多由组培的方式获取，组培技术在植物组织培养课程中重点学习。代表性年宵花卉主要有兰科花卉、红掌、观赏凤梨等种类。

◎任务操作

兰科花卉的生产有两个重要的环节，分别是种苗生产和成苗的养护。

子任务 1　代表性兰科花卉生产技术

1. 蝴蝶兰 *Phalaenopsis amabilis*

别名：蝶兰。兰科，蝴蝶兰属。

1）形态特征

多年生草本，为附生兰类，花型似蝴蝶而得名。气生根发达，红褐色或淡绿色，呈扁平丛状，茎短，肥厚，无假鳞茎。叶肉质，短而厚，总状花序长 20 ~ 30 cm，拱形，着花 8 ~ 10 朵，自下而上，依次绽放，花色有白、紫、粉红等颜色，不同品种之间自然花期差异很大，大多数以春季开花为主。

2）品种及类型

栽培品种有点花系、粉红色花系（有小花、大花之分）、条花系、黄色花系、白花系（图 2-5—图 2-7）。

图 2-5　蝴蝶兰

图 2-6　蝴蝶兰种苗　　　　　图 2-7　蝴蝶兰组合盆栽

3）分布与习性

原产于亚洲热带，我国台湾地区、菲律宾、印尼等地都有分布。喜高温多湿及通风良好的栽培环境，耐阴喜热，是典型的附生兰。生长适宜温度为 18 ~ 28 ℃，高于 35 ℃或低于 10 ℃生长受阻。要求透气性良好的栽培基质，忌积水。

4）栽培管理技术

（1）繁殖技术　可用分株繁殖，生产上多采用组织培养技术进行大规模生产。分株繁殖常于春季结合换盆进行，取出母体后轻轻掰开小兰苗，用透气性好的栽培基质种植后，保湿遮阳，成活较易。组培繁殖多采用叶片为外植体，繁殖系数大。

（2）栽培管理技术　蝴蝶兰是一种热带温室花卉，对环境要求比较严格，大规模栽培的设施应具有良好的温度、湿度、光照调节功能。另外，附生兰类栽培时首先要求根部透气良好，因此，盆栽基质必须疏松、透气和排水性好，常用苔藓、蕨根、树皮，椰壳或蛭石等。上盆时，要用粒径较大的基质铺垫盆底，用量可达盆体积的 50%，幼苗移栽时，2 ~ 3 天内不能浇水，栽植后约 30 ~ 40 天长出新根。生长迅速，需肥量比一般兰花稍多，遵守薄肥勤施的原则，生长期间每 15 天追肥一次，小苗应施氮素较高的肥料，以利枝叶生长；中苗及大苗则需选择磷钾肥含量较高的肥料，整个花期切忌将肥水喷洒于花瓣和叶片上，以利开花。生长期，春季每隔 3 ~ 7 天浇水一次，并适当向地面、叶面喷水，以提高空气湿度；夏秋季生长旺盛时期，环境温度高，水分蒸发大，应多浇水，1 ~ 2 天淋水一次；而低温休眠时或花后生长缓慢时，保证空气湿度保持在 50% ~ 80%，避免叶片积水即可。

温度为蝴蝶兰开花的限制因素之一，白天适宜生长温度为 25 ~ 28 ℃、夜间为 18 ~ 20 ℃，若温度太低，生长缓慢，且易腐烂，而 32 ℃以上同样生长受阻，并影响花芽分化，导致不开花。生长期忌阳光直射，春、夏、秋三季应给予良好的遮阳，以防叶片灼伤。从幼苗到开花光照强度逐渐增加，但不超过 35 000 lx，夏秋季遮阴量为 75% ~ 85%，需两层遮阳网，而冬春季则需充足阳光，遮光 40% ~ 50% 即可。蝴蝶兰花序长，花朵大，盆栽需立支架防倒伏。

5）园林应用

蝴蝶兰花型如蝶，花色鲜艳，花期长达数月，花型丰满，生长势强，被誉为"洋兰皇后"，是世界著名的盆栽花卉，又是花艺装饰的高档花材。

2. 大花惠兰 *Cymbidium hybrida*

别名：虎头兰、喜姆比兰、蝉兰（图 2-8）。兰科，兰属。

1）形态特点

常绿多年生附生兰，根系肥大粗壮，肉质圆柱状，无主根与侧根之分。假鳞茎粗壮，其上有 6 ~ 8 枚长带形叶片，革质。花序较长，着花数量 6 ~ 12 朵，花瓣圆厚，花型大，花径 6 ~ 10 cm，花色艳丽，除黄、橙、红、紫、褐等色，还有翠绿色，萼片与花瓣大小及颜色相似，而唇瓣色泽不同，是观赏重点，花期长达 60 天。

图 2-8　大花蕙兰

2）品种及类型

我国大花蕙兰栽培品种主要来自日本和韩国，国内最近几年也有很多公司在进行品种选育。

（1）按用途分类　可分为切花品种（花大，花枝长 80 ～ 150 cm）、盆栽品种（花大型或小型，花枝直立或自然下垂）。

（2）按颜色分类　可分为红色系列、粉色系列、绿色系列、黄色系列、白色系列、橙色系列、咖啡色系列。

3）分布与习性

原产于我国西南地区。喜冬季温暖、夏秋凉爽的气候。忌高温，忌强光直射，盛夏应遮光 50% ～ 60%，冬季需阳光充足。空气相对湿度以 70% ～ 80% 为宜，较喜肥，要求疏松、肥沃、保水透水性良好的微酸性土壤。生长适宜温度为 12 ～ 27 ℃，冬季不宜低于 10 ℃，夏季不能高于 30 ℃，8 月高温 20 ℃花芽分化。

4）栽培管理技术

（1）繁殖技术　优良品种的大量繁殖和生产，常采用茎尖组织培养或无菌播种技术繁殖，也可用分株法繁殖。分株法适宜在花后、新芽未长出之前进行，分株前适当使基质干燥，根略发白时操作，以避免碰伤新芽，分株时剪除枯黄叶片和过老的鳞茎及烂根，用消过毒的利刀将假鳞茎切开，每丛带 2 ～ 3 枚假鳞茎，伤口涂硫磺粉，干燥 1 ～ 2 天后单独上盆。无菌播种是用种子作为外植体进行组织培养的一种育苗方式。

（2）栽培管理技术　大花蕙兰野生时根系常附着在树干和岩石上生长，因此，盆栽时，基质常选用泥炭、苔藓和树皮块等的混合物，并选择口径 15 ～ 20 cm 四壁带孔的高筒花盆，每盆栽 2 ～ 4 株苗，不宜频繁换盆。大花蕙兰喜微酸性水，以雨水浇灌最为理想，实际生产中常通过水处理设备降低水中的钙镁离子含量。花后休眠时控制水分，其余生长期均应给予充足的水分，空气相对湿度以 70% ~ 80% 为宜，因此，除浇水以外，还需经常向叶面喷水以保持空气湿度。大花蕙兰喜肥，生长期每半月追施 1 000 倍复合肥液一次，也可用低于 0.1% 浓度的复合肥每隔 7 天叶面喷洒一次，促使假鳞茎充实肥大，完成花芽分化。

大花蕙兰花芽形成、花茎抽出和开花，都要求较大的昼夜温差，白天适宜温度为 25 ~ 28 ℃，夜间为 10 ~ 15 ℃。稍喜阳光，春夏秋适度遮阳，冬季给予充足光照。

5）园林应用

大花蕙兰植株挺直，叶长碧绿，开花繁茂，是世界著名的高档盆花，被誉为"兰花新星"。如用 10 ~ 20 株苗组成大型盆栽，布置厅堂，则气派非凡，美观壮丽，亦是著名的切花材料。

3. 春兰 *Cymbidium goeringii*

别名：草兰、山兰、朵朵香（图 2-9）。兰科，兰属。

梅瓣型

水仙瓣型

荷瓣型

蝴蝶瓣型

图 2-9　春兰

1）形态特点

多年生草本，为地生兰，肉质根肥厚，假鳞茎似球茎。叶丛生而刚韧，长约20～25 cm，4～6枚集生，狭带形，边缘粗造，叶脉明显。花单生，少数2朵，花梗直立，花径4～5 cm，浅黄绿色、绿白色或黄白色，具芳香，花期2—3月。

2）品种及类型

春兰为我国的传统名花，栽培历史悠久，品种丰富，依据花被片形态可分为梅瓣型、水仙瓣型、荷瓣型和蝴蝶瓣型，其中，梅瓣型品种最为丰富，多达100余种。

3）分布与习性

原产于我国，主要分布浙江、安微、河南、甘肃、四川和云南等地。性喜凉爽、湿润和通风的环境，忌酷热、干燥和阳光直晒。以冬暖夏凉的气候最为理想，冬季要求阳光充足，夏季适当遮阳。以富含腐殖质、疏松透气、排水性良好的微酸性（pH值5.5～6.5）土壤最为适宜。生长期适宜温度为15～25 ℃，5 ℃以下生长停止。

4）栽培管理技术

（1）繁殖技术　可用分株和播种繁殖，通常采用分株繁殖。分株常在春秋季节花后并休眠结束时进行，取出母株，去除宿土，修剪空根、烂根以及枯枝烂叶和干瘪的假鳞茎，然后将根系冲洗晾干，顺势切割数丛，栽后很快发出新根和新芽，恢复生长容易。

（2）栽培管理技术　春兰栽植宜在秋末进行，盆土用肥沃疏松的腐叶土，或腐叶土和沙壤土各半混匀，经消毒处理后使用。栽植时，在排水孔上依次垫好瓦片、碎石子、炉渣等物，约占盆体积的1/5，然后铺粗沙一层，最后填入培养土。填土至一半时，轻提兰苗，使根系顺展，继续填土至距盆沿3 cm，压紧。栽植后盆底浸水，放半阴处养护。春夏要求较好的遮阳，秋冬应给予充足阳光，有利根叶生长和开花。

春兰的生长对水分和光线十分敏感，俗有"春不出、夏不日、秋不干、冬不湿"的养兰经验。浇水数量视气温高低、光线强弱和植株生长而定。一般来说，冬季温度低湿度大时，应少浇；夏季植株生长旺盛，气温高，应多浇，并给予遮阳。兰花忌施浓肥，新植兰花第一年不宜施肥，经过1～2年培养待新根生长旺盛时便可施肥，一般3—9月旺盛生长期，每周施肥一次，浓度宜淡，秋冬季兰花生长缓慢，每隔15～20天施一次充分腐熟的稀薄饼肥水，盛夏酷暑时，停止施肥。施肥时间以傍晚为宜，并避免液肥沾污叶片。现蕾后宜选留一个发育最好、观赏价值最佳的花蕾，其余的全部摘除，开花2周后可将花朵连花梗一起剪去，以减少养分消耗，有利来年开花。

5）园林应用

春兰花香馥郁，叶姿飘逸秀柔，花香为诸兰之冠，以其高雅、清馨的特点深受中国、日本、韩国等地人们的欢迎，为客厅、书房的珍贵盆花。春兰生产养护要点如表 2–1 所示。

表 2–1　春兰生产养护要点

品名	春兰		幼苗期	壮苗期	开花期（开花植物）
种苗规格			9 cm#	120 cm#	140 cm#
挑选（分级）依据	根系饱满及叶片大小		花色品质及冠幅		
养护时长	3 个月		3 个月	4 ~ 6 个月	
放置密度	170 盆 / m²		80 ~ 90 盆 / m²	30 ~ 50 盆 / m²	
基质成分及比例	纯泥炭 纤维大小 10 ~ 20 mm		泥炭和珍珠岩比例 1 : 1		
养护要点	盆具要求	红色盆 4 孔	红色盆 8 孔		红色盆 12 孔
	光	小于 8 000 lx	12 000 ~ 20 000 lx		
	温	26 ~ 28 ℃	24 ~ 26 ℃		
	水	EC 值小于 0.2，见干见湿	EC 值 0.2 ~ 0.4 见干见湿		
	肥	平均肥为主	平均肥以及磷钾肥混合使用		磷钾肥为主
	其他要求（通风、杀菌剂使用）	通风良好，杀菌剂每个月一次或每三个月两次			
	辅助措施（立支柱等）	无			
生产周期	12 个月				

注：佛山市高明旺林园艺有限公司提供

子任务 2　其他观花类花卉生产技术

◎思维导图

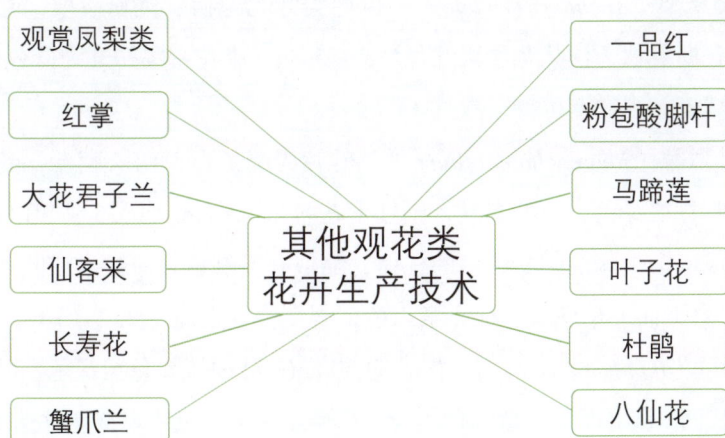

1. 观赏凤梨类 *Bromeliaceae* spp.

凤梨科，凤梨属。

1）形态特点

多年生附生草本，有短茎，叶硬，莲座状叶丛，经常中心呈杯状形成持水结构，花序呈圆锥状，总状或穗状，生于叶筒中央，花色有黄、褐、粉红、绿、白、红、紫等色，小花生于苞片之上，小花和苞片色泽均十分艳丽，植株花后死亡，基部产生吸芽。

2）品种及类型

观赏凤梨是指所有具有观赏价值的凤梨科植物，常见的栽培种类主要有6个类群，分别为：

（1）光萼荷属（*Aechmea*） 也称蜻蜓属，代表种有粉菠萝、珊瑚凤梨等。

（2）水塔花属（*Billbergia*） 代表种有姬凤梨。

（3）果子蔓属（*Guzmania*） 代表种有红星凤梨和火炬凤梨。

（4）彩叶凤梨属（*Neoregelia*） 代表种有彩叶凤梨。

（5）铁兰属（*Tillandsia*） 代表种有铁兰和粉玉扇。

（6）莺歌属（*Vriesea*） 代表种有黄莺歌、红剑等。

市场常见的栽培品种有：

（1）火炬凤梨（*Vriesea poelmannii*） 也称彩苞凤梨，为杂交种，因其花朵的形状和色泽酷似熊熊燃烧的火炬而得名，叶筒中央抽出柱状花梗，长达 35 ~ 40 cm，穗状花序顶生，2 ~ 4 分枝，花苞肥厚光亮深红色，小花黄色（图 2-10）。

（2）姬凤梨（*Cryptanthus acaulis*） 也称小花姬凤梨，叶片长椭圆状披针形，坚而细长，具波浪边缘，叶面绿褐色，具有淡绿、乳黄、红或紫红等放射如蟹状的条纹，花葶自叶腋间伸出，小花白色或浅绿色，生于叶簇群中，形成一圆盘，株型矮小，适宜盆栽（图 2-11）。

（3）蜻蜓凤梨（*Aechmea fasciate*） 也称美叶光萼荷、斑粉菠萝，叶尖钝圆外翻，表面银白色，花期夏秋，柱状花序桃红色，高 15 cm，小花密集初开为蓝色，后为玫红色，如振翅飞翔的蜻蜓，观赏期可持续数月（图 2-12）。

（4）彩叶凤梨（*Neoregelia carolinae*） 叶片光亮剑形，向外翻卷，叶面深绿色，边缘为黄绿色，叶背淡绿色，花期春夏，圆柱形花苞粗 2.5 cm，由 25 ~ 30 枚萼片自下而上像笋壳一样包成一个由深红到粉红色的柱体，酷似一支红色竹笋镶嵌在叶筒中，其上着生小花 10 余朵，自下而上呈现黄、红、紫三色，观赏价值很高（图 2-13）。

（5）铁兰（*Tillandsia cyanea*） 株高约 30 cm，叶面淡绿色至绿色，叶背绿褐色，总苞呈扇状，粉红色，自下而上开紫红色小花，花径约 3 cm。苞片观赏期可达 4 个月之久（图 2-14）。

图 2-10　火炬凤梨

图 2-11　姬凤梨

图 2-12　蜻蜓凤梨

图 2-13　彩叶凤梨

图 2-14　铁兰

3）分布与习性

原产于中、南美洲的热带、亚热带地区，以附生种类为主，一般附生于树干或石壁上，性喜温暖、潮湿和半阴环境。喜光，但忌强光曝晒。不耐寒，生长适宜温度为 18～28 ℃，忌干燥。要求疏松、通气良好的微酸性土壤。

4）栽培管理技术

（1）繁殖技术　以分株、组培繁殖为主。

①分株繁殖。选花后母株旁萌发的健壮吸芽，待其长 10 cm 时，与母株分开，单独栽培。

②组培繁殖。可用蘖芽为外植体进行繁殖。

（2）栽培管理技术　　观赏凤梨为附生类植物，根系极不发达，水分和营养的吸收主要依靠叶片，因此，盆栽时，选口径 15 cm 的花盆，给予肥沃、疏松的草炭、树皮颗粒和珍珠岩混合基质。具有幼年性，从组培苗至商品盆栽，需经历 16 ~ 20 个月的栽培。生长期均需保持盆土湿润（美叶光萼荷较耐旱），叶面要经常喷水，叶筒中要经常灌水并换水，不可间断，生长缓慢或休眠时，停止喷水并将叶筒内的剩水清除，翌年气温转暖时再加入清水。施肥可叶面喷施，也可施入叶筒内，生长旺季每半月施肥一次，对磷肥较敏感，施肥时以氮肥和钾肥为主，氮、磷、钾比例以 10 ∶ 5 ∶ 20 为宜，生产上用浓度为0.1% ~ 0.2% 的稀薄矾肥水，当母株老化时，外轮叶片发生黄化，应及早剪除。生长最适宜温度为 18 ~ 28 ℃，10 ℃以下生长停止，要求 50% 遮阳和 70% ~ 80% 空气湿度的栽培环境。夏季保持室内温度 30 ℃以下，同时加大通风向叶面喷水以降低温度，冬季用暖气、热风炉等加温设备维持室内温度 10 ℃以上，以保证安全越冬。2 ~ 3 年换盆一次，剪除萎瘪的老株，保留根部长出的健壮新蘖芽。

5）园林应用

观赏凤梨类以观花为主，也有观叶的种类，其中还有不少种类花叶并貌，其株型矮壮，叶形优美，花型花色鲜艳，是极有价值的室内盆栽观叶植物。也可用于插花、装饰艺术和瓶景欣赏。

2. 红掌 *Anthurium andraeanum*

别名：红苞芋、火鹤、安祖花（图 2-15）。天南星科，花烛属。

1）形态特点

多年生附生常绿草本植物，根肉质，叶常绿，丛生革质，长圆披针形，先端尖，基部心形，佛焰苞直立开展，肉穗花序圆柱形，先端黄色，下部白色，花两性，花期 2—7 月，若温湿度适宜，有周年开花的习性。

图 2-15　红掌

2）品种及类型

栽培种类繁多，同属其他观赏种类有大花花烛、剑叶花烛、水晶花烛等，红掌依观赏目的不同分为三类，分别为切花类（肉穗直立）、盆花类（肉穗花序弯曲）和观叶类（叶片具美丽图案，如水晶花烛）（图 2-16）。其中栽培广泛，品系品种较多的是切花类，佛焰苞及肉质花序的色泽富于变化，有佛焰苞鲜红色，肉穗花序黄色或先端绿色；佛焰苞绯红色，肉穗花序先端绿色或粉红色；佛焰苞白色，肉穗花序肉红色等变化。

图 2-16　心叶花烛

3）分布与习性

原产于哥伦比亚西南部，现广为栽培。喜高温高湿及半阴的环境，忌阳光直射，生长适宜温度为 25 ～ 28 ℃，昼夜温差 6 ℃有利于生长发育，不耐寒，13 ℃以下或高于 32 ℃生长停止。空气相对湿度80%以上为宜，适宜光照强度15 000 ～ 25 000 lx。忌积水，喜疏松、肥沃、排水良好的微酸性土壤。

4）栽培管理技术

（1）繁殖技术　以分株、扦插、组培繁殖为主。

分株繁殖：于春季结合换盆时进行，选择具 3 枚以上真叶的子株，在母体上连茎带根分割，立即用水苔包扎移栽于盆内，保温保湿，促发新根后，重新栽植，2 ～ 3 年换盆一次。

对有地上直立茎种类（如红鹤芋）可采用扦插繁殖，插穗插于水苔中生根，成活后定植。大规模生产时，常用组培繁殖。

（2）栽培管理技术　红掌要求较精细的栽培。首先，选择草炭、树蕨、碎渣、碎木炭等配制混合基质，生产中常用 2 份泥炭和 1 份珍珠岩再加少量过磷酸钙或骨粉配成无土栽培基质。上盆或换盆时，先在盆下部 1/4 ～ 1/3 深度填充颗粒状的碎砖块等物，作为排水层。盆土应见干见湿，长期水湿容易烂根，但喜较高的空气湿度，生长期间以80% ～ 85%为宜，而幼苗移植时空气湿度需增加至85% ～ 90%。因此，需每天向叶面及周围喷水喷雾以保持湿度。生长季节，每 2 周向根部追肥一次，以腐熟有机质液肥为主，并配合施用磷钾肥或复合肥。当花茎抽出时可用枝条支撑植株，每周施追肥一次，现蕾后更不能缺肥，休眠期时适当节水控肥。

红掌喜半阴，全年宜于适当遮阳的条件下栽培，遮光率应视气候情况控制在60% ～ 80%，但适当增强光线对开花有利，为使花叶俱佳，可使其在不受强光直射的前提下尽可能多接受光照。红掌对温度较敏感，适宜生长温度 18 ～ 28 ℃。昼夜温差 3 ～

6 ℃时有利于养分吸收和积累，对生长开花极为有利。另外，红掌对盐分也较敏感，pH值控制在 5.2 ~ 6.1 最适宜生长。

5）园林应用

红掌花序独特，色彩艳丽，叶片附有蜡质，光亮如漆，叶形秀美，全年开花不绝，是目前国际市场流行的高档盆花，也是重要的切花花材。

3. 大花君子兰 *Clivia miniata*

别名：箭叶石蒜（图 2-17）。石蒜科，君子兰属。

图 2-17　大花君子兰

1）形态特点

多年生常绿草本，株高 30 ~ 40 cm，根肉质粗长不分枝。茎粗短被叶鞘包裹，形成假鳞茎，叶二列，交叠互生，呈宽带状。花葶从叶丛中抽出，粗壮，伞形花序顶生，着花 7 ~ 36 朵，花色有橙红、橙黄、鲜红、深红、橘红等色，盛花期 2—3 月。

2）品种及类型

根据叶态有直立型、斜展型和弓垂型品种之分；现已育出叶上嵌有银白色条纹的银线品种，观赏价值非常高。主要栽培种类有：

（1）狭叶君子兰（*C. gardenii*）　也称细叶君子兰，叶窄，下垂或弓形，深绿色，花 10 ~ 14 朵组成伞形花序，花橘红色，冬季开花；

（2）垂笑君子兰（*C. nobilis*）　叶片狭剑形，叶尖钝圆，叶色较浅，花茎稍短于叶片，花开时下垂似低头微笑，橘红色，花冠边缘呈绿色，夏季开花（图 2-18）。

图 2-18　垂笑君子兰

3）分布与习性

原产于非洲南部高海拔山地森林地区，现广泛栽培。性喜温暖，不耐寒，喜湿润和半阴环境，忌夏季阳光直射。要求疏松、富含腐殖质、排水良好微酸性沙壤土，忌盐碱，忌积水，生长适宜温度为 15 ~ 25 ℃，10 ℃以下生长缓慢，5 ℃以下休眠，30 ℃以上徒长。

4）栽培管理技术

（1）繁殖技术　以分株、播种繁殖为主。

①分株繁殖。于春季3—4月切分母株周围萌发的子株，需带2～3条肉质根，伤口处涂抹木炭粉或草木灰，待伤口干燥后上盆栽植，适当遮阳控水，半月后正常管理，2～3年后即可开花。

②播种繁殖。一般在11月—翌年1月于室内进行。种子寿命较短，需随采随播，可将种子均匀点播在盆内，覆沙土1～1.5 cm，浇透水，用玻璃覆盖保温（20～25 ℃）保湿，30～45天发芽出土，实生苗4～5年开花。

（2）栽培管理技术　盆土以草炭和细沙或珍珠岩、蛭石的混合基质为好，为根系的正常生长发育应保持一定的持水力和通透性。栽培过程中保持环境湿润，空气相对湿度70%～80%、土壤含水量20%～30%为宜，忌积水，尤其室温较低时，以防烂根。浇水遵守"见干见湿，不干不浇，干则浇透，透而不漏"，春、秋旺盛生长期，需水量大，视盆土干湿情况可2～3天浇一次，夏季气温高，进入休眠期，生长缓慢，浇水时间以早、晚为宜，除向盆土浇水外，还应向周围地面洒水，以保持空气湿度。

君子兰喜肥，但不耐肥，在换盆、定植时施足基肥，生长期每月追肥一次，以有机肥为主，适当结合无机肥，并做到"薄肥勤施"。常用的有机肥有腐熟豆饼、骨粉、鱼粉等，无机肥可用磷酸二氢钾或尿素做根外追肥，适用浓度0.1%～0.5%，生长季节每15天一次，肥效显著。抽花葶前加施磷钾肥一次，夏季和冬季生长缓慢时少施或停止施肥。

君子兰不宜强光照射，夏季需置荫棚下栽培，秋冬春季光照强度较小，可充分光照。同时为使君子兰叶面整齐美观，要达到"侧视一条线，正视如面扇"，须注意光照方向，使光照方向与叶方向平行，同时每隔10天转盆一次，就可保持叶形美观。如叶片歪曲，可用竹蔑条、厚纸板辅助整形。

君子兰喜温暖，不耐寒，温度低于10 ℃时，植株生长停滞，而超过30 ℃时，叶片及花葶徒长明显，以昼夜温差10 ℃对其生长发育最为有利。若在冬季受温度低、土壤湿度小的影响，常出现"夹箭"现象（花葶还没有伸出假鳞茎，小花就开放），适当加温和加大浇水量即可预防。春秋旺盛生长季节，白天保持温度为15～20 ℃，夜间为10～12 ℃，越冬温度为10 ℃以上，在抽箭期间，温度应不低于18 ℃。为了安全度夏应做好以下三个方面的工作：一是防止烂根。夏季植株生长缓慢，但温度高，光照强，应遮阳加湿，适当控制水肥，以避免烂根，并在基质中加入少量河沙，加大透水也能有效防止烂根；二是防止叶片徒长。降温增强通风、降低空气湿度、减少水肥是防止徒长的主要措施；三是夏季不换盆不分芽。

5）园林应用

大花君子兰碧叶常青，高雅端庄，花繁色艳，"不与百花争炎夏，隆冬时节始开花"，颇有"君子"风度，是花叶俱美的名贵盆栽观赏植物，也是良好切花材料。

4. 仙客来 *Cyclamen persicum*

别名：兔耳花、兔子花、一品冠、萝卜海棠（图 2-19）。报春花科，仙客来属。

图 2-19　仙客来

1）形态特点

多年生球根花卉，块茎扁圆球形，外被木栓质，其上着生许多纤细的须根。叶片由块茎顶部生出，心形、卵形或肾形，叶缘具牙状齿，叶面绿色，具有白色或灰色晕斑，叶背绿色或暗红色，叶柄较长，红褐色，肉质。花单生于花茎顶部，花朵下垂，花瓣向上反卷，犹如兔耳，花有白、粉、玫红、大红、紫红等色，基部常具深红色斑，花瓣边缘多样，有全缘、缺刻、皱褶和波浪等变化，花期 12 月—翌年 5 月。

2）品种与类型

常见园艺栽培品种依据花型分为大花型、平瓣型、洛可可型、皱边型。

3）分布与习性

原产于南欧地中海一带，现广为栽培。喜凉爽、湿润及阳光充足的环境。不耐寒，冬季花期温度不能低于 10 ℃，亦不耐高温，夏季温度 30 ℃以上时植株休眠，生长最适宜温度为 15 ~ 20 ℃，最适空气湿度为 70% ~ 75%，为典型的中日照植物，要求疏松、肥沃、排水良好富含腐殖质的微酸性沙壤土。

4）栽培管理技术

（1）繁殖技术　以播种和分割块茎繁殖为主，也可用叶插法和组织培养繁殖法。

①播种繁殖。仙客来种子较大，播种繁殖较易形成大批量的幼苗。常于秋季进行，为出苗整齐需进行种子处理，可先将种子在 0.1% 氯化汞溶液浸泡 1 ~ 2 min，用清水冲洗干净后，再用 10% 磷酸钠溶液浸泡 10 ~ 20 min，冲洗干净，最后在 30 ~ 40 ℃的温水中浸泡 48 h 后即可播种。播种时选用草炭和蛭石等量配制的基质，用点播或条播，以 1 ~ 2 cm 的间距，覆土 1 cm，用盆底浸水法浇透水，然后遮光保温（18 ~ 20 ℃），15 天萌发。

②分割块茎法。第一，秋季 9—10 月休眠球茎萌发新芽时，按芽丛数将球茎切开，保证每一切块都带芽，切口处涂上草木灰或硫黄粉，放在阴凉处晾干，然后分别作新株栽培即可。第二，春季 4—5 月时进行，选肥大充实的块茎，削平球顶，以 0.8 ~ 1 cm 的距离划成棋盘式格子，沿格子线条由块茎顶部向下切，深达块茎1/3 ~ 1/2处，然后种植于花盆中，放半阴处，严格控制浇水，只保持盆土潮润，入秋后，每一小格上长出小芽，此时把原来的切口加深，待芽继续长大时，倒出块茎，去除泥土，彻底切开，每盆栽一块使其成为新株。切割块茎繁殖比种子繁殖的植株开花要多。

（2）栽培管理技术　栽培基质宜选用泥炭和珍珠岩混合的基质（体积比 2 ∶ 1），再加入适量骨粉、豆饼等配制，并需彻底消毒。实生苗长出 1 枚真叶时，要进行分苗，栽培深度应使小块茎顶部与土面相平，栽后浇透水一次，适当遮阳，缓苗后逐渐增加光照，加强通风，保持盆土湿润，同时追施氮肥。5 枚真叶时进行上盆定植，栽培基质中加入厩肥或骨粉作基肥，上盆时块茎 1/3 露出基质外，覆土压实后浇透水。夏季高温时，生长停滞并休眠，应给予阴凉、通风和湿润的环境，停止水肥。入秋后，逐步增加浇水量，施薄肥（复合肥），放阳光充足处，以便开花，当花梗抽出至含苞欲放时，增施一次骨粉或过磷酸钙，现蕾后，停止施肥，给予充足光照，保持盆土湿润。

仙客来属日中性植物，花芽分化的主要影响因子为温度，生长适宜温度为 15 ~ 25 ℃，幼苗期温度宜控制在 20 ~ 25 ℃，可通过调节播种期、温度控制或使用化学药剂打破或延迟休眠期来控制花期。

5）园林应用

仙客来花色艳丽，花型奇特，花期长，为世界著名的温室花卉，极宜盆栽，是冬季装点客厅、案头以及商店、餐厅等公共场所的高档盆花。

5. 长寿花 *Kalanchoe blossfeldiana*

别名：伽蓝菜、寿星花、红落地生根、燕子海棠（图 2-20）。景天科，伽蓝菜属。

图 2-20　长寿花

1）形态特点

常绿多年生多浆类草本植物。茎直立，株高 10 ~ 30 cm。单叶交互对生，叶肉质，亮绿色，有光泽，叶缘略带红色。聚伞花序挺直，圆锥状，花序长 7 ~ 10 cm，花小而密集，每株着生花序 5 ~ 7 个，栽培品种花色丰富，有粉红、绯红、橙红、白和黄等色，自然花期 1—4 月。

2）品种及类型

常见栽培品种分为小花型、大花型、重瓣型、矮生型、大叶型（如米兰达，大叶，花棕红色）及小叶型（如卡罗琳，叶小，花粉红）等。

同属其他栽培种类有：

（1）玉吊钟（*K. verticillata*）　也称肉吊钟、细叶落地生根，花冠赤橙色或深红色，状如下垂之钟，叶肉质扁平，交互对生，灰绿色，具不规则的乳白、粉红或黄色斑块，新叶更是五彩斑斓，甚为美丽（图 2-21）。

（2）褐斑伽蓝（*K. tomentosa*）　也称月兔耳，植株被满绒毛，叶片肉质，似兔耳，叶缘着生深褐色斑纹，酷似熊猫，故又称熊猫植物。常用于盆栽观赏（图 2-22）。

图 2-21　玉吊钟

图 2-22　褐斑伽蓝

3）分布与习性

原产于非洲马达加斯加，现广为栽培。喜温暖、阳光充足和通风良好的环境。不耐寒，生长适宜温度为 15～25 ℃，低于 5 ℃，叶片发红，花期推迟。耐干旱，对土壤要求不严，但在肥沃的沙质壤土中生长良好，为典型的短日照植物。

4）栽培管理技术

（1）繁殖技术　以扦插繁殖为主。于 5—6 月或 9—10 月气温 15～20 ℃时进行效果最好。选择稍成熟的肉质茎，剪取 5～6 cm 作为插穗，插于湿沙中，保温保湿，插后 2～3 周生根成活，一个月即可盆栽。也可叶片扦插，取健壮充实的叶片，在叶柄处剪切，待切口稍干燥后斜插或平放沙床上，保持湿度，约 15 天可从叶柄基部生根，并长出新植株。

（2）栽培管理技术　盆栽宜用腐叶土、泥炭和粗沙作培养土，保持栽培基质的疏松透气及排水通畅。生长期不可多浇水，2～3 天浇水一次，栽培基质以湿润偏干最适宜其生长，春秋生长旺季和开花之后每半月追肥一次，秋季花芽形成，可增施 1～2 次磷钾肥。冬季生长缓慢时可停止肥水供应。长寿花为阳性花卉，生长期需阳光充足，夏季阳光直射时适当遮阳，控制浇水，注意通风，避免由高温多湿引发的叶片腐烂、脱落。另外，植株易长高，可在幼苗期进行 1～2 次摘心。同时，定植 2 周后用 0.2% B9 喷洒一次，株高 12 cm 时再喷一次，以有效控制植株高度，达到株美、叶绿、花多的效果。

长寿花为短日照植物，生产中常利用遮光处理来调节花期，一般生长发育健壮的植株，每天光照 8～9 h，处理 3～4 周即可现蕾开花。

5）园林应用

长寿花植株小巧玲珑，叶片翠绿，株型紧凑，花色丰富，花朵密集，栽培简单，是极受欢迎的室内盆栽花卉。也可配置于温暖地区公共场所的花槽、橱窗等地，表达其繁花似锦的群体效果。

6. 蟹爪兰 *Zygocactus truncactus*

别名：蟹爪莲、蟹爪、圣诞蟹爪兰、仙人花（图 2-23）。仙人掌科，蟹爪兰属。

图 2-23　蟹爪兰

1）形态特点

多年生附生性常绿草本花卉，叶状茎扁平多分枝，常簇生而悬垂，茎节肥厚，鲜绿色，先端截形，边缘具粗锯齿。花着生于茎的顶端，花被开张反卷，花色有淡紫、黄、红、纯白、粉红、橙和双色等。花期12月—翌年3月。

2）品种及类型

栽培品种根据花色分白花系列、黄花系列、橙花系列、紫花系列、粉花系列。根据开花早晚有早生种、中生种和晚生种之分。

常见同属观赏种有：

（1）圆齿蟹爪兰（*Z.crenatus*）　茎淡紫色，花芽白色，花红色。

（2）美丽蟹爪兰（*Z.delicatus*）　花芽白色，开放时粉红色。

（3）红花蟹爪兰（*Z.altesteinii*）　花洋红色，生长势旺（图2-24）。

蟹爪兰与仙人指（*Schumberaera bridgsii*）形态极为相似，应注意区别。后者为杂交种，生长势更加繁茂快速，茎节边缘没有尖齿而呈浅波状（图2-25）。

| 图2-24　红花蟹爪兰 | 图2-25　仙人指 |

3）分布与习性

原产于南美巴西，现世界各地均有栽培。喜温暖、湿润、半阴的环境，不耐寒，生长适宜温度为15～25℃，冬季开花时温度应不低于10℃。夏季避免暴晒和雨淋。要求肥沃、排水良好的微酸性沙壤土，属于短日照花卉。

4）栽培管理技术

（1）繁殖技术　以扦插和嫁接繁殖为主。

①扦插繁殖。在温室一年四季均可进行，但以春季开花后或秋季孕蕾前进行最为适宜。选择健壮充实的茎节，剪取2～3节，放阴凉处1～2天，待接口稍干燥后再插入沙床，保持温度15～20℃，湿度不宜过大，以免切口过湿腐烂，插后2～3周生根成活，4周后上盆。

②嫁接繁殖。于春末夏初或夏末秋初进行，以三棱箭或仙人掌为砧木。砧木选择健壮肥大的植株，在距盆面 30 cm 处用利刀将三棱箭每个枝上呈 20°～30° 角向下斜切，深度达髓心。接穗选生长充实的枝条 2～3 节，茎基部用利刀将两面削成楔形，立即插入砧木切口中，深达髓心，然后用仙人掌刺或大头针固定。可嫁接 2～3 层，成活后更加美观。以仙人掌做砧木，可在其顶部两侧边缘垂直切开，将接穗插入，做法同前。嫁接后放置半阴处，保温保湿，精心养护，一个月后愈合，给予正常管理。嫁接苗比扦插苗生长势旺，开花早。

（2）栽培管理技术　蟹爪兰盆栽需配制肥沃疏松的栽培基质，常用泥炭和粗沙混合进行栽培。蟹爪兰为附生性花卉，因此，繁殖后的新枝可吊盆栽培，每盆栽植 3 株。夏季气温高于 30℃ 时，对茎节生长均不利，应给予半阴、凉爽、通风的环境，避免烈日曝晒和雨淋。开花时，室温以 10～15 ℃ 为宜，花期可持续 2～3 个月，单花花期一周左右。生长期浇水不宜过多，以湿润偏干为宜，施肥每半月一次，秋季孕蕾期增施 1～2 次磷钾肥。花后休眠时，控制水肥，待茎节长出新芽后，再行正常肥水管理。若嫁接新枝，为避免接口腐烂，浇水施肥时，注意不溅污于愈合处；扦插植株，栽培 2～3 年后需重新扦插更新。蟹爪兰花期不要随便搬动，以免断茎落花。若需提前开花应市，可进行遮光处理，每天光照 8 h，持续一个月，即可满足上市需求。

5）园林应用

蟹爪兰开花正逢圣诞、元旦、春节等传统节日，其花朵娇柔婀娜，光艳明丽，为极受欢迎的室内盆花，也可垂挂吊盆，适合于窗台、门庭入口处和展览大厅装饰，是极好的室内装饰植物。

7. 一品红 *Euphorbia pulcherrima*

别名：圣诞花、墨西哥红叶、猩猩木（图 2-26）。大戟科，大戟属。

1）形态特点

常绿灌木，全株有毒，高 50～300 cm。茎光滑，具白色乳汁，单叶互生，卵状椭圆形，叶质较薄，脉纹明显，杯状花序聚伞状排列，顶生，其下有 12～15 枚披针形苞片，开花时朱红色，为主要

图 2-26　一品红

观赏部位，花小，无花被，鹅黄色，着生于总苞内，自然花期 12 月—翌年 2 月。

2）品种及类型

目前栽培的主要园艺变种有：

（1）一品白（var. *Alba*）　开花时苞片乳白色。

图 2-27　一品粉

（2）一品粉（var.*Rosea*）　开花时苞片粉红色（图 2-27）。

（3）一品黄（var. *Lutea*）　苞片淡黄色。

（4）重瓣一品红（var. *Plenissima*）　顶部总苞下叶片和瓣化的花序呈多层分布，红色等，还有三倍体一品红、球状一品红、斑叶一品红等。新品种以株型矮化、色泽鲜艳为主要特征，如喜庆红，矮生，苞片大，鲜红色。

3）分布与习性

原产于墨西哥和中美洲及热带非洲，现广为栽培，在我国广东、广西等地可露地栽培，北方多盆栽观赏。喜温暖、湿润和阳光充足的环境，不耐阴，光照不足会引起徒长，夏季高温需遮阳。不耐寒，生长适宜温度为 18 ～ 25 ℃，冬季温度应不低于 10 ℃。忌干旱，怕积水，对土壤湿度要求严格，要求疏松肥沃，排水良好的微酸性沙质土壤，属典型的短日照花卉，每日需光 10 h，18 ℃以上开花。

4）栽培管理技术

（1）繁殖技术　以扦插和组培繁殖为主。

扦插繁殖时，嫩枝和硬枝扦插均可，但以嫩枝插生根快，成活率高。嫩枝插在采条前控水，保持盆土微干，以促使枝条充实，一般于 5—6 月选用顶梢，剪成具 2 ～ 3 节，长 10 cm 左右的插穗，保留顶端 2 ～ 3 枚叶子，剪口处立即用清水冲洗或浸泡（1 ～ 2 h）后，插入用泥炭、蛭石、珍珠岩、河沙按 2：2：1：1 配成的基质中，浇透水，遮阳、保湿并适当通风，在 15 ～ 20 ℃条件下，7 ～ 10 天便开始生根，3 ～ 4 周后即可移栽。硬枝插于春季，选取二年生健壮枝条，清洗切口流出的乳汁，并用 0.1 ～ 0.3% 吲哚丁酸粉剂处理插穗，室温 25 ℃时，插后 2 ～ 3 周愈合生根。

目前还可采用花轴、茎顶为外植体进行组培繁殖。

（2）栽培管理技术　盆土以泥炭为主，混入蛭石、珍珠岩、陶粒等排水性强的基质，消毒后即可使用。一品红怕积水，上盆时，在盆底加入碎瓦片等利于排水的基质，否则易引起根系腐烂。扦插苗上盆后需遮阳 5 ～ 7 天再给予充足阳光，生长初期对水分要求严格，气温较低时，控制浇水，夏季高温时，枝叶旺盛生长，逐渐加大浇水量，并向四周喷水以增加空气湿度，同时，每周追施液肥一次，8 月开始至开花前，7 ～ 10 天追施氮磷结合的叶肥，开花前增施磷钾肥。整个生长期应给予阳光充足的条件，否则易引起茎叶徒长。一品红极易落叶，温度过高，土壤过干过湿或光照太强太弱都会引起落叶，应严格控制环境条件。

为了控制株高，使其更适合盆栽，常用摘心、曲枝盘头和生长抑制剂等方法进行处理，第一次摘心从上盆一个月后新梢长出 20 cm 左右时即可进行，摘心时从主干基部往上数，留基部 4 ~ 5 枚，枝端叶片全部剪除，促使发出 3 ~ 4 个侧枝，形成一盆具有 3 ~ 5 个花头的植株，第二次摘心在 8 月，立秋前后，选择 5 ~ 7 个高度一致的枝条保留 1 ~ 2 个节进行摘心。若配合使用生长抑制剂，矮化效果会更佳，一般摘心后腋芽长至 4 ~ 5 cm 高时，用 0.5% B9 溶液喷洒叶面或用 0.3% CCC 灌施土壤。若不进行摘心也可通过曲枝盘头来抑制枝条的生长，一般于 5 月进行，新梢长至 15 cm 长时作弯一次，最后一次整枝应在开花前 20 天进行，作弯时注意枝条分布均匀。

一品红为短日照花卉，利用遮光处理可提前开花，一般于目标花期前 2 个月每天给予 8 ~ 9 h 光照，持续 45 ~ 60 天便可开花。

5）园林应用

一品红株型端正，开花时覆盖全株，花期长，色彩浓，是西方圣诞节的传统盆花，也是元旦、春节的重要节日用花，还可盆栽或吊盆，装饰公共场所或作为十一的花坛花卉，能衬托出普天同庆、热烈欢乐的气氛。

8. 粉苞酸脚杆 *Medinilla cummingii Naudin*

别名：珍珠宝莲、美丁花、宝莲灯（图 2-28）。野牡丹科，酸脚杆属。

图 2-28　粉苞酸脚杆

1）形态特点

多年生常绿灌木，株型茂盛，枝杈粗糙坚硬，在热带雨林地区，株高达 1.5 ~ 2.5 m，盆栽株高 30 ~ 40 cm，茎四棱或有四翅，分枝扁平，节上有疣状突起，叶对生，卵形或卵状长圆形，无叶柄，革质油绿色，主叶脉有明显白色凹陷，穗状花序下垂，长约 45 cm，小花直径 2.5 cm，红色，外苞片长 3 ~ 10 cm，粉红色，萼片宿存，自然花期 2—8 月，观赏期长达 8 个月。

2）分布与习性

原产于菲律宾、马来西亚的热带雨林中，大多附生于树干生长。全世界约有 300 余个品种，为近几年栽培养护新型盆花。喜温暖、湿润及半阴的环境，不耐寒，生长适宜温度为 18 ~ 28 ℃，忌干旱，空气湿度应保持 80％左右。要求富含腐殖质、疏松肥沃、排水良好的酸性土壤，要求 pH 值 3.5 ~ 4.0。

3）栽培管理技术

（1）繁殖技术　以扦插繁殖为主，可于花后结合换盆和整形进行。剪取健壮枝条，去掉基部叶片，仅保留顶端 1 ~ 2 枚小叶，插于湿润透气的基质中，保持温度 28 ~ 30 ℃，并保证较高的空气湿度，约一个月生根。为加快生根速度，可用生根粉或生长素处理。

（2）栽培管理技术　盆栽时用 3 份草炭、1 份河沙，并配以适量基肥混合，消毒后使用。春秋生长旺盛期，应给予 75％ ~ 80％空气湿度，并及时浇水施肥，每隔 15 天施腐熟有机肥或复合肥一次，夏季保证环境凉爽，并注意遮阳，避免曝晒，冬季注意增温保暖。

9 月至次年 1 月植株处于休眠期，保持夜温 10 ℃以上，同时停止施肥，减少浇水量，保持盆土略显干燥。4 月前后花芽长出，此时增加浇水量，提高温度，保证盆土湿润。开花时温度应略低于生长期温度，同时降低空气湿度，停止施肥，保证水分供应。花后及时剪除花梗。成株每 2 年换盆一次。粉苞酸脚杆只有经过休眠才能开花，否则只进行营养生长，可以根据植株的生长规律，通过生长环境的调控进行促成栽培，使其在春节前开花，以供应圣诞及春节用花。

4）园林应用

粉苞酸脚杆花型独特，花期长，为近几年流行的名贵花卉，既可观叶又能观花，被信奉佛教的人视为"虔诚、仁厚、温暖、美满"的象征。

9. 马蹄莲 *Zantedeschia aethiopica*

别名：水芋、慈姑花、观音莲（图 2-29）。天南星科，马蹄莲属。

1）形态特点

多年生粗壮草本，具块茎。叶基生，心状箭形或箭形。花序柄长 40 ~ 50 cm，佛焰苞长 10 ~ 25 cm，亮白色，肉穗花序圆柱形，黄色。

2）类型及品种

栽培品种有矮生品种、小花品种和切花品种之分。盆栽品种以彩色马蹄莲或小花、矮化马蹄莲为主（图 2-30）。

图 2-29 马蹄莲

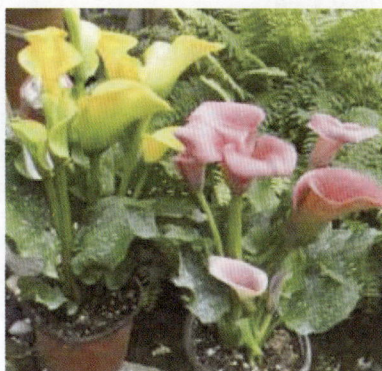

图 2-30 彩色马蹄莲

3）分布与习性

原产于埃及、非洲南部，我国寒冷地区温室栽培，温暖地区露地栽培。喜温暖湿润、略阴的气候环境，喜温暖、湿润和阳光充足的环境。不耐寒、不耐旱。夏季遮光 50% 有利生长。白天生长适宜温度为 15～24 ℃，夜间不低于 15 ℃，冬季能耐 4 ℃低温。在冬季温暖、夏季凉爽湿润的环境中可周年开花。喜湿润、疏松肥沃、排水良好的微酸性土壤。

4）栽培技术

种植前需结合整地施足基肥，一般每公顷可施有机肥 30～60 t，还可加施过磷酸钙、骨粉等，翻入土中 25～30 cm，混合均匀，耙平后作床，床宽 120 cm，沟宽 40～50 cm。定植株行距 50 cm×60 cm，每床只种 2 行。为改善通风状况，床内行间应作交错栽植。

南方露天栽培，只要冬季温度维持在 20 ℃左右，花期 11 月—翌年 5 月。北方地区可定植在日光温室中，第一年不抹芽，使植株生长旺盛。5—6 月终花后也不收球，而采用通风、遮阳、少浇水等方法，迫使其提前打破休眠。定植后第二年开始抹芽，通过良好的水、肥、土、气、温管理，抑制营养生长，促使开花。

黄花马蹄莲在种球收获后，可直接放入冷库贮藏。1 月中旬定植于温室，3 月下旬开始开花；2 月中旬定植，4 月下旬开始开花；2 月下旬定植，6 月上旬开花。

马蹄莲耐阴，夏季阳光太强烈时要适当遮阳。生长期需水较多，要保持栽培环境的潮湿，还应注意提高环境空气湿度，花后或休眠期要控制水分供应。进入花期追肥数量要增多，每周施用 0.2% 的复合肥一次，保证切花品质。若温度维持在 15～24 ℃可周年开花，0 ℃以下会受冻害。其佛焰苞表面洁白，开花期要避免灰、烟尘污染。切花运输距离较远，可在佛焰苞色泽由绿转白，即将开放时采收。距离较近时，可待佛焰苞半开或完全开放时剪下。剪后插入保鲜液中，4 ℃条件下可保鲜一周。

5）园林应用

马蹄莲花苞洁白，宛如马蹄，是素洁、纯真、朴实的象征，已成为重要切花种类之一。常用于制作花束、花篮、花环和瓶插，盆栽矮生和小花型品种盆栽用于摆放台阶、窗台、阳台、镜前。马蹄莲地栽配植庭园，尤其丛植于水池或堆石旁，景观效果极佳。彩色马蹄莲生产养护要点如表 2-2 所示。

表 2-2　彩色马蹄莲生产养护要点

品名	彩色马蹄莲		幼苗期	壮苗期	开花期（开花植物）成品期（观叶植物）
种苗规格			9 cm#	130 cm#	170 cm#
挑选（分级）依据			种球大小	花朵数量及花色品质及冠幅	
养护时长			40 ~ 50 天	2 ~ 4 个月	5 ~ 6 个月
放置密度			170 盆 / m²	40 ~ 60 盆 / m²	25 ~ 35 盆 / m²
基质成分及比例			纯泥炭，纤维大小 10 ~ 20 mm	泥炭和珍珠岩比例 1：2	
养护要点	盆具要求		红色盆 4 孔	红色盆 6 孔	红色盆 12 孔
	光		8 000 ~ 12 000 lx	18 000 ~ 25 000 lx	25 000 ~ 30 000 lx
	温		16 ~ 19 ℃	20 ~ 25 ℃	22 ~ 23 ℃
	水		EC0.8 ~ 1.2，偏湿润	EC1.2~1.5，偏湿润	
	肥		平均肥为主	平均肥以及磷钾肥，适当补充钙肥	磷钾肥为主
	其他要求（通风、杀菌剂使用）		通风良好，种植两周后灌根杀菌剂一次，第二周灌根一次，第四周灌根一次		
	辅助措施（立支柱等）		无		
生产周期			5 ~ 6 个月		

注：佛山市高明旺林园艺有限公司提供

10. 叶子花 *Bougainvillea glabra*

别名：三角梅、九重葛（图 2-31）。紫茉莉科，三角花属。

1）形态特点

为常绿攀援状灌木。全株密生绒毛，枝拱形下垂，茎具弯刺。单叶互生，卵形全缘或卵状披针形，被厚绒毛，顶端圆钝。花常 3 朵簇生枝顶，花较小，黄绿色，生于 3 枚紫红色叶状苞片内，花苞大而明显，为主要观赏部位，花期秋季至翌年春季。

2）品种及类型

根据花色、叶色和重瓣与否可分为单瓣、重瓣以及斑叶等品种。主要有白叶子花（cv. *Albaplena*）、玫红叶子红（cv. *Rosea*）、砖红叶子花（cv. *Lateritia*）、朱锦叶子花

（cv. *Lateritia Variegata*）、异色叶子花（cv. *Mary Palmer*）、花叶艳紫叶子花（cv. *Variegata*）、重瓣金黄叶子花（cv. *Tahi Tian Gold*）等。同属其他观赏种类有：

图 2-31　叶子花

（1）光叶叶子花（*B. glabra*）　茎具直刺，成熟的叶片光亮，苞片紫色，原产于巴西，园艺品种色彩丰富，有橙、蓝、蓝紫、柠黄、金心等色。

（2）杂种叶子花（*B. × buttiana*）　花萼退化成与苞片同色的薄片，重瓣，似球状，花期长，花色有洋红、金黄、双色等。

3）分布与习性

原产于巴西，现我国各地均有栽培。性强健，萌发力强，耐修剪，喜温暖湿润和光照充足的环境，不耐寒，较耐高温，生长适宜温度为 15 ~ 30 ℃，7 ℃以上安全越冬。怕干燥，耐贫瘠，对土壤要求不严，但在肥沃、疏松和排水良好的沙质壤土中生长良好。

4）栽培管理技术

（1）繁殖技术　以扦插、压条繁殖为主，也可嫁接和组培繁殖。

①扦插繁殖。于春季花后剪取成熟的（1 ~ 2 年生）木质化枝条，插于沙床或喷雾插床，温度给予 21 ~ 27 ℃，遮阳保湿，30 天左右生根。用吲哚乙酸 0.1 ~ 0.2 g/L 或萘乙酸 0.1 ~ 0.2 g/L 浸插条基部 10 ~ 20 s，生根效果显著。

②压条繁殖。适宜在生长前期进行，单枝入土的节位处环剥，以促生根。也可在生长旺盛期采用高空压条法，选 2 年生粗壮枝条，在离顶端 15 ~ 20 cm 处，进行环状剥皮，包上湿润的腐叶土并用塑料薄膜包扎，约 2 个月即可愈合生根，于秋季盆栽。

③嫁接繁殖。用于制做观赏盆景。春季气温在 15 ℃以上时，选生长健壮 3 ~ 4 年生普通叶子花作砧木，选重瓣等优良品种作插穗，以劈接或枝接法繁殖，接后 40 ~ 50 天可愈合，并发出新芽。还可以腋芽为外殖体进行组培繁殖。

（2）栽培管理技术　盆栽叶子花常用腐叶土、园土和粗沙的混合基质，春季萌发前换盆。生长期对水分的需要量较大，尤其是盛夏季节，水分供应不足，易产生落叶现象，直接影响正常生长或延迟开花。夏季和花期浇水应及时，花后浇水量应适当减少，如土壤过湿，会引起落叶和根部腐烂，冬季控水，使其充分休眠。生长期 7 ~ 10 天施肥一次，花期增施磷肥，并及时清理落花、落叶。叶子花是强阳性花卉，无论室内还是室外，均应给予充足的光照，若光线不足，新枝生长细弱，叶片暗淡。花后需及时将枯枝、内膛枝、密枝及顶梢剪除，促发更多新枝。

叶子花萌芽力强，成枝率高，注意整形修剪，生长期要多次摘心，以形成丛生、丰满而低矮的树形，并能推延花期，枝条每5年短截或重剪更新一次。摘心时间要根据供花时间而定。3月上市时应在上年10月中旬摘心，4月上市时在11月中旬摘心，5月上市时在12月中旬摘心。另外，还可根据叶子花喜光的特性，配合温度管理进行花期控制。

（3）病虫害防治　生长期注意预防花叶病，发病前用75%百菌清可湿性粉剂500倍液喷洒，连续3～4次，即可有效防控。

5）园林应用

叶子花树势强健、色彩艳丽、花期长，又可盘扎造型，是优良盆栽花卉之一（图2-32），也是理想的垂直绿化材料，在温暖地区常作坡地、围墙的覆盖或攀援材料，披垂飘逸，造景效果极佳，故也常布置花坛或作地被植物。

图2-32　叶子花盆栽

11. 杜鹃 *Rhododendron simsii*

别名：映山红、照山红、野山红（图2-33）。杜鹃花科，杜鹃花属。

图2-33　杜鹃

1）形态特点

枝多而纤细，单叶互生，春季叶纸质，夏季叶革质，椭圆形或卵形，先端渐尖，叶面暗绿，疏生白色糙毛。花2～6朵簇生枝顶，花冠漏斗状，鲜红色或深红色，花期4—5月。

2）品种及类型

杜鹃花根据亲缘关系、形态特点可分为以下四种：

（1）春鹃　自然花期4—5月，引种日本，叶小而薄，色淡绿，枝条纤细，多横枝，花型小，花径 2 ~ 4 cm，单瓣或重瓣，代表种有新天地、雪月、日之出等。

（2）夏鹃　原产于印度和日本，也称皋月杜鹃，开花最晚，自然花期 6 月，叶小而薄，分枝细密，冠型丰满，花中至大型，直径 6 cm 以上，单瓣或重瓣，代表种有大红袍。

（3）毛鹃　原产于我国，也称毛叶杜鹃，包括锦绣杜鹃及其变种，自然花期 4—5 月，树体高大株高 2 m 以上，发枝粗壮，叶长椭圆形多毛，花单瓣或重瓣，代表种玉蝴蝶、紫蝴蝶。

（4）西鹃　系皋月杜鹃、映山红与毛白杜鹃反复杂交而成，也称西洋杜鹃，自然花期 2—5 月，植株低矮，发枝粗短，枝叶稠密，叶片毛少，花型花色多姿，重瓣为主，代表种有锦袍、五宝珠、晚霞、富贵姬、天女舞等。

3）分布与习性

分布于欧、亚及北美洲，其中我国杜鹃种类约占全世界总数的 59%，原种集中分布于云南、西藏、四川海拔 1 000 ~ 3 000 m 的高山上。喜凉爽，忌高温；喜半阴，忌暴晒。生长适宜温度为 15 ~ 25 ℃，5 ℃以下或 30 ℃以上均生长不良；喜湿润，忌干燥多风，要求疏松、肥沃、湿润的酸性壤土。

4）栽培管理技术

（1）繁殖技术　可用扦插、压条、嫁接和播种繁殖，生产上多用扦插和嫁接繁殖。

①扦插繁殖。一年四季均可进行，但以春秋两季生根快，成活率高，生长势强。插穗选生长健壮、半木质化、无病虫害的枝条，剪成 6 ~ 10 cm 长的插穗，节下平剪，剪去基部叶片，仅留顶端 2 ~ 3 枚叶子，插于腐叶土或湿润河沙中，插穗 1/2 ~ 2/3 入土，插后压实，遮阳保温保湿，约 60 天逐渐生根，如插条用吲哚丁酸 0.2 ~ 0.3 g/L 溶液或萘乙酸 0.5 ~ 1.0 g/L 浸蘸基部 1 ~ 2 s，可提高生根率。

②嫁接繁殖。5—6 月选择嫩枝进行顶端劈接。常用生长势旺的两年生毛鹃或其变种为砧木，接穗用品质纯正、生长健壮、无病虫害、径粗与砧木相似或略小、当年萌发的西洋杜鹃嫩枝为好。砧木下切 3 cm 长，取接穗，留顶端 2 枚叶，基部削成长 3 cm 的楔形，插入砧木，接好后用塑料薄膜套住保湿，置于阴棚下，2 个月后去袋。

③压条繁殖。一般采用高空压条法，在春末夏初进行，2 ~ 3 个月生根成活。

（2）栽培管理技术　为典型的喜酸花卉，对土壤要求较为严格，培养基质可选择疏松透气，排水良好，富含腐殖质的落叶松针、林下腐叶土、锯木屑、草炭，再加入复合肥和酸性肥料，控制 pH 值 5 ~ 5.5。春季或秋季上盆后，浇透水，遮阳缓苗一周，其根系纤细脆弱易断，需注意勿伤根系，换盆时需去除部分枯根，不可弄散土坨，换盆每 3 ~ 4

年一次。

　　杜鹃对水分要求严格，新叶生长期和花芽分化、花蕾形成阶段应保持盆土湿润。浇水应视天气情况、植株大小、盆土干湿等灵活掌握。自来水浇花，需存放 1 ～ 2 天后使用。高温季节午间、傍晚要在地面、叶面喷水，并适当遮阳。杜鹃花根系纤细，施肥除使用长效基肥之外，追肥应薄肥勤施，否则导致植株枯萎死亡。开花前，每 10 天追磷肥一次，同时，增施 2 次 0.15% 硫酸亚铁溶液，直至现蕾后停止追肥，开花后立即补施氮肥，夏季炎热时不宜施肥。现在大规模生产多用缓释肥料，选用合适的氮磷钾配比，一年只需施 1 ～ 2 次。

　　杜鹃花萌蘖能力较强，栽培中注意修剪，以保持完美株型，常用摘心，剥蕾、疏枝等形式，幼苗苗高 15 cm 即可摘心，并及时剪除病枝、内膛弱枝、徒长枝、萌蘖枝及过密枝等。

　　5）园林应用

　　杜鹃花为我国传统名花，有"花中西施"的美称，株型美观，花朵繁茂，花色艳丽，被人们称为"花木之王"，是世界盆栽花卉生产的主要种类之一。也可丛植于林下、溪旁、点缀草地，用作花坛材料（图 2-34）。

图 2-34　杜鹃

12. 八仙花 Hydrangea macrophylla

别名：阴绣球、草绣球、紫阳花（图 2-35）。虎耳草科，八仙花属。

1）形态特点

落叶灌木，高 1 ～ 4 m；小枝光滑，老枝粗壮。叶大而对生，浅绿色，有光泽，椭圆形或倒卵形，边缘具钝锯齿，顶生花伞房状，聚伞花序近球形，径可达 20 cm，有总梗，球形花序中央为可孕的两性花，外缘为不孕花，初开为青白色，渐转粉红色，再转紫红色，花色美艳，花期 6—7 月。

图 2-35　八仙花

2）品种及类型

主要园艺变种和变型有：大八仙花（叶长达 7 ~ 24 cm，全为不孕花，初为白色，后变为淡蓝或粉红色）、蓝边八仙花（两性花，深蓝色，边缘花蓝色或白色）、银边八仙花（叶缘白色）、紫阳花（萼片大型，花瓣状，粉红色或蓝紫色）、玫瑰八仙花（聚伞花序，花色白、粉、蓝等色，不耐寒，冬季 5 ℃以上室内越冬）。

3）分布与习性

原产于我国，分布于长江流域以南各省，现全国各地均有栽培。喜温暖湿润及半阴的环境，不耐旱，不耐寒，生长适宜温度为 18 ~ 28 ℃，5 ℃以上越冬。喜肥，需水量较多，但忌湿渍积水。在疏松肥沃、透气性好的酸性土壤中生长良好。花色会随土壤酸碱度的变化而变化，土壤为酸性（pH 值 4 ~ 6）时，花呈蓝紫色，呈碱性（pH 值 7.5 以上）时，花呈红色。对二氧化硫等有害气体抗性较强。

4）栽培管理技术

（1）繁殖技术　以扦插或分株繁殖为主。

①扦插繁殖。温室内一年四季均可扦插，一般于 5—6 月生长旺盛期，结合早春修剪及花后整形进行。选择半木质化无病虫害的枝条，保留 2 ~ 3 个节和顶部 1 ~ 2 枚叶，插

于河沙或蛭石中，适当遮阳保湿，3周后生根。随后逐渐增加光照，40天左右即可移栽，一般根长3~5 cm时上盆最为适宜。

②分株繁殖。宜在早春植株萌发前进行，修剪地下老根或烂根以及地上枝条，根据母株长势顺势分割成数丛，单独栽种，成活容易。

（2）栽培管理技术　盆栽通常采用泥炭土、珍珠岩、有机肥以6∶2∶2的比例配制，使用前彻底消毒。八仙花叶片肥大，枝叶繁茂，需水量较多，在生长季节需保证水分充足，但其根系为肉质根，忌积水，炎热的夏季，除浇足水外，还需经常向叶面喷水，保持60%以上的空气湿度，同时遮阳降温以减少蒸腾。较喜肥，生长期间每15天施腐熟的稀薄饼肥水一次，生长前期以氮肥为主，花芽分化和花蕾形成期则应以磷钾肥为主，通常增施1~2次磷酸二氢钾，能使花大色艳。花蕾透色后应停止施肥，否则花期会明显缩短。另外，每50 kg液肥中加100 g硫酸亚铁浇灌土壤，每月3次，可使植株枝繁叶绿。

八仙花喜光，但忌阳光直射，通常生长期需遮光50%~60%。冬季养护需给予全光照。生长期不耐寒，忌高温，花蕾现色后，温度保持10~12 ℃，可延长花期。霜降前入室养护，5 ℃以上安全越冬休眠，翌年谷雨后出室。入冬前，摘除叶片，以免烂叶。

八仙花耐修剪，幼苗上盆后或扦插成活后新枝长至10~15 cm高时，即可作摘心处理，侧枝8~10 cm时，进行第二次摘心，另外，还需及时抹除基部萌发的营养枝，生长期修剪分疏剪和短截两种形式，短截分别在入秋后对新梢顶部轻剪，以利越冬；花后及早春，生长萌芽后对开花的二年生老枝和生长强壮的枝条保留2~3个芽进行短截，以限制株高促生新梢。疏剪是在早春对病虫枝、纤弱枝进行剪除。八仙花花序较大，花期应及时设支架绑扎，以保持花株挺立，又能使植株显得丰满。一般需每年翻盆换土一次。八仙花管理比较粗放，很少有病虫害。

5）园林应用

八仙花叶片翠绿，花序硕大球形，花色从青白色变至粉红色最后紫红色，能蓝能红，花团锦簇，观赏期长，是室内优良的盆花。在南方暖地可配植于庭院疏荫处、林下、林缘等，是花坛、花境及花篱的良好材料，也可作切花观赏。

◎知识拓展

其他常见温室观花类花卉的繁殖与应用技术如表2-3所示。

表2-3 其他常见盆栽观花类植物繁殖与栽培技术简表

名称（别名）	学名	科属	观赏特点	习性	繁殖方式与用途	栽培管理要点
珠兰（金粟兰、茶兰）	Chloranthus spicatus	金粟兰科，金粟兰属	茎干丛生，节部明显隆起，叶质厚薄柔软，有光泽，似茶叶，穗状花序顶生，两性，无花被，花小，黄绿色。其花如珠，其香似兰。	阴性植物，喜高温、阴湿的环境，冬季忌霜冻，忌温不低于5℃	扦插；叶碧绿柔嫩，花香浓郁，适合窗前阳台、花架陈列	肉质根，需要良好的通气和排水的环境，适宜在疏松肥沃含腐殖质丰富的沙质壤土中生长
蟆叶秋海棠（虾蟆叶秋海棠）	Begonia rex hybrida	秋海棠科，秋海棠属	无地上茎，地下根状茎平卧生长，叶基生，一侧偏斜，深绿色，上有银白色斑纹，花淡红色，花期较长	喜温暖、不耐寒，宜半阴，空气湿度大的环境，夏季忌阴光直射，生长适宜温度为22～25℃	播种、扦插，叶形优美，叶色绚丽，是室内极好的观叶植物	生长季节10天左右施肥一次，注意及时摘心，不耐高温，32℃以上生长缓慢。宜含丰富腐殖质，保水力强而又排水畅通的培养土
岩白菜（岩壁菜、石白菜、岩七、雪头开花）	Bergenia purpurascens	虎耳草科，岩白菜属	多年生常绿草本，高达30 cm。根状茎粗壮，紫红色，节间短，花白色，花期3—4月	喜温暖湿润和半阴环境，怕寒性强，耐高温和强光，不耐干旱	播种、分株，适宜水边岩石同丛栽或草坪边缘栽植，广泛用作地被植物和盆栽	生长期保持土壤稍湿润，否则容易烂根，春、秋季需阴光，夏季适当遮阴，生长期每半月施肥一次，但不能过量，否则会影响开花
球兰（玉绣球、蜡兰、樱花菊）	Hoya carnosa	萝藦科，球兰属	多年生蔓性草本，节间有气生根，附着他物生长，叶厚肉质，球形花序，小花星形簇生，白色，清雅芳香，花期4—6月	喜高温多湿及半阴环境，不耐寒，喜疏松肥沃排水良好的土壤	扦插；叶片肥厚，花序似球，既适于攀附又适合吊挂、室内盆栽植物	性喜温暖及湿润，生育适宜温度为18～28℃；以富含腐殖质排水良好的壤土为佳。花后不摘除花蕾，以便来年开花。施肥以有机肥或复合肥料为主，生长期间，每月施肥一次

续表

名称（别名）	学名	科属	观赏特点	习性	繁殖方式与用途	栽培管理要点
杂种扭果花（海角樱草、姬筒草）	Streptocarpus × hybridus	苦苣苔科，扭果花属	常绿草本，叶基生莲座状，花顶生，花色丰富，蒴果长长 12 cm，扭曲	喜冷凉湿润半阴的环境，忌高温，要求肥沃疏松的土壤	扦插；株型低矮，花大色艳，外形似大岩桐，装饰效果极强，是优美的盆花	适宜生长温度为 15～20 ℃，保持土壤湿润，及时追肥，但液肥忌沾在叶片上
珊瑚花（水杨柳、巴西羽花、串心花）	Cyrtanthera carnea	爵床科，珊瑚花属	为多年生常绿亚灌木。花密集形成短圆锥花序，顶生，花玫瑰紫色或粉红色，花期 6—8 月	喜向阳和温暖湿润环境，不耐寒，宜富含腐殖质且排水通畅的沙质壤土	扦插；形、色均似珊瑚，鲜艳雅致，适合装饰居室	喜光照，夏季强光时需遮阴，越冬室温 12 ℃，同时每隔 7～10 天浇水一次，株高 15 cm 高度时摘心，促使多分枝，多开花，每隔 10～14 天施一次，花谢后及时剪去残花
可爱花（喜花草）	Eranthemum pulchellum	爵床科，可爱花属	株高 120 cm，叶脉明显，穗状花序顶生或腋生，花深蓝色，花期秋冬	不耐寒，喜温及阳光直射环境，宜疏松肥沃土壤	扦插；冬季开花，布置室内诱雅宜人，是一种优良的室内盆栽	夏季遮阳，高温时须充分灌水，幼苗多次摘心，是后及时修剪
兜兰（拖鞋兰）	Paphiopedilum insigne	兰科，兜兰属	多年生草本，地生或半附生性，叶带形，花朵上唇瓣变异成兜状，如拖鞋	喜温暖、半阴和潮湿的环境，不耐寒，要求肥沃排水良好的基质	分株、播种；花色艳丽，花型奇特，单花花期长，是一类高档盆栽	夏季遮阳，冬季光照，常保湿，休眠期控水，前追施液肥，2～3 年换盆一次
紫露草（紫竹梅、紫鸭跖草）	Setcreasea purpurea	鸭跖草科，鸭跖草属	为多年生草本。茎匍匐，带紫红色晕，节处膨大，节节地处生根。叶面绿色，具白色条纹，有光泽	喜温暖湿润气候，适宜温度为 15～25 ℃，畏烈日，宜有散射光处，对土壤要求不高	扦插；植株铺散，叶色美观，宜盆栽观赏，是书橱、几架的良好装饰植物。也可作为观叶植物，吊挂廊下的观叶植物	栽培管理简单，平时只需保持土壤湿润和较高的环境湿度，烈日直射，就能良好生长

中文名	学名	科属	形态特征	生态习性	繁殖与应用	栽培要点
香水草（洋茉莉）	*Heliotropium arborescens*	紫草科，天芥菜属	多年生常绿草本，叶色浓绿肥厚，敦厚绒皱起。花小，集合成绒球状，花序长 10～20 cm，呈蓝紫色，具特殊香味	喜温暖，光照充足，不耐炎热，适宜温度为 10～15 ℃，要求疏松排水良好的土壤	扦插；花序大，蓝紫色，香气浓，适作盆花观赏，或作切花供花坛栽植，温度适宜度适宜则全年开花不断	喜光，但夏季需遮阳，每隔 2 周追施液肥一次，从幼苗开始及时反复摘心，使其形成密圆满的株型
鸡蛋花（缅栀子、蛋黄花、印度素馨）	*Plumeria rubra var. acutifolia*	夹竹桃科，鸡蛋花属	落叶灌木，高 5～8 m。具乳汁，肉质茎，叶大，厚纸质，花叶均聚生枝顶，花径 5～6 cm，瓣边白色，瓣心金黄色，如蛋白包裹蛋黄。花期 5—10 月	喜热气候，耐干旱，喜石灰岩石地，强阳性花卉	扦插；夏季开花，清香优雅；落叶后，光秃的树干弯曲甚美，其状甚美。适合盆栽，也可于庭院、草地中栽植	对土壤要求不严，但怕积水，浇水见干见湿。喜阳光充足，不耐寒，越冬应不低于 10 ℃，生长期每 10 天浇肥水一次
龙吐珠（珍珠宝莲）	*Clerodendrum thomsonae*	马鞭草科，赪桐属	攀援性常绿灌木，枝条绑立，叶片稀疏，枝条柔软，叶片稀疏，花架引其枝条攀附，开花时，红色花冠突出于白色花萼管外，如蟠龙吐珠	喜温暖，湿润和阳光充足环境。生长适宜温度为 18～24 ℃，不耐寒，冬季 8 ℃以下受冻，喜肥沃、疏松和排水良好的沙质壤土	扦插、分株，花型奇特，开花繁茂，宜盆栽观赏，也可作庭院栽培树种	喜光，喜湿，生长期经常保持盆土湿润并给予充足光照，每 15 天施肥一次，开花前增施磷钾肥，严格控制分枝高度，注意打顶摘心，摘心后 15 天，用 B9 或矮壮素，以控制植株高度，达到株矮、叶多、花多效果

任务3　盆栽观叶花卉生产技术

◎知识目标

1. 了解常见盆栽观叶花卉种类及形态特点。

2. 熟悉常见盆栽观叶花卉栽培管理环节。

3. 掌握典型盆栽观叶花卉的生长习性及园林应用特点。

◎任务目标

1. 能熟练识别常见的室内观叶花卉。

2. 能熟练进行常见室内观叶花卉的繁殖及日常养护管理。

3. 能熟练运用常见露地花卉进行园林绿化的布置。

◎任务背景

观叶花卉是指适宜长期室内条件下正常生长，以观叶为主（花叶兼赏）的植物，其种类繁多，广泛应用于宾馆、写字楼、酒店等室内环境。观叶盆栽花卉根据株高大小可分为大型（株高大于1 m）和小型（株高小于1 m）两类。

◎任务分析

观叶盆栽花卉以家庭、办公室等室内运用为主，对光线需求较弱，因此，用途更加广泛。

◎任务操作

观叶盆栽花卉繁殖以分株、扦插等无性繁殖方式为主，其生产更注重养护过程。

子任务1　代表性小型观叶盆栽花卉生产技术

◎思维导图

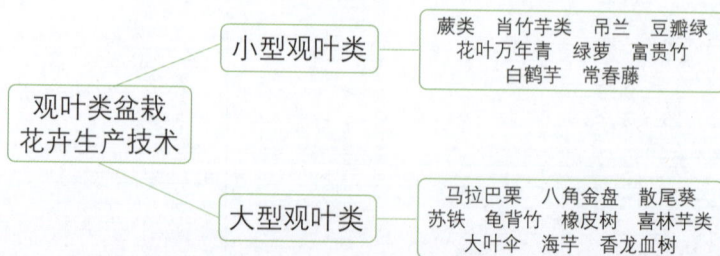

观叶类盆栽花卉生产技术

小型观叶类：蕨类　肖竹芋类　吊兰　豆瓣绿　花叶万年青　绿萝　富贵竹　白鹤芋　常春藤

大型观叶类：马拉巴栗　八角金盘　散尾葵　苏铁　龟背竹　橡皮树　喜林芋类　大叶伞　海芋　香龙血树

1. 蕨类

蕨类植物也称羊齿植物，是地球上现存的最早的维管植物，是常见的室内花卉，常见栽培的种类有肾蕨、铁线蕨、鸟巢蕨、凤尾蕨、鹿角蕨、波士顿蕨等。

1）分布与习性

原产于热带、亚热带地区，我国广东、广西、云南和台湾等地有分布，野外常附生于热带雨林树上或岩石上。喜温暖、阴湿，忌阳光直射，不耐寒，宜疏松、排水及保水皆好的土壤。

2）类型与品种

（1）鸟巢蕨（*Neottopteris nidus*）　别名雀巢芒，中型附生蕨类，植株高 100 ~ 200 cm，根状茎短粗，顶部密被鳞片，鳞片条形。叶辐射状丛生于根状茎顶部，中空如鸟巢；单叶阔披针形，全缘，尖头，向基部渐狭，下延、叶柄长约 5 cm，近圆棒形；叶脉两面稍隆起，侧脉分叉或单一，顶端和一条波状的边脉相连；孢子囊群狭条形，生于侧脉上侧（图 2-36）。

（2）肾蕨（*Nephrolepis euriculata*）　别名蜈蚣草、圆羊齿等，根状茎具主轴并有从主轴向四周伸出的匍匐茎，其上短枝生出块茎。叶密集簇生，具短柄，基部和叶轴上具鳞片；叶披针形，一回羽状全裂，羽片无柄，以关节着生于叶轴，基部不对称，叶背具孢子囊群（图 2-37）。

图 2-36　鸟巢蕨

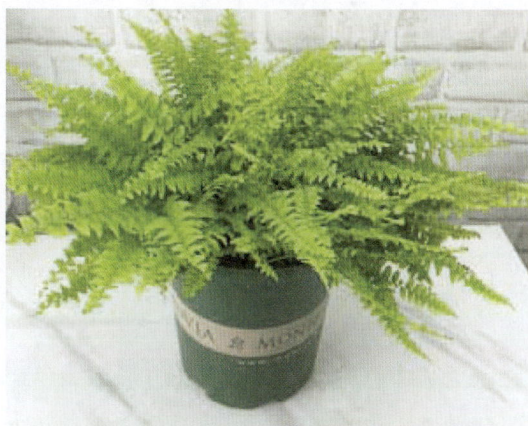

图 2-37　肾蕨

3）繁殖技术

常用孢子或分株繁殖。将孢子收集播于水苔上，保持水苔湿润，置于遮阴处，1 ~ 2 月即可出苗，小苗长至 2 ~ 3 叶时可移植上盆。也可以用分株繁殖，分株以春季为宜，在母株上带叶 4 ~ 5 枚连同根茎从母株上切下另栽即可。

4）栽培管理技术

栽培基质应通透性好，如草炭土、腐叶土、蔗根、树皮、苔鲜等，生长适宜温度为

20 ～ 22 ℃，越冬温度 5 ℃以下，生长期需高温、高湿，需经常浇水、喷雾，合理追肥；忌夏日强光直射。生长期缺肥或冬季温度过低，会造成叶缘变成棕色，影响观赏效果。

5）园林用途

叶色浓绿，青翠怡人，是厅堂、书房的优良观叶植物，也可植于花园水边、溪畔、荫庇处或吊篮栽培，还可做切叶。

2. 肖竹芋类

肖竹芋类全球约有30个属，400种以上，观赏价值较高。多数具地下茎，丛生状根出叶。花小且不鲜艳，多不具观赏价值，以观叶为主。

1）分布与习性

分布于美洲和非洲热带，宜高温及半荫环境，生长适宜温度为25 ～ 30 ℃，冬季不能低于10 ℃，喜疏松多孔的栽培基质。

2）繁殖方法

分株或插芽繁殖为主，分株在春天结合换盆进行，插芽是将萌芽切下，插入基质使其生根。

3）栽培管理技术

盆栽用土用疏松肥沃的腐叶土或泥炭土加珍珠岩和少量基肥配成培养土。生长旺盛时期，每1 ～ 2周施一次液体肥料。生长季节给予充足的水分和较高的空气湿度，经常向叶面及植株四周喷水增加空气湿度。经常保持土壤湿润，冬季温度低，控制浇水次数和浇水量，防止积水引起烂根。肖竹芋类最忌阳光直射，短时间的暴晒会出现叶片卷缩、变黄，影响生长。春、夏、秋兰季应遮去70% ～ 80%的阳光，冬季遮去30% ～ 50%的光照。每年春季换盆时，可剪去部分或大部分老叶，让其重新长出新叶，提高观赏价值。

4）类型与品种

（1）天鹅绒竹芋（*Calathea zebrina*）　别名斑马竹芋，绒叶肖竹芋，多年生常绿草本植物。株高40 ～ 60 cm，具地下茎叶基生，根出叶，叶大型，长椭圆状披针形，叶面淡黄绿色至灰绿色，中脉两侧有长方形浓绿色斑马纹，并具天鹅绒光泽，叶背浅灰绿色，老时淡紫红色。头状花序，苞片排列紧密，花期6—8月，蓝紫色或白色（图2-38）。

（2）孔雀竹芋（*Calathea ornata*）　别名蓝花蕉、马克肖竹芋，多年生常绿草本。株高30 ～ 60 cm，叶长15 ～ 20 cm，宽5 ～ 10 cm，卵状椭圆形，叶薄，革质，叶柄紫红色。绿色叶面上隐约呈现金属光泽，且明亮艳丽，沿中脉两侧分布着羽状、暗绿色、长椭圆形绒状斑块，左右交互排列，叶背紫红色（图2-39）。

同属栽培品种还有青苹果竹芋（叶宽卵形，草绿色）、紫背肖竹芋（叶线状披针形，正面墨绿色，叶背紫红色）、彩虹肖竹芋（叶表橄榄绿色，在中肋两侧有淡黄羽纹，叶背

紫红色）、美丽肖竹芋（叶面黄绿色，沿侧脉有白色或红色条纹，背面暗红色）、红叶肖
竹芋等（图 2-40—图 2-44）。

图 2-38　天鹅绒竹芋

图 2-39　孔雀竹芋

图 2-40　青苹果竹芋

图 2-41　猫眼竹芋

图 2-42　彩虹竹芋

图 2-43　七彩竹芋

图 2-44　美丽竹芋

5）园林用途

肖竹芋类植物因其特殊的叶色，是世界著名喜阴观叶花卉，常用于家庭和公共场所的点缀和装饰。彩虹竹芋生产养护要点如表 2-4 所示。

表 2-4　彩虹竹芋生产养护要点

品名	彩虹竹芋	幼苗期	壮苗期	成品期（观叶植物）
种苗规格		9 cm#	130 cm#	170 cm#
挑选（分级）依据		种球大小	花朵数量及花色品质及冠幅	
养护时长		40 ~ 50 天	2 ~ 4 个月	5 ~ 6 个月
放置密度		170 盆 / m²	35 ~ 55 盆 / m²	20 ~ 30 盆 / m²
基质成分及比例		纯泥炭 纤维大小 10 ~ 20 mm	泥炭和珍珠岩比例 1：2	
养护要点	盆具要求	红色盆 4 孔	红色盆 6 孔	红色盆 12 孔
	光	8 000 ~ 12 000 lx	18 000 ~ 20 000 lx	
	温	18 ~ 28 ℃		
	水	EC 值 1.0 ~ 1.2，偏湿润	EC 值 1.2 ~ 1.5，偏湿润	
	肥	平均肥为主	平均肥以及磷钾肥，适当补充钙肥	磷钾肥为主
	其他要求（通风、杀菌剂使用）	通风良好，种植两周后灌根杀菌剂一次，第二周灌根一次，第四周灌根一次		
	辅助措施（立支柱等）	无		
生产周期		5 ~ 6 个月		

注：佛山市高明旺林园艺有限公司提供

3. 吊兰 *Chlorophytum comosum*

别名：挂兰、窄叶吊兰、纸鹤兰。百合科，吊兰属。

1）形态特征

根肉质粗壮，具短根茎。叶基生，带状，细长，拱形，全缘或稍波状。叶丛中常抽生走蕊，上着花序，小花白色，四季可开花，春夏季花多。花梗先端着生幼苗，叶丛簇生带根，形如纸鹤，故也称纸鹤兰（图 2-45）。

2）品种及类型

栽培的园艺品种有中斑吊兰（栽培最普遍，叶片中央为黄绿色纵条纹）、镶边吊兰（叶缘有白色条纹）、黄斑吊兰（叶面、叶缘有黄色条纹）、宽叶吊兰（植株生长旺盛，叶片长而宽大，淡绿色）（图 2-46）。

图 2-45　吊兰

图 2-46　宽叶吊兰

3）分布与习性

原产于南非热带丛林，同属植物约有 215 种，中国有 5 种，产于我国西南部和南部地区。喜温暖、湿润的半阴环境，适应性强。生长适宜温度为 15～20 ℃，冬季室温不可低于 5 ℃，要求疏松肥沃、排水良好的土壤。

4）繁殖技术

以分生繁殖为主。温室内四季皆可进行，常于春季结合换盆，将栽培 2～3 年生的植株，分成数丛，分别上盆，先于阴处缓苗，待恢复生长后，正常管理或分割匍匐枝顶端小植株另栽植。个别品种开白色花后结果，可采集种子繁殖，但子代叶色会发生退化，影响观赏价值。

5）栽培管理技术

生长势强，栽培容易。生长季置于半阴处养护，忌强光直射，以避免叶片枯焦死亡，但长期光照不足，不长匍匐枝。盆上浇水以表土见干浇透为原则，并经常叶面喷水，保持湿润，如盆土及环境过干、通风不良，极易造成叶片发黑、卷曲。平时追肥应适量，尤其花叶品种，追肥过多，叶片斑纹不明显。由于生长旺盛，应每 2 年分栽或移植一次，并经常除去枝叶，对于过长匍匐枝，可随时疏除，以保持良好株型。

6）园林应用

吊兰为常见的中、小型盆栽或吊盆植物。株态秀雅，叶色浓绿，走茎拱垂，也是优良的室内观叶植物。也可点缀于室内山石之中，其纤细长茎拱垂，给人以轻盈飘逸，自然浪漫之感，故有"空中花卉"之美誉。室内亦可采用水培，置于玻璃容器中，以卵石固定，既可观赏花叶之姿，又能欣赏根系之态。

4. 豆瓣绿 *Peperomia sandersii*

别名：椒草、翡翠椒草、青叶碧玉、豆瓣如意。胡椒科，豆瓣绿属。

1）形态特征

多年生草本。株高15 ~ 20 cm，无主茎。叶簇生，近肉质较肥厚，倒卵形，灰绿色杂以深绿色脉纹。穗状花序，灰白色。栽培种有斑叶型，其叶肉质有红晕；花叶型，其叶中部绿色，边缘为一阔金黄色镶边；亮叶型，叶心形，有金属光泽；皱叶型，叶脉深深凹陷，形成多皱的叶面，极为有趣（图2-47）。

图 2-47　豆瓣绿

2）分布与习性

原产于西印度群岛、巴拿马、南美洲北部。喜温暖湿润的半阴环境。生长适宜温度为25 ℃左右，最低不可低于10 ℃，不耐高温，要求较高的空气湿度，忌阳光直射；喜疏松肥沃、排水良好的湿润土壤。

3）繁殖技术

多用扦插和分株法繁殖。

（1）扦插繁殖　在4—5月选健壮的顶端枝条，长约5 cm为插穗，上部保留1 ~ 2枚叶片，待切口晾干后，插入湿润的沙床中。也可叶插，用刀切取带叶柄的叶片，稍晾干后斜插于沙床上，10 ~ 15天生根。在有控温设备的温室中，全年都可进行。

（2）分株繁殖　主要用于彩叶品种的繁殖。于生长期将母株挖出，顺势分割株丛，伤口处消毒后另行栽植，成活容易。

4）栽培管理技术

盆土可用腐叶土、泥炭土加部分珍珠岩或沙配成，并加入适量基肥。在5—9月生长期内每半月施一次追肥，浇水用已放水池中1 ~ 2天的水为好，冬季节制浇水。温度变化直接影响叶片的颜色，彩叶类冬季适宜温度为18 ~ 20 ℃；绿叶种为15 ℃左右。炎夏怕热，可放荫棚下喷水降温，但过热过湿会引起茎叶变黑腐烂。春夏季，盆栽要置于半阴处，夏季避免阳光直晒，冬季可放于阳光充足处。植株高10 cm左右时，可适当摘心，促使侧枝萌发，保持株型丰满。为了保持叶片翠绿，一般每2 ~ 3年换盆或更新一次。

豆瓣绿是水培中常见的花卉，每株保留 4 ～ 5 枚叶片，非常容易适应水中环境，不会腐败，种植容易。豆瓣绿病害较少，主要以环斑病毒病为害，受害植株产生矮化，叶片扭曲，可用等量式波尔多液喷洒。

5）园林应用

豆瓣绿可用于微小型盆栽，植物株型或小巧玲珑，或直立挺健，叶片肉质肥厚，青翠亮泽，用于点缀案头、茶几、窗台，娇艳可爱。蔓生型植株可攀附绕柱，别有一番情趣。还可药用，内用可祛风除湿，止咳祛痰。外用可治跌打损伤、骨折。

5. 花叶万年青 *Dieffenbachia maculata*

别名：细斑粗肋草、银斑万年青（图 2-48）。天南星科，花叶万年青属。

1）形态特征

常绿亚灌木状草本。株型直立。茎干粗圆，节间较短。叶片呈长椭圆形或卵形，全缘；主脉粗，稍向左倾斜；叶色绿，常有斑点或大理石状波纹；叶柄粗，有长鞘。佛焰苞花序较小，浅绿色，短于叶柄，隐藏于叶丛中。常见种类有花叶黛粉叶和大王黛粉叶。

图 2-48　花叶万年青

2）分布与习性

原产于美洲热带。同属植物约有 30 种。喜高温、高湿和半阴的环境。不耐寒，越冬温度 15 ℃以上，如低于 10 ℃，则叶片发黄脱落，根部腐烂。忌强光直射，喜柔和的散射光。要求疏松肥沃、排水良好的土壤。

3）繁殖技术

常用分株、扦插繁殖，但以扦插为主，大规模繁殖常采用组织培养。

（1）分株繁殖　可利用基部的萌蘖进行分株繁殖，一般在春季结合换盆时进行。操作时将植株从盆内托出，将茎基部的根茎切断，涂以草木灰以防腐烂，或稍放半天，待切口干燥后再盆栽，浇透水，栽后浇水不宜过多，10 天左右能恢复生长。

（2）扦插繁殖　春夏季均可进行。盆栽 2 年以上的植株由于茎干较长，可结合整形修剪进行繁殖。以 7—8 月高温期扦插最好，剪取茎的顶端 7 ～ 10 cm，切除部分叶片，减少水分蒸发，切口用草木灰或硫磺粉涂敷，插于沙床或用水苔包扎切口，保持较高的空气湿度，置半阴处，日照约 50% ～ 60%，在室温 24 ～ 30 ℃下，插后 15 ～ 25 天生根，待茎段上萌发新芽后移栽上盆。也可将老基段截成具有 3 节的茎段，直插土中 1/3 或横埋土中诱导生根长芽。

4）栽培管理技术

夏季生长旺盛，应置于平阴处，充分浇水施肥，叶面经常喷水，并注意通风。浇水过多或闷热天气，根颈处易发生茎腐病。待到 10 月以后，开始控制浇水，以增强抗寒力。冬季入室，置于明亮光线处，温度保持在 10 ~ 15 ℃，盆土微干，但空气干燥时，可在中午以温水喷雾，提高空气湿度，否则其叶片大而柔软，易弯垂，不挺直。

5）园林应用

植株直立挺拔，气势雄伟，叶色翠绿清新，常具有美丽的色斑，是优良的室内中型盆栽观叶植物，装饰于宾馆、饭店及居室，有浓郁的现代气息。但其茎的切口所分泌的液汁有毒，若接触皮肤，易引起皮肤的炎症，栽培时应注意。

6. 绿萝 *Scindapsus aureus*

别名：绿萝、黄金葛、飞来凤。天南星科，绿萝属。

1）形态特征

多年生常绿蔓性草本。茎叶肉质，攀援附生于它物上。茎上具有节，节上有气根。叶广椭圆形，蜡质，浓绿，有光泽，亮绿色，镶嵌着金黄色不规则的斑点或条纹。幼叶较小，成熟叶逐渐变大，往上生长的茎叶逐节变大，向下悬垂的茎叶则逐节变小，肉穗花序生于顶端的叶腋间。常见栽培种有白金绿萝、二色绿萝、花叶绿萝等（图 2-49、图 2-50）。

盆栽　　　　　　　　水培　　　　　　　　垂吊

图 2-49　太空绿萝　　　　　　　　　　图 2-50　大叶绿萝

2）分布与习性

原产于马来半岛、印尼所罗门群岛。喜高温多湿和半阴的环境，若散光照射，彩斑明艳，若强光暴晒，叶尾易枯焦。生长适宜温度为 20 ~ 30 ℃，最低可耐 8 ℃低温。

3）繁殖技术

主要用扦插法繁殖。剪取 15 cm 长的茎，只留上部 1 枚叶子，直接插入一般培养土中，入土深度为全长的 1/3，每盆 2 ～ 3 株，保持土壤和空气湿度，遮阳，在 25℃条件下，3 周即可生根发芽，长成新株。大量繁殖，可用插床扦插，极易成活，待长出 1 枚小叶后分栽上盆。另外，剪取较长枝条，插在水瓶中，适时更换新水，便可保持枝条鲜绿，数月不凋，取出时，枝条下部已经生根，盆栽便成新株。也可用压条繁殖。

4）栽培管理技术

对土质要求不严，但以肥沃、疏松的腐殖土为好。光照 50% ～ 70%，经常洒水保持湿润，生长期每月追肥 1 ～ 2 次，氮、磷、钾均衡施放。成品植株在生长期喷洒 1 ～ 2 次叶面肥，叶色较为亮丽。越冬保温 12 ℃以上。盆栽多年植株老化，需更新栽植。栽培形式多样，如桩柱栽培、吊挂栽培、假山附石栽培、插瓶均可。可全年放在明亮通风的室内，如光线较暗，应在摆放一段时间后移至室外无直射阳光处，并给予足够的水、肥，使其得以恢复后再移入室内。冬季可放在室内直射阳光下，控水，只要保持温度在 10 ℃以上，就可正常生长。

5）园林应用

绿萝喜荫，叶色四季青翠，有的品种有花纹，是极好室内观叶植物。中大型植株可用来布置客厅、会议室、办公室等地，华南地区可在室外庇荫处地栽，附植于大树、墙壁棚架、篱旁或攀附向下伸展。

7. 富贵竹 *Dracaena sanderiana*

别名：万寿竹、开运竹、富贵塔、竹塔、塔竹（图 2-51）。龙舌兰科，龙血树属。

1）形态特征

属多年生常绿小乔木观叶植物。株高 1 m 以上，植株细长，直立上部有分枝。根状茎横走，结节状。叶互生或近对生，纸质，长披针形，具短柄，浓绿色。伞形花序有花 3 ～ 10 朵生于叶腋或与上部叶对花，花被 6 枚，花冠钟状，紫色。浆果近球型，黑色。其品种有绿叶、绿叶白边（称银边）、绿叶黄边（称金边）、绿叶银心（称银心）。绿叶富贵竹也称万年竹，叶片浓绿色，长势旺，栽培较为广泛，塔状造型，也称开运竹，观赏价值高，颇受欢迎（图 2-52）。

图 2-51　富贵竹

图 2-52　平安竹

2）分布与习性

原产于热带、亚热带非洲。喜光照充足、高温、多湿的环境，也十分耐阴，适于室内生长。

3）繁殖技术

可用扦插法繁殖。一年生或多年生木质化茎干都可做插穗，插穗长为 5～10 cm，可把整个插穗横向埋在排水良好的沙质插床上，也可直立插于插床上，注意不要颠倒上下方向，深度 2～3 cm。扦插在水容器中也可生根，入水深度不可过深，2～3 cm 即可，否则容易泡烂。一定要保证扦插基质、水及容器清洁，否则易感染霉菌、腐烂。温度宜保持在 25℃左右，经 45 天左右就可生根，然后移栽入盆内培养。

4）栽培管理技术

盆土用保肥、保水、通气、疏松的培养土栽培，也可用泥炭土和沙土以 1∶1 混合，或用草炭土加少量豆饼渣，再加适量粗沙混合使用。为排水通畅，在上盆时一定要做好排水层。富贵竹性喜湿润，应经常用细孔喷壶喷洒叶面，提高空气湿度。生长期浇水要均衡，不可过干或过湿，如盆土积水，根系易腐烂。生长期应每周施一次腐熟的稀薄液肥。进入 9 月就要停止施肥并控制浇水，以利冬季休眠。如冬季温度等条件适宜，也可良好生长，1 ℃时进入休眠，5 ℃以上能安全越冬。生长期应放在室内光线好的地方，并避免中午强光直射，但放置在过于荫蔽处，生长宜不良，叶片易变黄。富贵竹耐修剪，如果将顶部或上部的枝干剪去，剪口处以下的芽就会生成新的枝条，可以同时有 1～5 个芽长出，因此可以长成独顶尖的植株，也可成簇生状。在植株长得过于高大或下部叶片脱落时，可根据需要进行修剪，剪下的枝条可进行繁殖。

5）园林应用

富贵竹茎叶纤秀，叶色翠绿，柔美优雅，极富竹韵，它的美与其吉祥名字分不开。我国有"花开富贵，竹报平安"的祝辞，故而富贵竹很得人们喜爱，常作为水培盆景用，一般多用于家庭瓶插或盆栽护养。可盘栽或瓶插或加工成"开运竹""弯竹"，均显得疏挺高洁，观赏价值极高。

8. 白鹤芋 *Spathiphyllum floribundum*

别名：苞叶芋、白掌、白鹤芋、一帆风顺、银苞芋（图 2-53）。天南星科，白鹤芋属。

1）形态特征

根茎极短，萌蘖多。叶基生，叶片长椭圆形，端长尖，中脉两侧不对称；叶面深绿，有光泽，叶脉明显；叶柄长于叶，下部鞘状。佛焰苞长椭圆状披针形，白色，稍向内翻转；肉穗花序黄绿色或白色，花茎高出叶丛。

同属常见栽培种类：银苞芋（*S. floribundum*），原产于热带美洲，在形态、用途上与白鹤芋基本相同，唯叶较宽，花茎与叶丛等高，市场上把二者通称白鹤芋。其栽培品种有：

（1）绿巨人　株高 1 m 左右，叶亮绿色，宽披针形，佛焰苞白色大型，长 18 ~ 20 cm（图 2-54）。

图 2-53　白鹤芋　　　　　　　　　　　　　　　　　　　图 2-54　绿巨人

（2）大银苞芋　为杂交品种，株丛高大挺拔，高 50 ~ 60 cm，叶长圆状披针形，鲜绿色叶脉下陷，佛焰苞初为白色，后变为绿色。

2）分布与习性

原产于哥伦比亚。本属植物约有 30 种。喜温暖、湿润的半阴环境。耐阴性强，忌强光直射。耐寒性差，越冬温度应在 14 ~ 16 ℃；适宜富含腐殖质、疏松、肥沃的土壤。

3）繁殖技术

常用分株、播种或组培繁殖。分蘖多，分株结合春季换盆进行，栽培容易。目前生产中主要用组培繁殖，量大且株丛整齐。

4）栽培管理技术

喜肥，生长旺季需肥水充足。冬季应置花盆于光照充足处，若长期光线阴暗，不易开花。若室内空气太干燥，新生叶变小，发黄，甚至脱落，因此发叶期可结合叶面喷水，增大空气湿度。冬季保持盆土偏干，有利于安全越冬。若生长旺盛，要定期移植，维持土壤良好透水通气状态。及时拔去过密的植株，剪除垂下的软枝。

5）园林应用

为常见的中、小型盆栽。叶色亮绿，花朵洁白雅致，给人以清凉、宁静的感觉。花枝可作插花材料。

9. 常春藤 *Hedera hellx*

别名：洋常春藤、长春藤、土鼓藤、木莴、百角蜈蚣（图 2-55）。五加科，常春藤属。

1）形态特征

多年生常绿藤本攀援植物。茎蔓上长有气根，幼枝上被有黄褐色鳞片状柔毛，叶深绿色，革质，有光泽。叶脉灰绿色，三角状卵形，三或五浅裂。

2）品种及类型

有很多同属栽培种类，如斑叶加拿利常春藤（叶片较原种小，叶缘都是白色，叶片像一幅水墨画）、英国常春藤［金心常春藤、金边常春藤（图2-56）］、中华常春藤、日本常春藤。

图 2-55　常春藤

图 2-56　金边常春藤

3）分布与习性

原产于欧洲及亚洲各地，我国秦岭以南有分布。性喜温暖、湿润、阳光充足的环境，也极耐阴，宜疏松、肥沃、排水良好的中性或酸性土壤。

4）繁殖技术

繁殖容易，扦插、压条都易生根。在温室里可全年进行扦插。剪取 10 cm 长，三四个芽眼的茎蔓做插穗，插入沙床内，浇透水后上面覆盖玻璃及报纸等遮阳，保持温度在 15℃左右，约半个月可生根。用水插法繁殖生根率也很高，尤其是在温室内的水池中水插繁殖，由于湿度大，池水新鲜，氧气足，最为理想。室温保持在 15 ℃以上，20 天即可生根。压条法是将植株茎蔓的前端压入土中，生根后，挖出剪取生根的茎蔓，上盆栽植，浇透水后放置阴凉处，缓苗后，可放置在有光处养植。

5）栽培管理技术

常春藤生长强健，栽培管理技术较简单，喜阴湿，是适应性很强的室内摆设植物，可常年放置在室内养植。若光线不足，带色彩的斑叶品种的斑纹就会变得不明显，色彩不鲜艳，所以放于有光照处生长会更好，但应避开强光直射，以免焦叶。冬季室温保持在 15 ℃左右即可，放在阳光充足处，蒸发量小时，应适当减少浇水量。土壤偏干为好，否则易烂根；但不能过干，缺水时叶枯黄，脱落。春、夏、秋是生长旺盛季节，切不可缺水，但也不可过湿，浇水要间干，间湿，保持盆土湿润，也应有较高的空气湿度。若空气过干，植株也易失去水分，叶面失去光泽，影响观赏价值。

常春藤对土壤要求不严，但在疏松、肥沃、排水良好的培养土中生长良好。室内空气闷热、干燥，又不通风时，易生介壳虫、红蜘蛛，受害的叶片枯黄，影响观展，应注意防治。无论冬夏应放置在通风良好的有散射光线处，避免虫害发生。如有发生，家庭可用洗衣粉水冲洗叶面，注意不要使洗衣粉水溶液流入盆内，最后再清水冲净叶片。这样连续冲洗 3 ~ 4 次会将害虫杀灭。

6）园林应用

常春藤可采用壁挂或悬垂式盆栽，是一种美观的室内观叶装饰植物。在庭院中用以攀援假山、岩石，或建筑阴面作垂直绿化材料。

子任务 2　代表性大型观叶盆栽花卉生产技术

1. 马拉巴栗 *Pachira aquatica*

别名：美国花生、大果木棉、发财树、美国土豆（图 2-57）。木棉科，瓜栗属。

1）形态特征

常绿小乔木。掌状复叶，小叶 5 ~ 11 枚，小叶近无柄，长圆至倒卵圆形，先端渐尖，基部楔形，一般中央小叶较外侧小叶大。花白色、粉红色，花筒内浅黄色，外面褐色或绿色，花期 5—11 月。

图 2-57　马拉巴栗

2）分布与习性

原产于墨西哥。同属植物约 30 种，多数株型优美，叶片茂密，花十分美丽，有较大的果实，但盆栽只是作为观叶植物。喜温暖气候环境，为阳性树种，有一定的耐阴能力。不耐寒，低温对其有致命的危害，冬季气温应不低于 16 ~ 18 ℃，否则叶片变黄脱落，10 ℃以下受冻死亡。对土壤要求不严，在弱酸性的土壤中即可生长良好。

3）繁殖技术

可用播种、嫁接、扦插繁殖。大批繁殖均采用播种法。种子播于沙质土壤中，保持湿润，温度 15 ℃以上，经 7 ~ 10 天可发芽。花叶发财树需用嫁接法繁殖，砧木用普通的发财树，于8—9月嫁接，每株接3芽，用嫩枝劈接法嫁接，嫁接后放置塑料棚中防雨，当年即可成苗。可以用枝插繁殖，春、夏季可用截顶枝条作插枝，用塑料膜保湿，插后约30天可发根（图2-58）。

图 2-58　马拉巴栗种子

4）栽培管理技术

实生苗当真叶长出3～5枚，高度约30 cm时上盆或定植，出苗后以30 cm×100 cm的株行距定植在田间，用高畦法种植，注意除草和施肥。在南方1～2年即可长成茎基部直径5 cm以上的成苗，于10月带根挖起，剪掉顶部的枝叶栽入盆内，经3～4个月的培养可以在顶部生长出3～4个分枝和翠绿的新叶。盆栽适宜用泥炭土、腐叶土加1/4左右的河沙和少量的农家肥配成盆栽基质。栽植不宜过深，以膨大的茎外露较美观。可单株栽植，也可3～5株栽于同一盆内，将其茎编成辫状。中等的盆栽植株于每年春季换到大一号盆中，换盆时可以去掉部分旧土。生长季节30～40天施一次薄液态肥，以含氮、磷、钾全肥为好，以利于加速生长和促使茎基部加粗。幼苗期应适当增加遮阳量，植株长大后若光线弱，则生长停止或新生长出的叶片纤细，时间太久会引起老叶脱落。生长期高温时需充足的水分，干燥往往容易造成叶片脱落，但不易因干旱而致死。在冬季低温时，必须保持盆土适当的干燥，直到盆土大部分变干时再浇水。

5）园林应用

发财树株型优美，叶色亮绿，树干呈纺锤形，盆栽后适于在室内布置和美化使用，深受大家欢迎。近几年来在我国南方发展较快，每逢节日，各宾馆、饭店、商家及市民多采购发财树，以图吉祥如意。北方各城市也受其影响，盆栽于室内观赏（图2-59）。

图 2-59　马拉巴栗组合盆栽

2. 八角金盘 *Fatsia japonica*

别名：八手、手树（图2-60）。五加科，八角金盘属。

1）形态特征

常绿灌木，高可达2 m以上。分枝由根茎基部丛生，茎干上具明显的环状叶痕，大型掌状叶，宽 15 ~ 45 cm，叶柄长约 30 cm，掌状 5 ~ 9 深裂；叶片浓绿、光亮，背面有黄色短毛。花期 10 月，顶生聚伞形花序，白色（图 2-61）；浆果球形，成熟时黑色。常见品种有：白边八角金盘、黄纹八角金盘、黄斑八角金盘、裂叶八角金盘、波缘八角金盘。

图 2-60　八角金盘

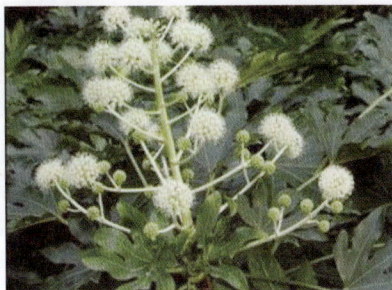

图 2-61　八角金盘花序

2）分布与习性

原产于东南亚、我国台湾地区及日本，现我国南北各地广泛栽培。喜肥沃的沙质壤土，喜温暖、湿润的环境，极耐阴，夏季忌阳光直射和酷热，较耐湿。生长适宜温度为 18 ~ 28 ℃，有一定的耐寒性，忌干旱、水涝。

3）繁殖技术

通常用扦插、分株和压条繁殖。4—5 月间剪取长 5 ~ 8 cm，生长健壮的枝条，带叶或不带叶片扦插，温度保持 20 ~ 25 ℃，遮阳，保持较高的空气湿度和充足的水分，约 3 ~ 5 周可以生根盆栽。分株繁殖可结合春季换盆时进行，将母株基部长出的芽带根切割下来另行盆栽。压条繁殖选用木质化的枝条进行。

4）栽培管理技术

可用腐殖土、泥炭土加 1/3 左右河沙和少量基肥配成盆栽用土，也可用细沙土盆栽。每年春季新梢生出之前换盆。4—10 月旺盛生长期，每 2 周施肥一次。可长年在明亮的室内观赏，在阴暗的房间内放置 2 ~ 4 周后应及时转至明亮的房内恢复一段时间，长时期光照不足，叶片会变得细小。温室栽培，春夏秋三季应遮去 60% 以上的阳光，冬季可不遮光。夏季短时间的阳光直射也可发生日灼病。在夜间 10 ~ 12 ℃，白天 18 ~ 20 ℃ 的房间内生长良好，长时间的高温，叶片会变薄而大，容易下垂，能耐短时间 0 ~ 5 ℃ 的低温不会受害，越冬温度在 7 ℃ 以上。八角金盘喜湿润的环境，在北方冬春干旱季节经常向叶面及植株周围喷水，保持较高的空气湿度，植株生长旺盛。夏季盆土必须有充足的水分，不可过于干燥，否则影响正常生长。

5）园林应用

八角金盘四季常青，株型优美，作为盆栽喜阴观叶植物，整体观赏效果好。在我国有悠久的栽培历史，在长江流域以南作庭园植物栽培。由于生长缓慢，节间短，比较耐阴，又能适应北方室内环境，是十分理想的室内盆栽观叶植物。植株较小时可以在卧室书房中陈设，长大后常用来美化客厅。

3. 散尾葵 Chrysalidocarpus lutescens

别名：黄椰子、凤尾竹（图2-62）。棕榈科，散尾葵属。

1）形态特征

常绿丛生灌木或小乔木，高可达3～5m。茎干光滑，橙黄色，茎部膨大，分蘖较多，故呈丛状生长在一起。羽状复叶，平滑细长，呈淡绿色，细长叶柄稍弯曲，黄色，故称"黄色棕桐"。茎干基部叶片常脱落，残留的叶痕形成竹节状茎，漂亮美观。

2）分布与习性

原产于非洲马达加斯加岛。我国海南、广东、广西、福建、台湾和云南等地可以露地栽培（图2-63）。长江以北地区多行盆栽。同种植物约20种。喜温暖、湿润的环境，喜光亦耐阴。不耐寒，冬季气温低于5℃，叶片易受冻害，但在空气湿度较大的环境，可耐短时期低温；忌强光暴晒；喜富含腐殖质、排水良好的微酸性沙质壤土。

图2-62　散尾葵

图2-63　散尾葵地栽

3）繁殖技术

以分株或播种繁殖为主。分株多结合春季换盆进行，选取分蘖多、株丛密的植株，用刀从基部连接处分割数丛，伤口涂抹草木灰，每丛2～3株，分别上盆栽植，置于20～25℃温度下养护，恢复成型较快。播种繁殖，采收果实，放置于荫凉通风处，取出种子，晾干后即可播种，温度适宜，3年就可长成大株。

4）栽培管理技术

生长旺季置于半阴处，保持盆土湿润和植株周围较高的空气湿度。冬季则需充足阳光，并注意防寒，叶面少量喷水或擦洗叶面。由于基部蘖芽位置较高，换盆或上盆时，应栽植深些，以利于芽更好扎根。大型盆栽散尾葵，每年春季应及时清除枯枝残叶，并根据植株生长情况，疏剪基部过于密集的株丛，通风透光，促新株丛萌发，长期保持优美的株型。一般需3年换盆1次，除去部分旧土，更换疏松、透气良好的土壤。

5）园林应用

根据株丛大小，可作大、中、小型盆栽。株型丰满，潇洒婆娑，干茎美丽挺拔，叶丛柔美洒脱，具有热带风情，布置于客厅、书房、会场和宾馆等，衬托出清幽淡雅的自然气息。散尾葵也是优美的切叶材料。

4. 苏铁 *Cycas revoluta*

别名：铁树、凤尾松、凤尾蕉、避火蕉（图 2-64）。苏铁科，苏铁属。

1）形态特征

常绿乔木，茎干粗壮，圆形，披满暗棕褐色、宿存多棱螺旋状排列的叶柄痕迹。大型羽状复叶着生于茎顶，小叶线形，初生时内卷，成长后挺直刚硬，先端尖，深绿色，有光泽，可多达 100 对以上。雌雄花异株，顶生；雄花圆柱形，雌花扁圆形。种子卵形。同属植物共 17 种。常见栽培观赏种类有刺叶苏铁，叶轴两侧有短刺；云南苏铁，叶柄长，羽状叶片大，具有较窄的小羽叶；四川苏铁，与苏铁相似，但羽状叶片较大。

还有墨西哥苏铁、南美苏铁（图 2-65）、海南苏铁、义叶苏铁、蓖齿苏铁、台湾苏铁。

图 2-64　苏铁

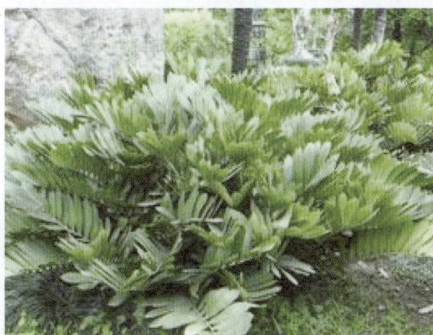

图 2-65　南美苏铁

2）分布与习性

原产于我国、日本、菲律宾、印度尼西亚等地。性喜温暖、温润、通风良好的环境，属阳性植物，喜阳光充足的条件，也能稍耐半阴，不耐严寒，以肥沃、微酸性的沙质土壤为宜。

3）繁殖技术

用根基分蘖芽、切干繁殖，也可播种繁殖。多在春季进行分蘖芽法繁殖，用利刀割下蘖株，割时尽量少伤茎皮。待切口稍干后，插入粗沙与草炭混合的插床上，适当遮阳保湿，保持 27 ~ 30 ℃时容易成活。切干法繁殖，是将干部切成 15 ~ 20 cm 的段，培在插床上，使其主干部周围发生新芽，然后将芽掰下扦插，保温保湿，以利生根。播种繁殖常于春季露地育苗或花盆播种，覆土 2 ~ 3 cm，经常保湿，30 ~ 33 ℃高温下 15 ~ 20 天发芽。但由于种子发芽缓慢，又无规律，一般在苗圃内需生长 1 ~ 2 年根系旺盛后才做移植。

4）栽培管理技术

盆栽苏铁在室内越冬时，要放在阳光充足的地方养护，否则叶子过分伸长。冬季需保持室内温度 5 ~ 7 ℃，0 ℃以下就会受冻。春夏季节叶片生长旺盛，需多浇水，特别要注意早晚叶面喷水，保持叶片清洁。春、秋、冬要控制水分，保持土壤间湿、间干即可，水分过多容易烂根。盆栽还应适时换盆，换盆时盆底需多垫放些瓦片，以利排水。上盆前应掺拌骨粉等磷肥，夏季应注意每月施一次液肥（腐熟的豆饼水就可）。苏铁生长缓慢，每年仅长一轮叶丛，在干长到 50 cm 时，应注意在新叶展开后将下部老叶剪掉，或 3 ~ 5 年修剪一次，以保持其姿态优美。花谢后，要及时割掉谢后的雄花，以免影响顶芽生长，造成歪干。雌株果熟后，应及时将苞叶割掉。苏铁容易得斑点病，发病时可喷施 50% 托布津可湿性粉剂 800 ~ 1 000 倍液或 50% 百菌清可湿性粉 600 倍液防治。平时注意通风透气，加强水肥管理，使枝梢生长强健，可减少病害发生。

5）园林应用

苏铁树形古朴，主干坚硬如铁，叶片四季常青，是室内极好的观叶植物。盆栽观赏宜摆设于大建筑物之入口和厅堂，也可制成盆景摆设于走郎、客厅等。华南地区露地栽植可作花坛中心，切叶供插花使用。

5. 龟背竹 *Monstera deliciosa*

别名：蓬莱蕉、电线草、穿孔喜林芋、团龙竹（图 2-66）。天南星科，龟背竹属。

图 2-66 龟背竹

1）形态特征

攀援藤本植物，茎粗，蔓长，节明显，其上生有细柱状的气生根，褐色，形如电线，故称电线草。幼时叶片无裂口，呈心形，长大后叶片出现羽状深裂，叶脉间有椭圆形的穿孔，孔裂纹如龟背图案，也称龟背竹，成熟叶片长可达 60 ~ 80 cm，椭圆形。白色佛焰苞片硕大，包裹淡黄色肉穗花序，整个花型好似台灯，十分奇特，花期 8—9 月。

常见变种：斑叶龟背竹（叶片黄白色不规则斑纹）、小龟背竹（小型品种植株低矮）等。

2）分布与习性

原产于墨西哥、美洲的热带雨林中，我国云南的西双版纳也有野生。同属植物约有30种，均喜温暖、多湿和半阴的环境。耐寒性较强，高于35℃时休眠，越冬温度应不低于5℃；忌强光暴晒和干燥，散射光照射时间越长，叶片生长越大，周边裂口越多、越深；不耐干旱，适宜富含腐殖质的中性沙质壤土。

3）繁殖技术

扦插和播种繁殖。

（1）扦插繁殖　切取带2～3茎节的茎段，去除气生根，带叶或去叶插于沙土中，保持25～30℃和较高湿度，20～30天生根，当长出新芽时，即可上盆栽植。

（2）播种繁殖　北方盆栽很少开花，可人工授粉得到种子。因种子粒大，播种前用40℃温水浸种10～12 h，点播于已消毒的盆土中，温度保持在25～30℃，25～30天发芽。实生苗生长迅速，可2～3株移植同一盆中，攀附图腾柱生长，成立面美化，成型较快，但实生苗叶片多不分裂和穿孔，观赏效果较差。

4）栽培管理技术

盆栽夏季生长快，应置于半阴处，叶面需经常喷水以保持清新。生长过程中应架设立竿或吊绳、绑扎扶持；或成株及时截茎，让母株重新萌发新茎叶。对植株下部气生根应尽量引导入土，使其增加吸收能力，生长更佳。生长期若栽培环境过于荫蔽，湿度大，空气流通不畅，易发生斑叶病或褐斑病，尤其冬季低温时，发病严重，因此低温休眠时叶片应少喷水或不喷水，并经常通风换气，保证植株强健生长。

5）园林应用

龟背竹为大、中型盆栽或垂直绿化。叶形奇特而高雅，盆外数条细长气生根，气势蓬勃，象征着开拓与创新。适宜布置厅堂、会场、展览大厅等大型场所，豪迈大方。也是独特的切叶材料。

6. 橡皮树 *Ficus elastica*

别名：印度榕、印度橡皮树、印度榕树、橡胶树（图2-67）。桑科，榕属。

1）形态特征

常绿乔木，树皮平滑，树冠卵形，全株光滑，有乳汁，茎上着生气根。叶宽大具长柄，厚革质，叶面亮绿色，叶背淡黄绿色，长椭圆形或矩圆形，先端渐尖，全缘。幼芽红色，具苞片。由枝梢叶腋开花，隐花果长椭圆形，无果梗，熟时黄色。

常见栽培品种有金边橡皮树、花叶橡皮树（图2-68）、狭叶白斑橡皮树、白斑叶橡皮树、黑叶橡皮树、锦叶橡皮树、美叶橡皮树等。

2）分布与习性

原产于印度、马来西亚，我国较早引进栽培。喜温暖湿润环境，喜充足光照，也耐阴，耐旱，不耐寒，生长适宜温度为 22 ～ 32 ℃，越冬保温 10 ℃以上。各地盆栽极为广泛，南方城市常作景观树栽植。

图 2-67　橡皮树

图 2-68　花叶橡皮树

3）繁殖技术

扦插或压条繁殖。扦插在 3—10 月进行，选植株上部和中部的健壮枝条作插穗，长 20 ～ 30 cm，留茎上叶片 2 枚，上部两叶须合拢起来，用细绳捆在一起。切口待流胶凝结或用硫黄粉吸干，再插入以沙质土为介质的插床上，蔽荫保湿约 30 天出根，即可移栽。压条繁殖可在夏季选择生长充实壮枝，在枝条上环剥 0.5 ～ 1 cm 宽，用青苔或糊状泥裹实，外包薄膜，保持湿度一个月后，连泥团一起剪下放到沙地中排植，先行催根 10 ～ 15 天，见新根伸出泥团，再行种植，另成新株，幼苗置半阴处养护。

4）栽培管理技术

盆栽对土壤要求不严，但以肥沃疏松、排水性好的土壤最佳，春、夏、秋三季生长旺盛，每隔 1 ～ 2 个月需施肥一次。秋后要逐渐减少施肥和浇水，促使枝条生长充实。每年秋季修剪整枝一次，注意截顶促枝，修剪造型，可促使来年多发新枝，达到枝叶饱满的观赏效果。橡皮树抗旱性较强，北方寒冷地区则宜盆栽，若长期处于低温和盆土潮湿处易造成根部腐烂死亡。

5）园林应用

印度橡皮树生性强健，叶大光亮，四季葱绿，为常见的观叶树种。幼树可盆栽装饰厅堂与书房。北方地区常用成株桶植，布置大型建筑物的门厅两侧与节日广场；南方地区则多露天种植于溪畔、路旁，浓荫蔽日，遮阳纳凉效果非常好。

7. 喜林芋类 *Philodendron* spp.

1）形态特点

多年生常绿草本，攀援植物，茎粗壮极短缩，有时乔木状具不定气生根。节上有气生根。叶片莲座状轮生，叶片绿色有光泽，基部心形。佛焰苞腋生。

2）类型与品种

（1）绿帝王喜林芋（*P. emerald* 'Queen'）　别名绿帝王、绿帝王蔓绿绒等，变种有：黄芋叶蔓绿绒（叶面金黄色，叶背淡红色）、红芋叶蔓绿绒（叶色紫褐，全株各部位均为紫褐色）、银灰叶蔓绿绒（叶面银色至绿色，成株能开花）等。

（2）红宝石喜林芋（*P. erubescens* 'Red Emerald'）　别名大叶蔓绿绒、红翠蔓绿绒等，叶柄紫红色，叶长心形，深绿色有紫红色的光泽（图 2-69）。叶鞘为玫瑰红色，易脱落。变种有：绿宝石喜林芋（图 2-70）、绿宝石王等。

图 2-69　红宝石喜林芋

图 2-70　绿宝石喜林芋

3）分布与习性

原产于南美，现已广泛栽培。喜高温、多湿的生态环境，生长适宜温度为 20～32 ℃，越冬温度 12 ℃，适宜空气湿度 80% 以上，耐阴性强，可长期在荫蔽的环境下生长，但具有向光性，室内光线不均匀会导致植株偏斜。

4）繁殖技术

分株、扦插和组织培养法繁殖。由于绿帝王自然分蘖极少，可采用切顶法留茎基部，在适宜的温度和湿度条件下，约 30 天即可在茎节处长出 6～8 个丛生芽。当芽长至 3～5 cm 高时切下插入沙床促根，生出根后即可上盆。扦插是将茎段除去部分叶片后插入沙床中，插条切口应在节下，在 25～30 ℃温度下，保持湿度 1 个月左右长出新根，2 个月左右长出新芽。

5）栽培管理技术

盆栽用腐叶土、田园土、泥炭土各一份加入少量河沙及基肥配制而成。夏季保证水分供应，但要注意防止积水烂根。每月施肥 1～2 次，冬季停止生长时，减少浇水次数，停止施肥。耐阴力强，可在室内长期放置，但在明亮散射光下长得更快、更健壮。每年春季换盆换土，保证营养供应。

6）园林应用

绿帝王外形优美，叶色碧绿，适宜作中、大型盆栽，是客厅、会议室及其他公共场所的理想装饰植物。

8. 大叶伞 *Schefflera microphylla*

别名：昆士兰伞木、昆士兰遮树、澳洲鸭脚木（图 2-71）。五加科，澳洲鸭脚木属。

图 2-71　大叶伞

1）形态特征

木本观叶植物，茎干直立，少分枝，初生枝干绿色，后渐木质化，表皮褐色，平滑。掌状复叶，小叶长椭圆形，先端钝，有短突尖，基部钝，叶缘波状，革质；幼时密生星状短柔毛，叶长 15 ~ 25 cm、宽 5 ~ 10 cm，叶面浓绿，有光泽，叶背淡绿色，叶柄红褐色，叶片宽大，柔软下垂，形似伞状，故名大叶伞。

2）分布与习性

原产于澳洲及太平洋的一些小岛屿，我国南部热带地区亦有分布。喜温暖湿润及通风良好的环境，喜光也耐阴，在疏松肥沃、排水良好的土壤中生长良好。

3）繁殖技术

可播种和扦插繁殖。播种繁殖，随采随播，发芽率高。扦插繁殖春、夏、秋均可进行，常与整形相结合，将株型不规整的株丛离盆面 10 ~ 15 cm 处剪去枝条，让母枝萌发数个分枝，培养良好的树形。将剪下的半木质化枝条剪成长 8 ~ 10 cm、2 ~ 3 外节的茎段，插于河沙或珍珠岩培养的插床中，保持一定的基质湿度和空气湿度，注意遮阴，一个月左右可生根。对于木质化程度高的粗大枝条可用高压繁殖，方法同橡皮树。

4）栽培管理技术

盆栽可用草炭和腐叶土混合作为基质。3—10 月是其旺盛生长期，生长量较大，每月施肥一次，同时保持土壤湿润，保证水分充足，并经常进行叶面喷雾，以免空气干燥，叶片褪绿黄化。夏季切忌阳光直射，适当遮阴（30%～40%），室内应置于有一定漫射光处，并注意通风。秋末及冬季要减少浇水量，控制施肥量；秋末喷施磷钾肥，如0.3%～0.5%磷酸二氢钾，促进枝叶老化，提高冬季抗寒力。室内高温多湿、通风不良条件下会发生炭疽病或有介壳虫、红蜘蛛为害，应注意观察并及时防治。

5）园林应用

大叶伞枝叶层层叠叠，株型优雅，姿态轻盈又不单薄，极富层次感，是适于宾馆、会场、客厅、走廊过道等处摆设装饰的优良中大型观叶植物，也是相当理想的客厅、书房、卧室转角等处的点缀植物。

9. 海芋 *Alocasia macrorrhiza*

别名：滴水观音、天芋、观音莲、羞天草、隔河仙（图2-72）。天南星科，海芋属。

图 2-72　海芋

1）形态特征

多年生常绿大型草本植物，茎粗壮，茶褐色，高可达3 m，茎内多黏液。巨大的叶片呈盾形，叶柄长达1 m。佛焰苞淡绿色至乳白色，下部绿色。栽培变种有花叶海芋、黑叶芋、箭叶海芋、美叶观音莲。

2）分布与习性

原产于我国南方湿润的林地。喜温暖、湿润环境，生长适宜温度为30℃左右，耐阴性强。

3）繁殖技术

以分株法、分球法和组织培养繁殖为主。分株繁殖在5—6月进行，当从块茎抽出2枚叶片时就可将其分割开，切割的伤口涂抹木炭粉等防止伤口感染。栽培的土壤需预先经过几天的烈日暴晒或熏蒸消毒。切割栽植下的块茎出苗后，要进行喷雾保持叶面湿润，并放在荫处过渡一段时间再移到半阴处正常栽培。分球法是将海芋基部分生的许多幼苗挖出另行栽植。在气温达到 20 ℃或稍高一点时，将小块茎的尖端向上，埋入灭菌的基质中，保持基质中等湿度，一般 20 天左右发出新芽。若扩大繁殖，可对块茎进行分割，每块均带有芽眼，伤口涂上硫磺粉消毒，待气温稍低些时栽种，以防腐烂。海芋的茎干十分发达，生长多年的植株，可于春季将茎干切成 10 cm 长的小段作为插穗，直接栽种于盆中或扦插于插床，待其发芽、生根后进行盆栽。

4）栽培管理技术

栽培比较粗放，用腐叶土、泥炭土或细沙土盆栽均可。土壤疏松、肥沃，基肥充足时叶片肥大，3—10 月间每 10 天追施液体肥料一次，缺肥时叶片小而黄。海芋喜湿润的环境，干燥环境对其生长不利，栽培中应多向周围喷水，以增加空气湿度。春、夏、秋三季需要遮阳，一般遮去 50% ~ 70% 的光照。

5）园林应用

海芋植株挺拔洒脱，叶片肥大，翠绿光亮，适应性强，是大型喜阴观叶植物。适合盆栽，可布置于厅堂、室内花园、热带植物温室，生长十分壮观。但其汁液有毒，不可误食或将汁液溅人入眼中，以防中毒。

10. 香龙血树 *Dracaena fragrans*

别名：巴西铁树、巴西千年木、巴西木（图 2-73）。百合科，龙血树属。

1）形态特征

常绿乔木，茎干直立，原产地株高可达 18 m，盆栽则多为 80 ~ 150 cm，有分枝。叶片剑形、深绿色，长约 50 cm，宽 5 ~ 6 cm，叶缘略红色，叶初生时直立，长成熟后弯曲成弓形，叶缘呈波状起伏，鲜绿色，有光泽。花小，黄绿色，穗状花序，具芳香。同属约 150 种，常见的变种和园艺品种有：金心香龙血树、黄边香龙血树、白纹香龙血树等。

图 2-73　香龙血树

2）分布与习性

原产于几内亚。性喜高温高湿、光照充足的环境。较耐阴，忌强烈日直射。生长适宜温度为 20～28 ℃，冬季低于 13 ℃时进入休眠。喜疏松、肥沃、排水性良好的壤土。

3）繁殖技术

以扦插繁殖为主，除寒冷的冬季外，其余季节均可进行。可剪取带叶的茎顶或截干假植后长出的侧芽，扦插于河沙为介质的扦插床上，保持较高的湿度，保持 25～30 ℃，30～40 天即可生根成活。也可将当年生或多年生的茎干剪成 5～10 cm 的小段，以直立或平卧方式扦插于插床上，将插条用 1 000 倍萘乙酸速蘸或用 0.01% 的生根粉处理 1 h，可促进生根成活。也可用水插法繁殖。

4）栽培管理技术

栽培以土质疏松、肥沃、排水性好的壤土或腐殖土最好，盆栽则用腐叶土、泥炭土加河沙或珍珠岩和少量基肥配制的培养土。生长期间每月施 1～2 次腐熟液肥，斑叶品种则忌用含氮量高的肥料。龙血树有较强的抗旱力，数日缺水不致死亡，但要生长强健，则必须有充足的水分供应，尤其是旺盛生长的夏季更不可缺水。水质要清洁，以防树干腐烂，气温低时，适当减少浇水量，空气干燥时，应经常向叶面喷水，保持湿润，防止叶尖干枯，卷曲，使叶片干净亮丽。温度太低，根系吸水不足，叶尖叶缘会出现黄褐色斑块。

龙血树生性强健，但植株过于高大或下部叶片已脱落而显得细高而又不够丰满时，即需进行修剪，修剪只需将顶部或离地面 1.5 m 处剪去，位于剪口下的隐芽就会萌动长成新枝，一般隐芽可发出 1～5 个。修剪下的茎干可做繁殖材料。生长期常有天牛类害虫蛀心或咬蚀皮层，造成植株腐心或脱皮致死，可用 80% 敌敌畏 1 000 倍液灌注或喷杀。叶片上若出现炭疽病、叶斑病等，则需用 75% 可湿性白菌清或 50% 托布津 800～1 000 倍液喷施，效果较好。

5）园林应用

龙血树株型整齐，直立优美，是近年引入并流行全国的一种优良观叶植物。用于装饰、美化厅堂或点缀卧室，效果极佳。老干也可切成 10～20 cm 段木，放置浅盆中水养，洁净高雅，颇受喜爱。热带地区还可露地栽培，用作绿化树种，长势茂盛，耐修剪与造型。

◎ **知识拓展**

其他常见温室观叶类花卉的繁殖与应用技术如表 2-5 所示。

表2-5 其他常见盆栽观叶类植物繁殖与栽培技术简表

名称（别名）	学名	科属	观赏特点	习性	繁殖方式与用途	栽培管理要点
镜面草（翠屏草、一点金、金钱草、象耳朵草）	*Pilea peperomioides*	荨麻科、冷水花属	为重要观叶花卉植物，在我国广为栽培。肉质叶肥厚近圆形，叶柄盾状着生，很像古代仙人照面的镜子，故称镜面草	耐寒喜阴，但在阳光充足的温室内也生长良好，生长适宜温度为15～25℃	分株、叶插或扦插；叶形奇特，姿态美观，生长迅速，是一种比较理想的值得推广的观叶植物，也是制作和装饰盆景的良好材料	宜选用疏松、肥沃、经常保持盆土湿润，但忌积水，喜明亮的散射光，忌烈日暴晒，喜温暖，生长适宜温度为15～25℃，越冬最低温度10℃
冷水花（透明草、花叶荨麻、白雪草、铝叶草）	*Pilea cadierei*	荨麻科、冷水花属	是相当时兴的小型观叶植物，株丛小巧素雅，叶色绿白分明，纹样美丽	喜温暖湿润的气候条件，怕阳光曝晒，对土壤要求不严，能耐弱碱，较耐水湿，不耐旱	扦插、分株繁殖；茎翠绿可爱，可做地被材料，可作室内绿化材料。具吸收有毒物质的能力，适于在新装修房间内栽培	性喜温暖、湿润的气候，喜疏松肥沃的沙土，生长适宜温度为15～25℃，冬季不可低于5℃。适应性强，容易繁殖，养护简单
猪笼草（猪仔笼、食虫草、担水桶、公仔瓶、招财进宝、水罐植物）	*Nepenthes mirabilis*	猪笼草科、猪笼草属	属于热带食虫植物，原产于热带地区。拥有一个独特的吸取营养的器官猪笼虫笼，捕虫笼呈长圆筒形，下半部膨大，笼上具有盖子，因为形状上很像猪笼，故称猪笼草	喜温暖、湿润的半阴环境，不耐寒，怕干燥和强光	播种；美丽的叶十分奇特，大小和颜色各不相同，有的像小酒杯、有的像竹筒、有的像罐子，具颜色五彩缤纷，有极高的观赏价值，其造型十分优雅别致，趣味盎然	生长最适宜温度为25～30℃，冬季温度低于15℃时，植株停止生长，10℃以下的温度常使叶片边缘遭冻害。另外，对水分的反应比较敏感，在高温高湿的条件下才能正常生长发育
虎耳草（金丝荷叶、金丝吊芙蓉、天荷叶）	*Saxifraga stolonifera*	虎耳草科、虎耳草属	多年生草本，冬不枯萎。根纤细，匍匐茎细长、紫红色，叶面有白色网状的叶脉，很似虎皮斑纹	性喜阴湿，也喜充足的光照，但不能阴阳光直射，高温、干燥	分株繁殖；可全年观叶，并可布置山水盆景	不耐高温、干燥，尤其在夏季要避开强光直射，放置常湿处，变小、卷边等。应经常喷水来提高周围环境的空气湿度，并注意通风。选疏松、肥沃，排水良好的沙质壤土

中文名	学名	科属	形态特征	习性	繁殖与应用	栽培管理
伞莎草（伞草、轮伞草、车轮草）	*Cyperus alternifolius*	莎草科，莎草属	在水边或露地成丛栽培，也可盆栽，成株后可剪取枝条，为上等的插花花材	是优良水生植物，性喜阳光、水分，但也耐阴，生长适宜温度为 20～25 ℃	分株法繁殖、扦插繁殖；可作为园林中的地被草花	植株健壮，栽培管理较容易，耐阴耐湿，即使植于阴暗潮湿的角落也能存活。生育期需保持较高的湿度，也可以直接栽在浅水中
合果芋（长柄合果芋、紫梗芋、剪叶芋）	*Syngonium podophyllum*	天南星科，合果芋属	形态多变，株态优美，色彩清雅，它与绿萝、蔓绿绒誉为天南星科观叶植物的代表性，也是目前欧美十分流行的室内吊盆盆栽装饰材料	喜高温多湿、疏松肥沃、排水良好的微酸性土壤。适应性强，生长健状，能适应不同光照环境	扦插繁殖、组培繁殖；不仅适合盆栽，也适宜作景制作，是室内观叶植物。也可用于盆栽或观吊植物，作为垂直装饰材料。其叶片也是插花的配叶材料。也可种于荫蔽处的墙篱或花坛边缘观赏	生长期每半月施肥一次，促进植株生长繁茂，分枝多。室外栽培时，生长迅速，叶生长量大，以免强风吹刮。吊盆养需摘心整形。吊盆垂，如过长或过密需疏剪，保持优美株态。成年整形，植株在春季换盆时可重剪，以重新萌发更新
吉祥草（松寿兰、小叶万年青、竹根七、蛇尾七）	*Reineckia carnea*	百合科，吉祥草属	多年生常绿草本，有匍匐茎。叶披针形，先端渐尖。穗状花序，浆果红色	喜温暖、湿润、半阴的环境，对土壤要求不严格，以排水良好肥沃壤土为宜	分株繁殖；以观叶为主要目的，常用于盆栽或作为耐阴地被植物	浇水即应浇透，冬季注意保温，夏季施氮肥、钾肥。注意防晒，偶有黄叶剪去茎即可
鸭跖草（紫竹梅、紫叶草、紫锦草、紫露草）	*Commelina communis*	鸭跖草科，鸭跖草属	植株高 20～30 cm，叶披针形，略有卷曲，紫红色，被细绒毛，呈褐色，茎紫色，呈匍匐状。春夏季开花，花色桃红	喜光也耐阴，喜温润也较耐旱，对土壤要求不高，稍耐寒，长江流域背风向阳处可越冬	分株法繁殖、扦插繁殖；一般作盆栽摆设，也作为一年生草花或地被植物绿化花坛、树池，乔灌木树丛之间的空地或大草坪中点缀儿团	生长期内，除盛夏中午前后要遮阴，其他季节应给予充足的光照，光照充足，其色彩才能鲜艳，长时间过阴，色彩就会暗淡，且叶间变长，枝蔓不挺，缺乏生机。另外，每月施肥多也会引起徒长，每月施 1～2 次饼肥水即可。浇水要做到见干不干不浇

续表

名称（别名）	学名	科属	观赏特点	习性	繁殖方式与用途	栽培管理要点
一叶兰（蜘蛛抱蛋）	*Aspidistra elatior*	百合科，蜘蛛抱蛋属	多年生常绿宿根性草本。地下根部抽出，叶自根茎匍匐蔓延；向上生长，并具长叶柄，叶绿色	性喜温暖、阴湿，耐贫瘠，不耐寒，喜疏松、肥沃、排水良好的沙质壤土	分株法繁殖；终年常绿，叶形优美，生长健壮，是理想的室内绿化植物	对土壤要求不严，耐瘠薄，肥以疏松、肥沃的微酸性沙质壤土为好。盆栽时可用腐叶土、泥炭土和园土等量混合作为基质。生长季要充分浇水，保持盆土经常持湿润
细叶沿阶草（蒲草、细叶麦冬、书带草、绣墩草、麦冬、沿阶草）	*Ophiopogon intermedius*	百合科，沿阶草属	多年生常绿草本。根状茎短粗，具细长匍茎，有膜质鳞片。须根端常中部膨大成纺锤质肉质块根。叶线形，丛生，长10～30 cm，宽0.4 cm左右，主脉不隆起	喜半阴，湿润而通风良好的环境，常野生于沟旁及山坡草丛中，耐寒性强	分株繁殖、播种繁殖，可作花坛边植物、布置材料和地被植物，布置假山石劳，庭院，合在劳阶下或沿路路两劳栽植。也可盆栽观赏	对土壤要求不严，耐瘠薄，肥以疏松、肥沃的微酸性沙质壤土为好。生长季经常保持湿润，保持盆土经常持湿润，并经常向叶面喷水增湿，以利萌芽抽长新叶
红背桂（红背木、紫背桂）	*Excoecaria cochinchinensis*	大戟科，海漆属	常绿小灌木，因其叶背为红色得名，是一种观叶价值较高的观叶花植物	不耐旱，不耐寒，生长适宜温度为15～25 ℃，耐半阴，忌阳光曝晒，夏季放在庇荫处，可保持叶色浓绿	扦插；红背桂枝叶飘飒，清新秀丽，常点缀室内厅堂，方用于庭院，公院，居住小区绿化，茂密的株丛，鲜艳的叶色，与建筑物或树丛构成自然、闲趣的景观	在生长期要常浇水，保持盆土偏湿润，但忌渍水，以增加空气的湿度而降低温度。种植或翻盆换土时，可适时施些复合肥作底肥，生长期半月左右施一次含氮磷钾的复合肥即可，花期可加喷两次0.2%磷酸二氢钾溶液，盛夏和冬季不施肥
鹅掌柴（鸭脚木）	*Schefflera octophylla*	五加科，鹅掌柴属	四季常青，植株丰满优美，掌状复叶，形似鹅掌，故而得名	喜光，属阴性植物，也较耐阴，适宜空气湿度大、土壤深厚、肥沃的条件	播种或扦插繁殖，株型丰满优美，适应能力强，是优良盆栽植物，大型盆栽呈观，和谐的绿色环境	室内培育每天能见到4 h直射阳光就能生长良好，在明亮的室内较长时期观赏。夏季浇水量可使盆土保持湿润，生长期间每周施肥一次

任务 4　观果类盆栽花卉生产技术

◎**知识目标**

1. 了解常见观果花卉的种类及形态特点。

2. 熟悉常见观果花卉栽培管理环节。

3. 掌握典型观果花卉的生长习性及园林应用特点。

◎**任务目标**

1. 能熟练识别常见的观果花卉。

2. 能熟练进行常见观果花卉的繁殖及日常养护管理。

3. 能熟练运用常见观果花卉进行园林绿化布置。

◎**任务背景**

观果花卉是果实具有突出观赏价值的一类花卉。观果植物既包括草本花卉，也包括木本花卉。观果花卉易结实，果实形态奇特，色彩鲜艳，并且挂果时期长，观赏价值较高。

◎**任务分析**

观果类盆栽花卉的养护难易程度胜于观花和观叶和观花盆栽，在整个生长发育时期，均需要注重水肥管理、整形修剪、防寒降温等养护措施，否则果实的质量和数量都难以保障。

◎**任务操作**

观果类盆栽花卉的养护需要着重注意整形修剪与水肥管护。

◎**思维导图**

代表性观果类花卉生产技术
- 冬珊瑚
- 金橘
- 石榴
- 佛手

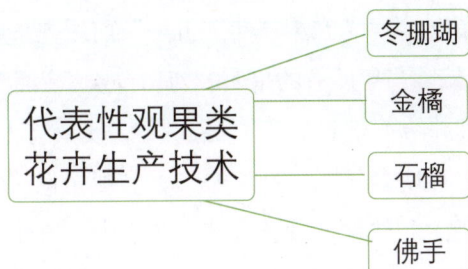

1. 冬珊瑚 *Solanum psedocapsicum*

别名：珊瑚樱、吉庆果、珊瑚子、珊瑚豆（图 2-74）。茄科，茄属。

1）形态特征

常绿小灌木花卉，株高 30 ~ 80 cm。叶互生，长椭圆形至长披针形，边缘呈波状。

图 2-74　冬珊瑚

花小，白色。花期春末夏初。浆果橙红色或黄色，球形，果实 10 月成熟，冬季不落。品种有矮生种、橙果种及尖果种。

2）分布与习性

原产于欧、亚热带。喜阳光、温暖、湿润的气候。生长适宜温度为 18～25 ℃，耐高温，35 ℃以上无日灼现象。不耐阴，不耐寒，不抗旱，夏季怕雨淋，忌水涝。对土壤要求不严，但在疏松、肥沃、排水良好的微酸性或中性土壤中生长旺盛，萌生能力强。

3）繁殖技术

通常采用种子繁殖。室内 3—4 月进行盆播，播后盆上罩盖玻璃或塑料薄膜保温保湿。露地 4 月播种，苗床土以疏松的沙质壤土最好，播后覆土 1 cm，经常保持床土湿润，15天后发芽出土。

4）栽培管理技术

冬珊瑚是多年生草本，常作一年生栽培。一般春季播种育苗，将幼苗地栽或上盆，秋冬时节欣赏彤红的果实。喜温暖阳光充足的环境，在生育期中只要有适宜的温度和充足的光照，就能连续不断地开花结果。若在第二年"五一"前后观果或用作装饰、布置景点，则于前一年 12 月中旬前后摘除当年所有的果实，勿伤枝条，然后重新上盆栽植，缓苗期成活后，进行正常的水肥管理并给予充足光照，保温越冬，使室温达到 18～20 ℃。当枝条继续生长时，摘心 1～2 次，促使多分枝。翌春 2—3 月，尽量保持较高的室温，加强水肥管理，追施以磷钾为主的液肥，很快便能现蕾开花。花期中，植株虽能自花授粉，但每天上午 9 时左右用毛笔在花朵内轻轻地涂刷，促进传粉，可以显著地提高坐果率；五一节前后就可看到红色的果实，养护得当，果实可达数十至数百个。若将种子在室内盆播，室温达10～15 ℃，也能发芽、出苗，形成新株，然后保温越冬，比常规栽培赏果期提早 3～4 个月。

5）园林应用

冬珊瑚夏秋开小白花，秋冬观红果，以累累的红果挂满枝头而赢得人们的喜爱。夏秋可露地栽培，点缀庭院；冬季盆栽于室内观赏，有"吉庆果"之称。

2. 金橘 *Fortunella margarita*

别名：金柑、罗浮、金枣、金弹（图 2-75）。芸香科，柑橘属。

图 2-75　金橘

1）形态特征

常绿小灌木，多分枝、无枝刺。叶革质，长圆状披针形，表面深绿光亮，背面散生腺点，叶柄具狭翅。花 1 ~ 3 朵着生于叶腋，白色，芳香，花期 6—8 月。12 月果熟，果实长圆形或圆形，长圆形的称金橘，味酸；圆形称金弹，味甜，金黄色，有香气。

我国特供观赏品种：四季橘（四季开花结果，果倒卵形不可食）、金弹（叶缘向外翻卷，果小倒卵形可生食）、金豆（亦称山橘，矮小灌木，果实圆形，小如黄豆，不可食）等。

2）分布与习性

原产于我国广东、浙江等省。喜阳光充足、温暖、湿润、通风良好的环境。在强光、高温、干燥等因素的作用下生长不良。宜生长于疏松、肥沃的酸性沙质壤土，不耐积水。最适生长温度为 15 ~ 25 ℃，冬季 0 ℃易受伤害。

3）繁殖技术

采用嫁接法繁殖。以一、二年生实生苗为砧木，以隔年的春梢或夏梢为接穗。每年春季 3—4 月用切接法进行枝接，芽接在 6—9 月进行。

4）栽培管理技术

金橘每年春、秋两季抽出枝条，5—6 月由当年生的春梢萌发结果枝，并在结果枝叶腋开花结果。6—7 月开花最盛，果实 12 月成熟。所以每年在春季萌芽前进行一次重剪，剪去过密枝、重叠枝及病弱枝，保留下的健壮枝条只留下部的 3 ~ 4 个芽，其余部分全部剪去，每盆留 3 ~ 4 枝。这样就可萌发出许多健壮、生长充实的春梢，当新梢长到 15 ~ 20 cm 长时，及时摘心，限制枝叶徒长，有利于养分积累，促使枝条饱满。

6 月开花时，适当疏花，8 月秋梢长出时要及时剪去，不仅能提高坐果率，而且果实大小均匀，成熟整齐。在北方一般不进行重剪，每年只修剪干枯枝、病虫枝和交叉枝，注意保持树冠圆满。冬季移入室内向阳处，室温保持 0℃以上，不宜过高。控制浇水，清明节后移出室外。

5）园林应用

金橘四季常青，枝叶茂密，冠姿秀雅，花朵皎洁雪白，娇小玲珑，芳香远溢，果实熟时金黄色，垂挂枝梢，味甜色丽，为我国特有的冬季观果盆景珍品，可丛植于庭院，盆栽可陈列于室内观赏。

3. 石榴 *Punica granatum*

别名：安石榴、海榴、若榴（图 2-76）。石榴科，石榴属。

1）形态特征

落叶灌木或小乔木，根茎分枝成为多干植株，树皮粗糙，鳞片状剥落，灰褐色。幼枝常是四棱形，无毛，枝条顶端常为刺状。叶倒卵状长椭圆形，无毛而有光泽，在长枝上对生，在短枝上簇生。全缘，叶脉在下面凸起，叶柄短，新叶呈红色。花两性，花期 5—8 月，在小枝顶端开花，红色，有单瓣和重瓣之分。浆果近球形，古铜黄色或红色，果熟期 9—10 月。

图 2-76 石榴

2）分布与习性

原产于伊朗、阿富汗和中亚一带。喜阳光充足、温暖、湿润的气候，有一定耐寒力，温度 –15 ℃时常有冻害。较耐干旱，耐瘠薄，忌水涝，对土壤要求不严，但在肥沃、湿润而排水良好的石灰质土壤中生长较好，萌蘖性强。

3）繁殖技术

可用扦插、压条、分株、播种法繁殖，多用扦插法。

①扦插繁殖。在早春发芽前可用硬枝插法，在夏季用当年生枝进行嫩枝扦插，也可在秋季 8—9 月将当年生枝带一部分老枝剪下插于室内，约一个月生根。

②压条繁殖。在培育树桩盆景时，可用粗枝压条法进行繁殖。

③分株繁殖。于春季将母株丛顺势分割，每丛带芽带根，另行栽植，成活容易。

④播种繁殖。将种子洗净后阴干，沙藏至第二年春季进行播种。

4）栽培管理技术

石榴耐旱，盆栽宜"间干间湿、宁干不湿"，尤其是花果期，不能过湿，过干或过湿易裂果、落果。石榴喜肥，生长季节应注意"薄肥勤施"，7 ~ 10 天浇一次腐熟的饼肥水。

盆栽石榴要求全日照，阳光充足。炎夏不怕烈日暴晒，越晒开花越艳。高温干燥、背风、向阳是形成花芽、开花和结果的重要条件。若光照不足，只长叶不开花，所以光照是开花结果的直接影响因素。春季修剪应注意保留健壮的结果枝，剪去不充实的病虫枝、细弱枝，短截徒长枝。生长期应适当摘心，抑制营养生长，以促进花芽形成和维持一定的树形。

5）园林应用

石榴树姿优美，叶碧绿而有光泽，花色艳丽如火，花期长，且正值花少的夏季，更加引人注目。宜丛植于庭院，也可配植于假山、亭、廊之旁。矮化型石榴可盆栽，也可作树桩盆景，既可观花又可赏果。

4. 佛手 *Citrus medica L.* var. *sarcodactylis*

别名：佛手柑（图2-77）。芸香科，柑橘属。

1）形态特征

常绿小灌木，枝条灰绿色，幼枝绿色。叶革质，叶片椭圆形或倒卵状矩，叶表面深黄绿色，背面浅绿色。总状花序白色，单生或簇生于叶腋，极芳香，初夏开花，果实奇特似手，握指合拳时称"拳佛手"，而中指开展称"开佛手"。果熟期11—12月，鲜黄而有光泽，有浓香。常见栽培的品种有白花佛手和紫花佛手两种。

图 2-77　佛手

2）分布与习性

原产于我国、印度及地中海沿岸。喜温暖、湿润、光照充足、通风良好环境。不耐寒冷，低于3℃易受冻害。适生于疏松、肥沃、富含腐殖质酸性土壤，萌蘖力强。

3）繁殖技术

可用扦插、嫁接和压条法进行繁殖。

（1）扦插繁殖　南方可在梅雨季节进行，也可在春季新芽未萌发前进行。选取1～2年生生长健壮的枝条，剪成20 cm长小段，留4～5个芽，用通气透水性良好的沙土或蛭石为栽培基质，插入6～8 cm深，上端留2个芽，插后浇透水，注意遮阳，保持湿润，20～30天即可生根。

（2）嫁接繁殖　每年3—4月用2～3年生的构柚子或袖子为砧木，选健壮一年生嫩枝做接穗进行切接，也可用芽接或靠接法繁殖。嫁接成活苗，根系发达，生长旺盛，抗寒能力较强，结果早。

（3）压条繁殖　于每年5—6月进行，在母株上选择1～2年生枝条，进行环剥，然后用苔藓、泥炭包扎保湿，40天即可生根。也可于8月选择带果实的枝条压条，10月分离母株上盆，果实继续生长，当年即可观果。

4）栽培管理技术

栽植佛手应选择疏松肥沃、排水良好、富含有机质的酸性沙质壤土。喜肥，若施肥不足，易发生落花落果现象，但施肥不宜太浓，生长季节每20天追施一次有机腐熟液肥，以矾肥水为好。为保证土壤酸性，要定期浇灌硫酸亚铁500倍液。生长旺盛期应多浇水，在夏季高温时，要早晚各浇水一次，还要向叶面上喷水，以增加空气湿度，入秋后，气温下降，浇水量应减少，冬季休眠期，保持土壤湿润即可。开花结果初期，为防止落花落果，应控制浇水量，不可太多。生长期常发生红蜘蛛、介壳虫和煤烟病，应及时防治。

5）园林应用

佛手果形奇特，颜色金黄，香气浓郁，是一种名贵的常绿观果花卉。南方可配植庭院中，北方盆栽点缀室内环境。叶、花、果可泡茶、泡酒，具有较高的药用价值。

任务5　多肉多浆类花卉生产技术

◎知识目标

1. 了解常见多肉多浆类花卉的种类及形态特点。

2. 熟悉常见多肉多浆类花卉栽培管理环节。

3. 掌握典型多肉多浆类花卉的生长习性及园林应用特点。

◎任务目标

1. 能熟练识别常见的多肉多浆类花卉。

2. 能熟练进行常见多肉多浆类花卉的繁殖及日常养护管理。

3. 能熟练运用常见多肉多浆类花卉进行园林绿化的布置。

◎任务背景

多肉多浆花卉指茎、叶特别粗大或肥厚，含水量高，并在干旱环境中有长期生存能力的观赏植物，包括仙人掌科以及景天科、番杏科、大戟科、萝藦科、百合科、凤梨科、龙舌兰科、马齿苋科、菊科等55个科在内。大部分生长在干旱或一年中有一段时间干旱的地区，所以，这类植物多具有发达的薄壁组织以贮藏水分，其表皮角质或被蜡层、毛或刺，表皮气孔少而且经常关闭，以降低蒸腾强度，减少水分蒸发。其代谢形式与一般植物不同，多在晚上气孔开放，吸收二氧化碳，白天高温时气孔关闭，释放二氧化碳。

◎任务分析

基于以上的生长环境和自身特点，多肉多浆植物一般具备喜光、耐旱、不耐寒的习性，其繁殖方式主要有叶插（肉质茎或叶）、枝插（多浆类型适合枝条水插）、髓心接、分株（母体植株上分取吸芽等）等形式。

髓心接具体过程：接穗和砧木以髓心愈合而成的嫁接方法，多用于仙人掌类花卉，温室内一年四季均可进行。

1. 仙人球嫁接。先将仙人球砧木上面切平，外缘削去一圈皮肉，平展露出仙人球的髓心。再将另一个仙人球基部也削成一个平面，然后砧木和接穗平面切口对接在一起，中间髓心对齐，最后用细绳连盆一块绑扎固定，放半阴干燥处，一周内不浇水。保持一定的空气湿度，防止伤口干燥。待成活拆去扎线，拆线后一周可移到阳光下进行正常管理。

2. 蟹爪莲嫁接。以仙人掌为砧木，蟹爪莲为接穗的髓心嫁接。将培养好的仙人掌上部平削去 1 cm，露出髓心部分。接穗要采集生长成熟、色泽鲜绿肥厚的 2～3 节分枝，在基部 1 cm 处两侧都削去外皮，露出髓心。在肥厚的仙人掌切面的髓心左右切一刀，再将插穗插入砧木髓心挤紧，用仙人掌针刺将髓心穿透固定。髓心切口处用溶解蜡汁封平，避免水分进入切口。一周内不浇水，保持一定的空气湿度，当蟹爪莲嫁接成活后移到阳光下进行正常管理。

◎任务操作

多肉多浆类盆栽花卉的繁殖过程较为容易，因其具备肉质茎或叶片，多采用扦插（叶插或枝插）、髓心接等无性方式繁殖。养护管理也分为两大类，需要强光干旱环境的种类（仙人球、霸王鞭等）和需要高温潮湿环境的种类（昙花、令箭荷花等），人工养护需要满足其习性需求。

◎思维导图

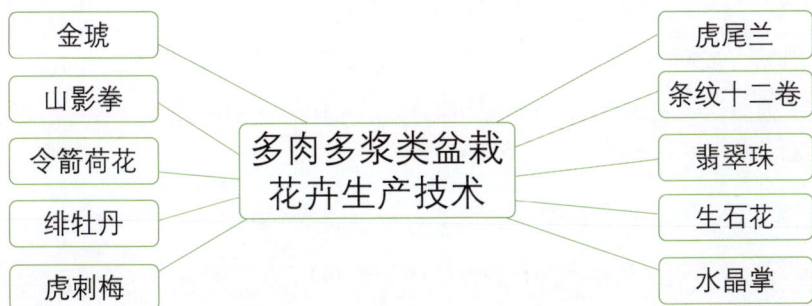

1. 金琥 *Echinocactus grusonii*

别名：象牙球、金琥仙人球（图 2-78）。仙人掌科，金琥属。

图 2-78　金琥

1）形态特征

茎圆球形，单生或成丛，高 1.3 m，直径 80 cm 或更大，球顶密被金黄色绵毛，有棱 21～37 条，刺座大，密生硬刺，刺金黄色，后变褐，有辐射刺 8～10 个，较粗，稍弯曲，5 cm 长，花期 6—10 月，花生于球顶部绵毛丛中，钟形，黄色，花筒被尖鳞片。常见园艺变种有白刺金琥、狂刺金琥、裸琥。

2）分布与习性

原产于墨西哥中部至美国西南部的沙漠或半沙漠地区。性强健，要求阳光充足，夏季应置于半阴处。不耐寒，冬天需温度维持 8～10 ℃，喜含石灰质的沙砾土。

3）繁殖技术

易播种繁殖，也可扦插、嫁接繁殖。种子发芽容易，但不易取得。扦插、嫁接繁育也容易，但不易产生小球，可在生长季节将大球顶部生长点切除，促生仔球，待仔球长至 1 cm 左右时，切下扦插或嫁接。嫁接常用量天尺作砧木，接于较长的砧木上，生长较快，嫁接一年的金琥直径可达 5 cm，两三年后可达 10 cm。

4）栽培管理技术

栽培容易，喜肥沃的石灰质沙壤土。要求阳光充足，但夏季需适当遮阳。越冬温度保持 8～10 ℃，盆土要求干燥。在土壤肥沃及空气流通的条件下生长较快。每年换盆一次。金琥生性强健，抗病力强，但若夏季湿热、通风不良，易受红蜘蛛、介壳虫、粉虱等病虫危害，应加强防治，可用 50% 托布津可湿性粉剂 500 倍液喷洒。

5）园林应用

金琥形、刺兼美，适合单株盆栽观赏，也可建成专类园。

2. 山影拳 *Piptanthocereus peruranus* var.monstrous

别名：仙人山、山影（图 2-79）。仙人掌科，山影拳属（或天轮柱属）。

图 2-79 山影拳

1）形态特征

多年生常绿草本。茎肉质，肥厚而粗壮，分枝呈拳头状。茎通常生长发育不规则，具深浅不一的纵沟及不规则的脊，全体呈溶岩堆积姿态，脊上生长刺座，具褐色刺，有毒。花白色，喇叭状，花径可达 10 cm 左右，夜开昼合，花期多在夏秋季。

2）分布与习性

原产于阿根廷北部及巴西南部，现各地广泛栽培。性强健，喜光照充足，亦耐半阴。耐旱性极强，不耐水湿，耐瘠薄，耐盐碱，喜排水良好而较肥沃的沙壤土，越冬温度不低于 5 ℃。

3）繁殖技术

多用扦插、嫁接繁殖，生根容易。扦插以春秋两季最佳。插穗可切取母株上生长充实且不影响株型的变态茎，置阴凉通风处 2 ~ 3 天，待切口干燥后再插，入土 2 ~ 3 cm，保持沙土潮湿，半月左右即可生根。嫁接繁殖，砧木选用 2 ~ 3 年生的仙人球，去除子球，将顶部 1/3 削平，切取山影拳健壮分枝，与砧木髓心对齐，压实，10 ~ 15 天愈合。

4）栽培管理技术

山影拳生长季放通风向阳处。盆土宜稍干燥，浇水宜少不宜多。一般不需施肥，水肥多会引起徒长，影响株型，且易发生腐烂死亡。夏季高温干旱季节，经常喷水增加空气湿度。冬季寒冷地区应移入室内养护，控水并保持室温 5 ℃以上，以安全越冬。

5）园林应用

山影拳是优良的盆栽观赏植物，其肉质茎浓绿古雅，像层层布满青苔的旱石盆景，情趣盎然。

3. 令箭荷花 *Nopalxochia ackermannii*

别名：红花孔雀、孔雀仙人掌（图 2-80）。仙人掌科，令箭荷花属。

1）形态特征

灌木状，形似昙花。茎秆细圆，分枝扁平，叶片状，边缘具疏锯齿，齿间有短刺，中脉明显，并具气生根。花着生在茎先端，花大而美，白天开放，花色有紫、粉、红、黄、白等色，花期4月。

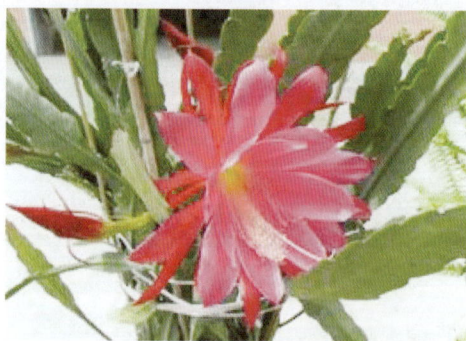

图2-80　令箭荷花

2）分布与习性

原产于墨西哥，为附生型仙人掌类。喜温暖、湿润气候及富含腐殖质的土壤，不耐寒。

3）繁殖技术

可扦插、嫁接繁殖。

（1）扦插繁殖　在每年3—4月间进行最佳，先剪取10 cm长的健壮扁平茎作插穗，剪下后晾2～3天，然后插入湿润沙土或蛭石内，深度以插穗的1/3为度，温度保持在10～15 ℃，经常喷水，约30天即可生根。

（2）嫁接繁殖　宜在25 ℃时进行。选仙人掌作砧木，在其上用刀切成楔形，再取6～8 cm长健壮的令箭荷花茎片作接穗，在接穗两面各削一刀，露出茎髓，使之呈楔形，随即插入砧木切口内，绑扎好后，放置于荫凉处养护，约10天即可愈合，除去绑扎物，进行正常养护。多年生老株下部萌生形成的枝丛多，也可用分株繁殖。

4）栽培管理技术

令箭荷花可1～2年于春季和秋季换盆一次。盆土以配有有机质的沙性土为宜。换盆时，去掉部分陈土和枯朽根，补充新的培养土（腐叶土4份、园土3份、堆肥土2份，沙土1份混合配制），并放入骨粉作基肥。换盆后需遮阳养护，缓苗后置于阳光下生长，盛夏要进行遮阳，避免叶片因光照强度过大时造成危害，雨天要移入室内，立秋后可充分见光，否则光照不足，不易开花。

5）园林应用

令箭荷花花色丰富，以其娇丽轻盈的姿态，艳丽的色彩和幽郁的香气，深受人们喜爱。以盆栽观赏为主，用来点缀客厅、书房的窗前、阳台、门廊，为色彩、姿态、香气俱佳的室内优良盆花。在温室中常多品种搭配，可提高观赏效果。

4. 绯牡丹 *Gymnocalycium mostii*

别名：红灯、红牡丹（图 2-81）。仙人掌科，裸萼球属。

图 2-81 绯牡丹

1）形态特征

茎扁球形，球体直径 3～5 cm，球体鲜红色，也有深红色、橙红色、粉红色、紫红色。球体色彩会随季节变化而变化，夏季色淡，冬季色深。球体有 8～10 条棱，棱上横脊突出明显。辐射刺短或脱落。花着生于球顶部刺座上，漏斗形，长 4～5 cm，粉红色，常数朵同时开放。同属常见变种有黄体绯牡丹（图 2-82）、绯牡丹冠、绯牡丹锦（图 2-83）等。

图 2-82 黄体绯牡丹

图 2-83 绯牡丹锦

2）分布与习性

原产于南美洲。喜温暖和阳光充足，在直射阳光下越晒球体越红，但在夏季高温时需稍遮阳，并使通风透气。生长最适宜温度为 20～25 ℃，越冬温度不低于 8 ℃。

3）繁殖技术

可嫁接繁殖。于春季或初夏进行，由于球体没有叶绿素，必须用绿色的量天尺、仙人球或叶仙人掌等作砧木，以量天尺效果最好。

4）栽培管理技术

生长发育的关键环境因子为光照，整个生长期除夏季高温时要适当遮阳外，其他季节都要求多见阳光。冬季光照不足时，要求补充光照才能保持球体色彩鲜艳。

5）园林应用

绯牡丹色彩艳红，颇为醒目，是仙人球类植物的主栽品种之一，宜盆栽观赏，或配置于多肉植物专类园，或作盆景材料。

5. 虎刺梅 *Euphorbia milii*

别名：铁海棠、麒麟刺、龙骨花（图2-84）。大戟科，大戟属。

图2-84　虎刺梅

1）形态特征

常绿亚灌木花卉。茎粗厚，肉质，有纵棱，具硬而锥尖的刺，5行排列在纵棱上。叶通常生于嫩枝上，无柄，倒卵形，全缘。花小，2～4枚生于顶枝，花苞片鲜红色或橘红色，十分美丽。花期全年，但以冬春开花较多。

2）分布与习性

原产于热带非洲。喜阳光充足，在花期更是如此。耐旱，喜温暖不耐寒，在温室保持15～20℃，可终年开花不绝，若温度太低，叶子脱落而进入体眠。要求通风良好的环境和疏松的土壤。

3）繁殖技术

可扦插繁殖。6—8月生长期，从老枝顶端剪取8～10 cm长的枝条作插穗，插穗伤口有乳汁，可在伤口涂抹草木灰并放置1～2天，待伤口稍收缩后插于湿润素沙中。插后2个月生根，翌年春季分栽。

4）栽培管理技术

栽培管理容易，注意盆土不能积水，春秋两季浇水要见干见湿，夏季可每天浇水一次，雨季防渍水，冬季不干不浇水，盆内不宜长期湿润，花期也要控制水分，水多易引起落花烂根。生长期施以腐熟稀释的有机肥。冬季保持室温15℃以上，白昼22℃，夜间15℃左右生长最佳，如温度下降至10℃则落叶转入半休眠状态，至次春吐露新叶，继续开花。虎刺梅喜光，花前阳光越充足，花越鲜艳夺目，经久不谢，光照不足，则花色暗淡，长期置阴处，则不开花。另须注意保持空气流通。可用培养土垫蹄角片作底肥，生长期每隔半月施肥一次，立秋后停止施肥，忌用带油脂的肥料，防根腐烂。

5）园林应用

虎刺梅花期长，苞片红色，鲜艳夺目，是深受欢迎的盆栽植物。幼茎柔软，常用来绑扎孔雀等造型，成为宾馆、商场等公共场所摆设的精品。温暖地区作刺篱。

6. 虎尾兰 *Sansevieria trifasciata*

别名：虎皮兰、千岁兰、虎尾掌、锦兰（图 2-85）。龙舌兰科，虎尾兰属。

图 2-85　虎皮兰

1）形态特征

具有匍匐的根状茎，每一根状枝上长叶 2 ~ 6 枚，独立成株。叶片基生，直立，厚革质，长 30 ~ 120 cm；叶纵向卷曲，呈半筒状，其两面有隐约深绿色横条纹，似老虎尾巴。常栽培品种：金边虎尾兰、短叶虎尾兰、银短叶虎尾兰、石笔虎尾兰、葱叶虎尾兰等。

2）分布与习性

原产于非洲热带和印度干旱地区，同属植物有 60 多种。喜温暖、光照充足的干燥环境。不耐寒，冬季 8 ℃以上才能安全越冬。忌强光直射，耐半阴，忌通风不良。要求疏松透气、排水良好的沙质壤土。耐旱、耐湿，适应性极强。

3）繁殖技术

可扦插或分株繁殖。扦插以叶插为主，切取叶片 8 ~ 10 cm，稍晾干切口，插入沙土，入土深度 2 ~ 3 cm，温度保持在 20 ~ 30 ℃即可生根。但是有彩色镶边品种的扦插苗，彩边易消失，故常用分株繁殖，在每年4月新芽已充分生长时，结合换盆切割根茎，每株需带3~4枚叶片，分后立即上盆。

4）栽培管理技术

适应性强，管理简单。栽培用土应确保疏松透气，适量控制水分。一般栽后根系生长前不用浇水，使盆土处于干燥状态，否则土湿及长期低温极易造成植株茎部腐烂。夏季高温期，浇水淋湿叶片或空气湿度大时，叶上易发生褐色斑点，降低观赏价值。盆栽植株根茎在土中易密集卷曲，应每隔2年分株一次，换用疏松、基肥充足的土壤，并配以深筒形花盆栽植，生长良好。虎尾兰叶片顶部受伤，则停止生长，因此养护要注意。

5）园林应用

为中型盆栽，虎尾兰叶片直立，气质刚强，叶色常青，斑纹奇特，庄重而典雅，是良好的室内观叶植物，也是独特的切叶材料。

7. 条纹十二卷 *Haworthia fasciata*

别名：雉鸡尾、蛇尾兰（图2-86）。百合科，十二卷属。

图2-86　条纹十二卷

1）形态特征

无茎，肉质叶20枚，排列成莲座状。单生或从基部长出细长叶枝。叶开展，尖部内弯，叶端卵圆状三角形，顶生刺毛，叶缘有细齿，叶面无毛或有小突起，还有白斑点。叶面尖部褐绿色并有方格斑纹，叶背凸起，有浅绿色圆斑。小花白绿色，排列成松散总状花序。

常见栽培品种有：美丽十二卷（叶透明，叶端有细的疣状突起，叶缘具白齿）、绿心十二卷（新叶外观浅绿色，绿心由此而来）和截形十二卷（幼叶截形稍透明）。

2）分布与习性

原产于南非亚热带地区。喜温暖及半阴条件，生长适宜温度为16~18℃，冬季要求冷凉，室内以不超过12℃为宜，并要求阳光充足。在排水良好的沙壤土中生长良好。

3）繁殖技术

多用分株繁殖。新分植株上盆后不宜浇水太多，以防腐烂。

4）栽培管理技术

栽培宜给予半阴条件，冬季则要求阳光充足，但光线太强时，叶子会变红。生长期要求排水良好的沙壤土。夏季高温炎热时植株呈休眠状态，此时要放半阴处并节制浇水。盆栽一般不必另外施肥。

5）园林应用

十二卷形状奇特，点缀室内书桌、几案最为适宜，是近年较为流行的小型多肉植物，其品种繁多，形态各异，株型小巧玲珑，清秀典雅，非常适合盆栽观赏。

8. 翡翠珠　*Senecio rowleyanus*

别名：绿珠帘、螃蟹兰、翡翠珠、绿串珠、一串珠（图 2-87）。菊科，千里光属。

图 2-87　翡翠珠

1）形态特征

多年生肉质草本植物，茎非常纤细，长达 90 cm，匍匐下垂，在茎节间生出气生根，但不具攀援性，细长的绿茎上着生许多绿色圆珠状叶子，宛如吊挂的铃铛。叶肉质圆珠形，直径 0.6 ~ 1 cm，有微尖的刺状凸起，上有一条透明的纵条纹。头状花序，小花白色带有紫晕，多在秋冬季节开放。

2）分布与习性

原产于热带、亚热带干旱地区或森林中。生性强健，能耐 0 ℃的低温，温度以 12 ~ 15 ℃为宜，不耐寒，也怕高温和强光暴晒。喜温暖干燥的半阴环境，耐旱，适宜在肥沃疏松，排水良好的沙质土壤中生长。

3）繁殖技术

可扦插繁殖。利用仔球具有再生能力的特性，选取成熟叶球进行繁殖，过嫩或过老者都不宜成活。切取时应注意保持母株株型完整，切下部分置于阴凉处 1 ~ 2 天，随后插于基质中，基质应选择通气良好、既保水又排水的材料。温室四季均可进行，但以春、夏为好，雨季扦插易烂根。

4）栽培管理技术

由于原产地的生态环境干旱少雨，因此在栽培过程中盆内不应积水，否则会造成根部腐烂。要求排水通畅、透气良好的石灰质沙土或沙壤土，配置培养土比例为壤土∶泥炭∶粗沙＝7∶3∶2或壤土∶泥炭∶粗沙＝2∶2∶3，有时也可加入少许木炭屑或石砾等。夏季在露地放置时应有遮阳设施，幼苗可施少量骨粉或过磷酸盐，大苗在生长季追肥宜少。春、秋两季的生长旺盛期，应保持光照充足，并每隔半月施腐熟有机肥一次。生长期及时修剪，以保持株型美观。

5）园林应用

小盆栽植，放于案头、几架，或悬垂栽植，如下垂的宝石项链，晶莹剔透。

9. 生石花 *Lithops Pseudotruncatella*

别名：石头花、石头草、象蹄、元宝（图2-88）。番杏科，生石花属。

图2-88　生石花

1）形态特征

茎极短，地上部分是2枚对生联结的肉质叶，倒圆锥形，形似细小石砾，颜色不一，有淡灰棕、蓝灰、灰绿、灰褐等变化，其上有树枝状凹纹，半透明，可透过光线。顶部中间有一条小缝隙，3～4年生的生石花在秋季从缝隙里开出黄、白色的小花，午后开放，傍晚闭合，可延续4～6天，花直径3～5 cm。花后可结果实，种子易收获。

2）分布与习性

原产于南非极度干旱少雨的沙漠砾石地带。性喜温暖、干燥及阳光充足的条件，生长适宜温度为20～24 ℃。夏季高温时呈休眠或半休眠状态，冬季要求充足阳光，维持13 ℃以上的温度。

3）繁殖技术

常用播种繁殖。种子细小，常于4—5月室内盆播播种，播种适温22～24℃，播后7～10天发芽。幼苗仅黄豆大小，生长迟缓，管理必须谨慎，实生苗需2～3年开花。

4）栽培管理技术

栽培生石花要求排水良好的沙质土，由于其主根深，栽培宜用深筒盆，盆土表层可铺小卵石，生长期间可用浸灌的方法来补充水分。秋季开花后，要逐渐节制浇水，冬季更要控制水量。尤其在室内温度 13 ℃以下时，更要保持盆上干燥，若将其放于室内向阳处的封闭玻璃箱中可适当提高温度。春秋两季旺盛生长，夏季高温时休眠，生长期每月施肥一次。

5）园林应用

生石花外形奇特，开花美丽，植株小巧秀气，宜室内盆栽观赏。

10. 水晶掌 *Hawort hiafasciata*

别名：宝草、银波锦（图 2-89）。百合科，十二卷属。

图 2-89 水晶掌

1）形态特征

多年生常绿植物，植株矮小，株高约 5～6 cm。叶片互生，肉质肥厚，生于极短的茎上，紧密排列为莲座状，叶色翠绿色，叶肉呈半透明状，叶面有 8～12 条暗褐色条纹或中间有褐色、青色斑块，叶缘粉红色，有细锯齿。顶生总状花序，花极小。

2）分布与习性

原产于南非。喜温暖而湿润及半阴的环境，耐干旱，忌炎热，不耐寒，生长适宜温度为 20～25 ℃，要求肥沃、排水良好的沙质土壤。

3）繁殖技术

以分株法繁殖，将母株分切为几部分，每部分独立栽植即可。

4）栽培管理技术

春秋生长旺季保持盆土湿润，每月施一次稀薄的复合肥水。盆栽宜用肥沃的壤土和粗沙各半，酌加少量骨粉的培养土。根系浅，应采用较小的浅盆栽植，夏季高温季节及冬季控制浇水，夏季可向地面喷水以降低温度，高温多湿容易引起腐烂。冬季应给予充足的光照，温度维持在 10℃以上。其他季节应注意遮去强光，避免曝晒，否则叶片由绿色变浅褐色，叶面也不透明。

5）园林应用

为近年流行的小型盆栽，常置于亭台、几架，翠绿宜人，深受人们欢迎。

◎ 知识拓展

其他常见多肉多浆类花卉的繁殖与应用技术如表 2-6 所示。

表2-6 其他常见多肉多浆类花卉的繁殖与栽培技术简表

名称（别名）	学名	科属	观赏特点	习性	繁殖与用途	栽培管理要点
仙人掌（霸王树、仙巴掌、仙桃、刺梨、火掌）	*Opuntia dillenii*	仙人掌科，仙人掌属	茎节扁平，肥厚多肉，幼茎鲜绿色，老茎灰绿色，多分枝。刺座内密生黄色刺，多脱落，易脱色刺。花单生茎上部，花径10 cm，鲜黄色	性强健，喜温暖、阳光充足。耐寒，耐旱，忌涝。不择土壤，以富含腐殖质的沙壤土为宜	扦插繁殖为主；室内盆栽仙人掌，以选择小型花多的球型种类为宜	盆栽需要有排水层，生长期浇水以"见干见湿"为原则，适当追肥，冬季浇后少水肥，置冷凉处，越冬管理简单。盆土稍干，温度8℃左右，管理简单
仙人球（刺球、草球、花盛球）	*Echinopsis tubiflora*	仙人掌科，仙人球属	花大型，长20 cm以上，长喇叭状，着生球体侧方，白色，清香，傍晚开放，隔日清晨调谢。花期夏季	喜干，耐旱，怕冷，喜欢生于排水良好的沙质土壤。夏季是仙人球的生长期，也是盛花期	扦插繁殖或子球繁殖；长满刺的仙人掌能净化家居空气，大量释放氧气，吸收二氧化碳，使家居保持良好的气体交换	喜高温干燥的环境，冬季室温要保持在20℃以上，夜间温度不低于5℃。温度过低容易造成根系腐烂。冬季应停止浇水，北方温度低时应置于高于5℃的室内
仙人笔（七宝树）	*Senecio articulata*	菊科，千里光属	多年生肉质植物。株高30～60 cm，具节，粉蓝色，极似笔杆。叶扁平提琴状羽裂，叶柄与叶片等长或更长。花期冬春	性强健，宜半阴，喜散射光下生长，不耐寒，越冬温度10℃以上，喜排水良好的沙壤土	扦插繁殖；茎圆柱状，形似笔杆，从茎顶长出簇生肉质小叶。冬春从茎顶开出黄色小花。常用盆栽观赏，适于窗台、书桌和茶几上摆设，洋溢出一股野趣	以散射光条件下生长最好。夏季高温时，植株呈半休眠状态，须少浇水。夏季凉爽时，茎叶继续生长，春秋季生长最快。每月施肥一次，为了避免植株生长过快，盆土湿度要严格控制，以稍干燥为宜
落地生根（花蝴蝶、叶爆芽、天灯笼、倒吊莲、番鬼牡丹）	*Bryophyllum pinnatum*	景天科，伽蓝菜属	多年生，全株蓝绿色，茎直立圆柱状，羽状复叶对生。花序圆锥状，花冠钟形粉红色，稍向外卷，下垂。花期秋冬	性强健，喜温暖和通风良好，不耐寒，耐阴。耐干旱，夏季喜充足水分。越冬温度5℃	不定芽繁殖；置岩石园或花境，是常见的盆栽花卉	盆栽土壤要多加粗沙，不可过肥，浇水不宜过多，否则易引起落叶，根腐或植株死亡。生长期内进行多次摘心，促进分枝

名称	学名	科属	形态特征	生长习性	繁殖与应用	栽培管理
麒麟掌（麒麟角、玉麒麟）	*Euphorbia neriifolia var. cristata*	大戟科，大戟属	具棱的肉质茎变态成鸡冠状或扁平扇形，其他同霸王鞭	生长适宜温度为 22～28 ℃；35 ℃以上即进入休眠。不宜过阴和曝晒，喜半阴	扦插繁殖；暖地可庭院栽植，寒地多盆栽观赏	较耐旱，浇水以宁干勿湿为原则。冬季室温 15～18 ℃时，每 10 天浇一次透水即可。浇水过多易发生返祖现象
三棱箭（量天尺、霸王花、三角柱）	*Hylocereus undatus*	仙人掌科，量天尺属	多分枝，三棱柱形，棱宽而薄，缘波状；茎上有气生根，用气生根着他物；花大，白色，漏斗形，长达 30 cm，外瓣黄绿色，内瓣白色，芳香，夜间开放	性强健，喜温暖，不耐寒，冬季低于 10 ℃常遭冻害。喜湿润，宜肥沃的沙壤土环境，喜半阴	扦插繁殖；株型高大，花大色艳，在热带、亚热带园林可栽在大树下或岩石旁，任其吸附攀生或作绿篱，增添园景	栽培基质要求腐殖质丰富的酸性土，生长休眠季浇水，冬季休眠季少浇水，不施肥。生长适宜温度为 25～35 ℃，对低温敏感，越冬温度 8 ℃以上，5 ℃以下茎易腐烂。管理简单，栽培需设支架供攀援
芦荟（草芦荟、油葱、龙角、狼牙掌）	*Aloe arboreacens*	百合科，芦荟属	多年生草本。有短茎，叶呈莲座状排列，肥厚多汁，长 15～30 cm，粉绿色，近茎部有斑点，边缘具刺状小齿	性强健，耐干旱，喜阳光充足，也耐半阴。喜肥沃、排水良好的沙壤土壤土	常用分株及扦插繁殖；芦荟四季常青，冬季开花，适宜盆栽布置厅堂，暖地还可露地栽培布置庭院	夏季高温，有短暂休眠。需置于通风良好、避雨的半阴处，节制浇水。冬季室内温度不低于 5 ℃，保持盆土稍干，即可安全越冬
龙舌兰（龙古掌、番麻）	*Agave Americana*	龙舌兰科，龙舌兰属	多年生常绿大型草本，叶片坚挺，四季常青，园艺品种较多	喜温暖干燥和阳光充足环境，稍耐寒，较耐阴，耐旱力强。要求排水良好、肥沃的沙壤土	扦插繁殖，常用于盆栽或花槽观赏，适用于布置小庭院和厅堂，栽植在花坛中心、草坪一角，能增添热带景色	适应日照充沛的环境，若阳光不足，常使其生长不好，失去其原有姿态。因此，充足的日照，冬天需提供，才能使其安全过冬

续表

名称（别名）	学名	科属	观赏特点	习性	繁殖与用途	栽培管理要点
鸢凤玉（鸢凤阁）	Astrophytum asterias	仙人掌科、星球属	高50～60 cm，具5个脊较高的棱，球体呈五星状，灰青绿色球体上密被细小白色星点	喜冷凉、阳光充足的环境。要求排水良好、富含石灰质的沙质土壤	组织培养法；园艺价值较高，观赏价值同样较高，是植物园和多肉爱好者热衷收集的珍品	越冬温度5℃以上，低于5℃植株虽不会冻死，但表皮会起皱，产生黄褐斑。节制浇水，勿施肥，给予充足光照
吊金钱（腺泉花、心心相印、可爱藤、鸽蔓花、爱之蔓、吊灯花）	Ceropegia woodii	萝藦科、吊灯花属	本品乃观叶、观花、观姿俱佳佳花卉。其形似一串串金钱，更像一条条带有心形坠子的"项链"	性喜温暖向阴、气候湿润的环境，耐半阴，怕炎热，忌水涝。要求流松、排水良好，稍为干燥的土壤	扦插压条和分株法繁殖；用金属丝扎成造型支架，引茎蔓依附其上，做成各种美丽图案，是极佳装饰盆花	栽培适应性强，阳光充足或半阴条件下均能良好生长。春、夏、秋三季将其放在室内有明亮散射光处，冬季宜将其放置于室内阳光充足处
垂盆草（爬景天、地娱蛤草、鼠牙半支莲、石指甲、黄开口草、瓜子草）	Sedum sarmentosum	景天科、景天属	多年生草本，茎匍匐，易生根，一般生长在山坡岩石隙、山沟边、河边湿润湿处，极易栽培，对环境要求不严，家前屋后均可种植	耐干旱、耐高温、抗寒性强、耐湿、耐盐碱，耐贫瘠、绿期长、抗病虫害能力强，繁殖容易，生长速度快，不用修剪	分株繁殖；作为草坪草的优良性状及耐粗放管理特性适合在屋顶绿化、地被、护坡、花坛、吊篮等城市景观工程中广泛应用，可作北方室顶绿化专用草坪草	生命力极强，茎干落地即能生根。栽植时，土壤须施适量施入有机肥，经过粉碎的棉籽饼、麻酱渣或鸡粪均可。覆土后栽苗，要求地势稍高，土壤不能积水。适宜生长温度15～28℃，忌强光照或半阴生的环境，遇强光叶片发黄
昙花（琼花、月下美人、昙华）	Epiphyllum oxypetalum	仙人掌科、昙花属	花着生于叶状枝的边缘，花大、重瓣，近白色，夜间开放	性强健、喜温暖、湿润及半阴的环境，不耐暴晒。不耐精冻，白天生长适宜温度为21～24℃	以扦插繁殖为主。常作盆栽观赏，在华南亦常栽于园地一隅	施足基肥，在生长期每半月施一次腐熟的饼肥水，观蕾期增施一次磷钾肥，但过量的氮肥易造成徒长，而开花少。阳光过强使叶状枝萎缩发黄。保持良好的通风条件，防积水

任务6 盆栽花期调控的方法及应用

◎**知识目标**

1. 了解花期调控的意义、依据。

2. 熟悉花期调控的具体方法。

3. 掌握典型花卉花期调控的具体方法。

◎**任务目标**

1. 能熟练掌握不同花卉的花期调控方法。

2. 能熟练应用典型花卉花期调控的具体方法。

◎**任务背景**

花期控制也称花期调控、催延花期，即通过人为地控制环境条件或采取一些特殊的栽培管理方法，满足各种花卉生长发育的需要，使花卉在自然花期之外，按照人们的意愿提早或延迟开花，是当前花卉生产中的一项重要技术。

在自然条件下，每种花朵的开放时间都受地理位置和季节的限制，这种花开有期的传统规律制约着花卉在园林中应用的广泛性。随着经济的发展、科学技术的进步和人们生活水平的不断提高，社会对花卉产品的需求日益增加，不仅要求花卉生产者增加品种、数量，提高品质，而且还对花卉的周年供应提出了更高的要求。花期控制技术因此应运而生，并已被广泛应用，在以花卉为商品的生产中，这项技术更加重要。主要体现以下几个方面：

1. 满足花卉的四季均衡供应，解决市场的旺淡矛盾。

2. 保证节日和国际交往的特殊用花需要。

3. 使父母本同时开花，解决杂交授粉的矛盾，有利于育种。

4. 缩短栽培期，加速土地利用的周转率。

5. 提高花卉的商品价值，增加种植者的收入。

6. 增加外贸出口。

7. 利于举办花展。

◎**任务分析**

影响植物开花的因素包括内因和外因两个方面。内因主要包括植物营养生长状态养分的积累、遗传特性、内源激素条件等。外因主要包括植物所处的生长环境，如温度、光照、土壤条件、水分、肥料等条件。在对植物开花理论的研究中，逐渐形成了一定的理论体系。目前有关开花的理论主要有春化作用学说、光周期学说、激素调控学说、碳氮比学说。

1. 春化作用学说

1918 年加斯纳研究低温能够促使植物开花的现象。1935 年前苏联遗传学家提出春化作用的概念，指出低温诱导植物开花的过程称为春化作用。很多植物的生长发育都对温度条件有一定要求，自营养生长进入生殖生长这一质变过程中更是如此，因此，低温促使植物开花的研究极为重要。

根据植物感受春化作用时植物体的状态，通常可以将其分为种子春化、器官春化和植物体整株春化三种类型。植物完成春化作用的时间因植物种类、品种和具体温度的不同而不同。植物通过春化作用的温度范围也因种类、品种而异，通常此温度范围在 0 ~ 10 ℃，其中 0 ~ 5 ℃适合绝大多数需要春化的植物，如麝香百合的春化适宜温度为 8 ~ 10 ℃。

植物春化作用的顺利完成除了需要适宜的温度条件外，还需充足的氧气、适量的水分和作为呼吸底物的糖类物质，这些是保证植物正常生长发育所必需的基础条件。若缺氧、干燥或缺少呼吸底物，任一因素存在时，即使给以适宜的低温，植物也不能完成春化作用，如将已萌动的小麦种子干燥处理，使其含水量低于 40%时，用低温处理，则不能通过春化；但若将种子于低温播种 1 ~ 2 天后，当它的胚开始活动时，感受冷藏的效果最佳，冷藏温度为 2 ~ 3 ℃，温度超过 5 ℃则春化处理的效果较差；若小麦胚内营养物质萌发耗尽时给以低温诱导，同样不能完成春化，但若添加少量糖分，则离体胚就能通过春化。还有些植物的种子，氧气的充足与否也能决定春化作用能否正常进行。

2. 光周期学说

自然界光照与黑暗相对长度的周期性变化叫做光周期，很多植物的开花过程受到光周期的影响，需要一定的日照长度与黑夜的交替，才能开花。植物对光照与黑暗的昼夜交替发生反应的现象叫做光周期现象。除开花过程外，植物的萌芽、落叶、休眠等生理过程均会不同程度地受到光周期的影响。

根据植物对光周期的反应可以将其分为三种类型，即短日照植物、长日照植物与中日照植物。短日照植物在开花时要求光照长度短于一定的时间，如孔雀草、蟹爪、一品红等；长日照植物开花时要求光照长度长于一定的时间，如倒挂金钟、金光菊、紫罗兰等；中日照植物开花对光照长度无特定要求，如扶桑、香石竹、月季等，其开花主要受其他环境因子影响。

研究表明，短日照植物的临界日长不一定比长日照植物的临界日长短，因为短日照植物真正需要的不是短日照，而是足够长的暗期，长日照植物真正需要的也不是长日照，而是足够短的暗期。将短日照植物进行暗期处理时，在暗期长度足以诱导其开花时，采用短暂的曝光进行暗期中断处理，则可使植株仍然处于营养生长状态，反之，如果把长日照植物置于遮光环境中，在暗期长度足以抑制其开花时，采用短暂的曝光进行暗期中断处理，则可使植株开始进入生殖生长状态。因此，在暗期中开花受到日长影响的短日照植物或长日照植物被称为长夜植物或短夜植物更为科学。根据暗期中断的原理，管理者可以在冬季诱导长日照植物开花时给予暗期中断，以节约电能。植物的光周期类型与其地理起源有着较为密切的关系，通常起源于低纬度的多半属于短日照植物，而起源于高纬度的多半属于长日照植物。

3. 激素调控学说

在一定条件下植物激素可起到调节植物开花的作用，这一学说认为植物体内源激素的含量与植物的花芽分化关系密切，在花芽分化前植株体内的生长素含量较低，当植株开始分化花芽后，其体内的生长素水平明显提高。目前研究的主要有赤霉素、脱落酸、6-BA、细胞分裂素、乙烯利、萘乙酸等，其中研究最多的是赤霉素。

赤霉素喷施菊花、香石竹的花器官后，能使花蕾明显膨大、迅速开放。赤霉素对植物花葶抽生的作用较为明显，用 10～50 mg/L 的赤霉素喷洒在君子兰、仙客来、水仙、水芋花茎上，可促茎生长，使茎伸出植株之外，有利观赏。

脱落酸能明显地抑制某些花卉的花芽形成。

6-BA 有助于蟹爪仙人掌花芽的分化及诱导九重葛的成花。

细胞分裂素对很多植物的开花均有促进作用。当菊花呈现莲座时喷洒 300 mg/L 的 6-BA，有助于恢复植株的正常生长状态，从而为花芽分化打下良好的基础。细胞分裂素能够有效地促进牵牛花、紫罗兰等花卉开花。

利用植物生长调节剂处理蟹爪的肉质茎先端，在所处理的蟹爪进行短日照处理40天，喷施 100 mg/L 的 6-BA，也可以在进行短日照处理后的 5～10 天，喷洒 100 mg/L 的 6-BA，均有助于蟹爪分化花芽，但所使用的 6-BA 浓度不可过高，否则植株分化花芽虽然较多，但由于营养供应不足而出现落蕾情况。

乙烯对开花的促进作用已广为人知，对于石蒜科的很多植物来说，均能够促使它们分化花芽，在实际生产中，将乙烯施用于凤梨叶筒中，促使其开花的方法已经在生产上被采用。但尚无证据表明乙烯是促进花芽分化起关键性作用的植物激素。

◎任务操作

盆花花期调控技术主要集中在对光照强度、光照时间、温度等因素的调控，来达到控制开花时间的目的，实际操作前需首先熟练掌握花卉自身的光、温习性，再开展人为调控。具体调控方案需要根据周围环境的温度、湿度、光照等因子进行综合调节。

1. 花期调控的方法及应用

1）调节温度

（1）增加温度　主要用于促进开花，提供花卉继续生长发育的温度，以便提前开花。特别是在冬春季节，天气寒冷，气温下降，大部分花卉停止生长，进入休眠状态，部分热带花卉受到冻害。因此，增加温度阻止花卉进入休眠，防止热带花卉受冻害，是使其提早开花的主要措施，如瓜叶菊、牡丹、杜鹃花、绣球花、金边瑞香等经过加温处理后，都能够提前花期。

（2）降低温度　许多秋植球根花卉的种球，在完成营养生长和球根发育过程中，花芽分化已经完成，但这时把球根从土壤里起出晾干，如不经低温处理，则不开花或开花质量差，难与经过低温处理的球根开花相媲美。在进行低温处理时，必须根据球根花卉种类和处理目的选择最适低温。确定冷藏温度之后，除了在冷藏期间连续保持同一温度外，还要注意放入和取出时逐渐降低温度，或逐渐提升温度，避免温度的骤变，以免影响开花质量和花期。例如，在 4 ℃低温条件下冷藏了 2 个月的种球，若取出后立即放到 25 ℃的高温环境中或立即种植于高温环境，由于温度条件急剧变化引起种球内部生理紊乱，就会严重影响其开花质量和开花期。所以低温处理时，冷藏温度一般要经过 4～7 天逐步降温（一天降低 3～4 ℃），直至所需低温；再把已经完成低温处理的种球从冷藏库取出之前，也需要经过 3～5 天的逐步升温过程，才能保证低温处理种球的质量。

一些二年生或多年生草本花卉，花芽的形成需要低温春化，花芽的发育也要求在低温环境中完成，然后在高温环境中开花。对这种植物，进冷室之前要选择生长健壮、没有病虫危害植株进行低温处理，否则难以达到预期目的。初出冷库时，要将植株放在避风、避光、凉爽处，并喷水使处理后植株有一个过渡期，然后再逐渐加光照和浇水，精心管理，直至开花。

（3）利用高海拔山地　除了用冷库冷藏处理球根类花卉的种球外，在南方的高温地区或北方的炎热季节，建立高海拔（800～1 200 m 或以上）花卉生产基地，利用暖地高海拔山区的冷凉环境进行花期调控无疑是一种低成本、易操作、能进行大规模批量调控花期的理想方法。由于大多数花卉在最适温度范围，生长发育要求的昼夜温差较大，在这样的温度条件下，花卉生长迅速，病虫危害相对较少，有利于花芽分化、花芽发育以及休眠的打破，大大提高了花卉商品的竞争力。大规模的花卉生产企业，都十分重视高海拔花卉生产基地的选择。

（4）低温诱导休眠，延缓生长　利用低温诱导休眠的特性，一般用 2～4 ℃的低温冷藏处理球根花卉，大多数球根花卉的种球可通过长期贮藏来推迟花期，在需要开花前取出进行促成栽培，即可达到目的。

2）调节光照

（1）短日照处理　在长日照季节里，要使长日照花卉延迟开花则需要遮光；使短日照花卉提前开花也同样需要遮光。具体的遮光方法是：在日落前开始遮光，一直到次日日出后一段时间为止，用黑布或黑色塑料膜将光遮挡住，在花芽分化和花蕾形成过程中，人为地满足植物所需的日照时数，或人为地减少植物花芽分化所需要的日照时数。由于遮光处理一般在夏季高温期，而短日照植物开花被高温抑制的占多数，在高温条件下花的品质较差，因此短日照处理时，一定要控制暗室内的温度；遮光处理所需要的天数因植物不同而异。如将菊花（秋菊和寒菊）、一品红在 17：00 至次日 8：00 置于黑暗中，一品红逾40 天处理才能开花，菊花经 50 ~ 70 天才能开花。采用短日照处理的植株要生长健壮，营养生长达到一定的状态时才能进行；一般遮光处理前停施氮肥，增施磷钾肥。

在日照反应上，植物对光强弱感受程度因植物种类而异，通常植物能感应 10 lx 以上光强，而且上部幼叶比下部老叶对光敏感，因此遮光时上部漏光比下部漏光对花芽发育影响大。

（2）长日照处理　在短日照季节里，要使长日照花卉提前开花，就需要加人工辅助照明；要使短日照花卉延迟开花，也需要采取人工辅助光照。长日照处理的方法大致可以分为三种：

①明期延长法：在日落前或日出前开始补光，延长光照 5 ~ 6 h。

②暗期中断照明法：在半夜用辅助灯光照 1 ~ 2 h，以中断暗期长度，达到调控花期的目的。

③终夜照明法：整夜都照明，照明的光强需要 100 lx 以上才能完全阻止花芽的分化。

秋菊是对光照时数非常敏感短日照花卉，9 月上旬开始用电灯给予光照，11 月上、中旬停止人工辅助光照，春节前菊花即可开放。利用增加光照或遮光处理，可以使菊花一年之中任何时候都能开花，满足人们周年对切花菊需求。试验中发现，给大多数短日照花卉延长光照时荧光灯效果优于白炽灯；给一些长日照花卉延长光照时白炽灯效果更好，如宿根霞草。

（3）颠倒昼夜处理　有些花卉种类的开花时间在夜间，给人们的观赏带来很大的不便。例如，昙花在晚上开放，从绽开到凋谢最多 3 ~ 4 h，所以只有少数人能够观赏到昙花的艳丽丰姿。为了改变这种现象，可以采取颠倒昼夜的处理方法，把花蕾已长至 6 ~ 9 cm 的植株，白天放在暗室中不见光，19：00 至次日 6：00 用 100 W 的强光给予充足的光照，一般经过 4 ~ 5 天的昼夜颠倒处理后，就能够改变昙花夜间开花的习性，使之白天开花，并可以延长开花时间。

（4）遮阳延长开花时间　部分花卉不能适应强烈的太阳光照，特别是含苞待放时，用遮阳网进行适当遮光，或把植株移到光线较弱的地方，均可延长开花时间。如把盛开的比利时杜鹃暴晒几个小时，就会萎蔫，但放在半阴的环境下，每朵花和整个植株开花时间均大大延长。牡丹、月季和香石竹等适应较强光照的花卉，开花期适当遮光，观赏期延长1 ~ 3天。

3）应用植物生长调节物质

（1）根际施用　如用8 000 μL/L的矮壮素浇灌唐菖蒲，分别于种植初、种植后第4周、开花前25天进行，可使花量增多，按时开放。

（2）叶面喷施　如用丁酰肼喷石楠的叶面，可使幼龄植株分化花芽。

（3）局部喷施　如用100 μL的赤霉素喷施花梗部位，能促进花梗伸长，从而加速开花。用乙烯利滴于凤梨叶腋或喷施叶面，凤梨不久就能分化花芽。

使用植物生长调节物质要注意配制方法及使用注意事项，否则会影响使用效果。如常用的赤霉素溶液，要先用95%的酒精溶解，配成20%的酒精溶液，然后倒入水中，配成所需的浓度。应该指出的是，植物生长调节物质在生产上的应用效果是多方面的，除了能够诱导花卉植物开花外，还能使植物矮化、促进扦插条生根、防止落花等。由于植物生长调节物质的不同种类或浓度可以起到不同的调节效果，因此在使用植物生长调节物质调控花卉植物的花期时，首先要清楚该物质的作用和施用浓度，才能着手处理。虽然植物生长调节物质使用方便、生产成本低、效果明显，但如果施用不当，不仅不能收到预期效果，还造成生产上损失。

进行花期调控，除了选择正确的花期调控栽培技术外，还应考虑花卉种类、品种、配套栽培管理技术等多种因素，花期的改变是多种因素综合作用的结果。

在花期调控实际应用中，一、二年生花卉主要是通过栽培措施，如调整播种期、修剪和摘心，并配合环境中温度、光照、养分和水分管理实现花期控制。宿根花卉和花木类如菊花、一品红、杜鹃花等，可依据具体情况综合使用上述手段。球根花卉主要是用温度处理种球、选择栽植期与栽培管理相结合实现花期控制。

不同花卉种类花期调控难易程度不同。要实现某种花卉的花期控制，首先要了解该种花卉的生长发育规律，特别是成花和休眠规律，如花芽分化时期及其与外界环境条件的关系、休眠特性等。目前，人类尚不能实现所有植物种类的花期调控，一方面与尚未解开植物所有的成花因素有关，另一方面与没有真正掌握不同花卉的生长发育特性有关。因此要通过试验选择适用品种，一般情况下，早花品种进行促成栽培比晚花品种容易成功，晚花品种较早花品种更容易实现抑制栽培。因此，进行花期调控时，需要选择适宜的品种。

总之，花期调控技术不是单项技术，需要配合贮存、栽培、环境控制等多项技术才能实现。同一种花卉在不同地域栽培，其自然花期不同。例如，芍药在我国大部分地区是春季开花，北京一般是在 5 月中下旬开花；智利 1—2 月开花，而在高纬度的北美阿拉斯加是 7—8 月开花。因此，花期调控是有地域性的。对一些花期控制难度较大的花卉，即使可以借鉴他人的方法和经验，也还是需要根据当地的具体环境和条件进行试验，确定具体方案，这一点在环境控制有限的情况下尤其重要。

2. 花期调控实例

1）牡丹

我国的传统名花，自古以来被尊为"国色天香""花中之王"。具体花期调控技术如下：

（1）国庆节开花　牡丹属于多年生落叶木本花卉，花芽形成在前一年夏秋季节，然后经历冬天 1 ~ 4 ℃低温春化作用，完成开花诱导，随着气温的逐渐降低，便处于低温休眠阶段，翌年春天随着气温回升，花芽萌发，自然花期 4 月上旬。需其在国庆节开放则属于抑制栽培，可于 7 月中旬入冷窖，保持温度在 0 ~ 2 ℃的条件下冷藏，促使其提前休眠。半月后，出窖放凉爽半阴处，并向植株及花盆周围喷水，使植株恢复生长，芽萌动后逐渐增加光照，每隔 7 ~ 10 天施一次稀薄饼肥水，或用 0.1% 磷酸二氢钾进行叶面施肥，9 月中下旬后温度保持在 22% 左右，9 月底即可开花。也可于 8 月初剪去全部叶片，留叶柄 2 ~ 3 cm 长，并施一次腐熟饼肥，促进新芽萌发。当花芽萌动时，可用赤霉素催芽、助茎、立蕾。方法：脱脂棉缠在芽上，每天 8:00—10:00 用毛笔涂上 700 ~ 800 mg/kg 赤霉素液 3 ~ 4 次，可促使花芽萌发整齐。展叶后再喷施 0.1% 尿素与 0.2% 磷酸二氢钾混合液 2 ~ 3 次，9 月下旬可陆续开花。如分批 7 月下旬至 9 月上旬摘叶处理，9 月上旬至 11 月中旬都有花开放。

（2）元旦（或春节）开花　需牡丹在春节开花，则属于促成栽培，可选择 4 ~ 5 年生的优良品种，于元旦（春节）前 45 ~ 60 天上盆，移入室内后逐渐升温，白天控制在 15 ~ 20 ℃，夜间控制在 10 ~ 15 ℃，并经常向叶面及地面喷水，以增加相对湿度。展叶后，要逐渐增加光照，每隔 7 ~ 10 天施一次薄肥，并向叶面喷施 0.2% 磷酸二氢钾溶液。经过 40 ~ 45 天，最多 60 天（因品种不同而异），即可在元旦（或春节）露色开放。开花后，适当降低温度，保持在 10 ~ 15 ℃，可延长花期。

（3）五一开花　可于 3 月末将冷藏室贮藏的休眠牡丹移入室内，逐渐升高温度，并适量浇水、喷水和施肥，因此时气温较高，经一个月左右即可开花。

2）秋菊

菊花是我国十大传统名花之一，其观赏价值高，商品性能好，是大众消费型花卉，自然花期 11 月结束。生长发育对日照的强度和长度极为敏感，但因种类及品种的不同，所需要的日照、温度等条件也不同，开花期也就不同。具体花期调控技术如下：

（1）元旦开花　秋菊属于典型的短日照植物，绝大部分秋菊花芽分化时间约为8月底。因此，如果想要菊花在元旦开花，首先需要倒推出菊花花芽分化和开花所需的时间（约一个半月），再倒推出菊花营养生长的时间（约50天），根据此原则可确定栽植时间。具体实行起来则根据所养菊花类型的不同而稍有差别。比如养多头菊，则应在8月初扦插，8月25日左右第一次摘心，然后上盆入温室长光照培养。在温室内，每隔15天摘心一次，至9月25日左右完成最后一次摘心，换成最终定植的大盆培养。

秋菊花芽分化时间8月底9月初，在11月15日之前，必须保持长日处理。简易大棚条件下，每天17:00以后，放下草帘，人工补充光照。加光标准：每10～15 m² 安一盏40 W节能灯，灯头距花盆1.5 m以下最佳，连续加光4 h，即到21:00熄灯。菊花对温度适应范围比较宽，但白天20～25 ℃，夜间16～18 ℃为佳。30 ℃以上生长不佳，低于8 ℃则停止生长。盆土配置以1/3的菜园土、1/3的炉渣、1/3的粪干混合配制。在其生长期间需要追两次肥，第一次是在9月5日左右，即菊花上盆缓苗，长出新根时；第二次是在11月15日左右，配合菊花短日照处理，目的是增加花芽分化时的营养。在11月15日要停止加光，以促成花芽分化。但在12月20日左右，即菊花露出颜色的时候，又应该恢复长光照，因为这种措施能够增加花瓣的长度。提高菊花观赏品质的另一措施是降低菊花的高度，可使用矮壮素来实现这一目的。菊花主要的病害是叶斑病，可以采用百菌清发烟剂定期消毒等。温室内潮湿、闷热，天气晴好时，每天中午都要通风透气，给菊花创造一个良好的生长环境。菊花浇水要掌握"不干不浇，一浇浇透"的原则，浇水可以结合施肥同时进行。每50 kg水加1 kg复合肥，每星期浇一次，直到菊花透色为止。为提高菊花的质量，有两个问题值得注意：一是浇水时注意不要溅到脚叶上，因为这样会引起脚叶脱落，降低观赏品质。二是抹去多余的花头时，要等到花头接近绿豆大小时进行，过早或过晚都会影响将来花朵的形状。

（2）春节开花　菊花春节开花有两种方法：一是根据前面的原理，倒推出菊花生长所需要的时间，按照扦插、打头、上盆、补光等程序按部就班进行。

另一种办法是在元旦开花的菊花的基础上，采取调控措施，延迟至春节开花。其大致操作如下：在10月25日之前（即停止加光之前），将需要延迟至春节开放的菊花移到另一个温室里，尽可能地保持温度在3～8 ℃，不能低于0 ℃，也不可长时间高于15 ℃。然后每周喷一次1 000倍的青鲜素（又名抑芽丹），期间保持盆土"握能成团，松开即散"，一直维持这种状态至离春节45天时，升温到白天20～25 ℃，夜间16～18 ℃，每周喷一次2 000倍的细胞分裂素，连喷两周，其他栽培要求按"元旦开花"10月15日以后的管理方法实行即可。

（3）春夏开花　春夏开花的调控原理与元旦开花的相同，有三点值得注意：

①如果在4月20日以前开花，需要前期长光照，后期短光照，开花前再长光照调控。如果在4月20日以后开花，只需在花芽分化期间遮光即可。

②菊花尽管花芽分化受光照控制，但温度也有很大的影响作用。如果在分化期间温度变化频繁，很容易导致柳叶头。因此对于欲在4月20日以前开放的菊花，不能过早搬出温室，因为这段时间气温波动较大，对生长不利。

③4月20日以后开花的菊花，扦插时属于短光照，因此母本必须处在长光照条件下培养，以防插穗花芽分化。

3）唐菖蒲

是多年生草本花卉，为世界四大切花之一，自然花期有的在春季、有的在夏季。但是，在秋季收获后的球根休眠很深，收获后期即使给予适宜的环境条件也不能发芽。因此，想提前或延迟开花，就必须通过低温打破休眠，促进球根提早发芽，或利用低温抑制球根发芽，推迟发芽开花的时间，则需采取相应的开花调节技术。具体花期调控技术如下：

（1）利用栽培管理措施控制花期　生长周期品种间差异较大，早熟种50～60天、中熟种65～80天、晚熟种80～120天，为准确安排切花上市时间，一般用倒数法，即从切花上市时间倒算出栽植时间，同时应根据各品种生长周期安排不同品种的播种时间。此外，利用对光照和温度的调控亦可对其开花期作出部分调整，长日照花卉，每天光照需14 h以上，根据这一特点，可通过遮光将唐菖蒲每日能接受光的时间缩短到10～12 h以内，以达到延迟开花的目的。此措施仅能影响到开花在一周内变化为宜，若强制性地提早或推迟自然开花期对切花品质都是不利的。

（2）打破休眠控制花期　唐菖蒲具有休眠性，一般休眠时间为30～90天，休眠中的球茎即使环境适宜也不能生长。打破休眠的方法以低温处理较多，将其置于0～4℃条件下，冷藏30～50天，可打破萌发、开花；也可把其球茎浸泡在30℃温水中两周，解除休眠；或将球茎悬挂于温室内30天，然后在27～32℃的温水中浸泡12 h左右再种植。

（3）利用生长调节剂控制花期　用800 mg/kg矮壮素水溶液浇灌唐菖蒲球茎3次，可使开花数量增多，第一次浇灌是在栽植种球后进行，第二次于种植后4周进行，最后一次浇灌在开花前25天进行，可提前5～8天开花。

（4）利用球茎休眠期控制花期　如果在一直保持低温、干燥的环境条件，唐菖蒲球茎就能不断维持休眠状态，不会萌发生长，这就可以达到推迟花期的目的。若需要唐菖蒲球茎开花，只需前升高温度，提供适宜的萌发条件，使球茎结束休眠，即可如期开花。

任务7　盆栽花卉室内应用技术

◎**知识目标**

1. 了解花期调控的意义、依据。

2. 熟悉花期调控的具体方法。

3. 掌握典型花卉花期调控的具体方法。

◎**任务目标**

1. 能熟练掌握不同花卉的花期调控方法。

2. 能熟练应用典型花卉花期调控的具体方法。

◎**任务背景**

室内花卉布置应遵循合理利用空间、合理布局、少而精、与环境协调、立体装饰、因时而异、稳重安全等原则。居室花卉装饰采用何种形式，应该根据主人的性格爱好、室内空间大小、功能及使用价值等来确定。常见居室花卉装饰形式有盆栽式、壁挂式、悬挂式等形式。

◎**任务分析**

盆花的用途大多数用于室内景观营造，由于室内特定的环境条件，在盆花选择时需要考虑现有室内环境条件是否与室内环境项匹配，否则影响后期的观赏与生长发育。

◎**任务操作**

盆花室内景观营造与室外的不同之处，在于对植物材料的选择上，需要符合室内能够提供的环境条件。

1. 盆栽花卉应用形式

1）盆栽式

盆栽式是居室花卉绿化装饰最常用的一种形式。即将盆花或盆景摆放在室内地面、几架、桌柜等上，以欣赏个体美。采用盆栽式花卉选择植物品种时，需注意色彩协调、姿态多样，对盆钵的大小、颜色、高矮及式样等均有一定的要求，如君子兰、山茶、燕子掌等。

2）壁挂式

壁挂式是现代居室墙壁美化的一种新颖手法，主要形式有立体壁挂、镜框式壁挂、插花式壁挂等。制作立体壁挂，宜选用株型小巧又耐阴的花卉，如西瓜皮椒草、紫鹅绒、翡翠珠等。装饰容器的制作方法：可选用口径 40 ~ 50 cm、底径 30 ~ 40 cm 的细孔塑料盆，将其纵切成两半，再钉在薄而硬的木板上，即成为一件半圆形栽植容器。容器内壁要贴上一层塑料薄膜，容器底部外面可套大小吻合的塑料盛水器。栽植时先填入腐叶土、细粒木炭、粗沙等混匀基质，再栽入花卉，浇足水，待水沥净后挂在室内墙壁上，便成为一幅景观独特、富于立体感的活壁画。

3）悬挂式

悬挂式是应用陶瓷、塑料、竹、木、藤等制作的吊盆或吊篮等容器，装入疏松的培养土，栽上富有变化的悬垂观叶或观花植物，然后用绳索或金属丝等吊垂于空中，创造出室内空中小花园，丰富居室花卉装饰层次，创造小巧别致的立体景观，具有轻便、灵活、移动方便等优点，别具飘逸、雅致、休闲的氛围。悬挂式无需几案承托，不贴附于墙壁，不占室内地面，是盆、篮和植物形态、色彩、造型艺术结合的艺术品，如吊兰、常春藤、垂吊天竺葵、垂吊矮牵牛等。

4）插花式

室内插花的布置是室内花卉应用中较为高档的一种，具有新鲜、富于变化、可移动性强、便于应急、烘托节日气氛等优点，但插花保鲜的寿命较盆花等短，因此成本较高。通常在节日期间应用较为常见。

5）屏风式

屏风式是指用槽状容器种上若干高大、枝叶茂密的观叶植物或盆栽植物，形似屏风的栽培形式。既具美化装饰效果，又能分隔室内空间，最适合临时应用的展会。制作屏风，可根据室内大小选择植物材料。室内空间较大时，可选用棕榈、棕竹、橡皮树、榕树等观叶植物；室内较窄时，可选鹅掌柴、朱蕉等植物；也可选用盆中立柱制作成的绿萝柱、常春藤柱等，形成一个绿叶遮蔽的屏障。

6）水养（培）式

水养式是选择水生观赏植物，放置在盆或瓶中水养的形式。是室内花卉绿化装饰中较为时尚的形式之一。如可将水仙、风信子、凤眼莲、水生鸢尾、石菖蒲、富贵竹、广东万年青、吊兰、龙血树、变叶木、红背桂、肾蕨、洒金桃叶珊瑚、冷水花等植物，放在紫砂、陶瓷、玻璃等浅水盆内，配以各色小卵石进行水养；对于易生不定根的绿萝、龟背竹、合果芋、银星秋海棠、竹节秋海棠、豆瓣绿等植物，剪取健壮的带叶茎段进行扦插水养；水培容器宜选用造型美观、别致、典雅、大方的各类透明或不透明器皿，与水养植物的造型相和谐，才能相映成趣。

2. 居室花卉的应用

1）客厅的花卉应用

客厅是接人待客的主要场所，有宽敞、明亮的特点，因此选择摆放的植物首先色彩要能起到装饰空间的效果，给人们带来心明眼亮的舒适感。花卉布置主张热烈、美好、向上的情调，花卉搭配颜色要与客厅基调风格协调。可选用株型比较高大的落地植物与色彩鲜艳适合窗台摆放的小型植物相配合。可选用的花卉品种有：发财树、巴西木、文竹、茶花、杜鹃、君子兰、红掌、扶郎花、蝴蝶兰、大花蕙兰、橡皮树、巴西铁、棕榈、仙客来、报春花、瓜叶菊、广东万年青等。

2）书房的花卉布置

书房是学习的场所，房内布置要求突出清静、雅致、舒适、激人奋进的特点。在花卉布置上要能够营造出既艺术又文雅的读书环境。花卉数量不宜过多、体积不宜过大，以绿色为主，作用是净化空气，调节心情。可选用的花卉品种有：绿萝、巴西铁、发财树、大叶伞、八角金盘、肉桂、芦荟、仙人掌、朱蕉、蔓绿绒、西瓜皮椒草、小盆君子兰等。

3）卧室的花卉布置

卧室是睡眠休息的场所，室内绿化应起到雅洁、宁静、舒畅等作用。宜选用冷色调的花卉来点缀，应以小型植物为主，植物气味不宜太浓。可选用的花卉品种有：蕨类、竹芋类、仙人球、山影拳、金边吊兰、兰草、水仙、棕竹、文竹、君子兰、龟背竹、白粉藤、虎尾兰、千岁兰、万年青、彩叶草、变叶木、西瓜皮椒草等。

4）餐厅的花卉布置

餐厅的环境氛围要求卫生、安静、舒适，宜以淡雅的暖色为基调，体积不宜过大。在橱柜上角可摆放悬崖小菊或花叶绿萝。墙壁上挂一幅风景画。放置于餐桌上的盆花一定要用配套瓷器套盆，体现出幽雅之感。

5）卫生间的花卉布置

卫生间是家人进行盥洗、沐浴的房间，自然光照条件较差，空气湿度较大，空间相对较小，在进行绿化布置时，讲究简洁清新，选用耐阴和喜湿的中小型盆栽植物。可选用的花卉品种有：鸟巢蕨、波士顿蕨、铁线蕨、冷水花、吊竹梅、花叶芋、网纹草、小型龟背竹、吊兰、文竹、天门冬、广东万年青、小棕竹、凤尾竹等。

6）阳台的花卉布置

阳台气候条件与地面、花房、庭院区别很大，楼房阳台多向阳，西南阳台较热，有温度高、湿度小、干热风大的特点；东北面阳台，光照少、凉爽，故阳台花卉选择应留意，配置正确与养殖生长很重要。东北阳台宜选品种，如栀子、倒挂金钟、散尾葵、棕榈、龟背竹、海芋、花叶芋、白鹤芽、马蹄莲、南天竺和昙花等。西南阳台宜选品种，如山影、仙人掌、芦荟、燕子掌、长春花、菲莉、龟背竹、麒麟掌、山影球、牡丹球、绿萝、长春藤、吊兰、龙舌兰、君子兰、巴西木、三角梅、火棘、榕树、橡皮球、一串球等。

另外，在阳台摆放花卉，厚叶、块茎、肉质品种宜放在阳台最前面。其次是肉质叶类如燕子掌、昙花类、令箭荷花、豆瓣绿、长寿花类，再次是吊兰、一串珠、君子兰类。一般平面摆放，还可垂直立体摆放，如吊兰、一串珠、长春藤、绿萝等，可垂吊，形似门帘，既增加美化效果，又可降低空气干燥和卧室强光等。

3. 组合盆栽的应用

1）根据栽培容器分类

根据栽培容器可将组合盆栽分为碟上庭院、钵中庭院、槽中庭院和玻璃花房。

碟上庭院就是利用各式碟子、浅盘、茶杯等开口平坦且无排水孔的器皿作为容器，将植物植于其中，利用庭院景观设计的各种手法和基本原理，构建微缩庭院式组合盆栽。一般选择生长速度慢的植物材料，如常春藤、袖珍椰子、三色千年木等。钵中庭院是将花钵、花盆等作为容器来创作组合盆栽。花盆和花钵款式、材质种类丰富，组合盆栽样式变化也丰富。槽中庭院利用种植箱、种植槽等作为容器栽植植物，营造绿意盎然的空间，是现代化公寓养花比较受欢迎的种植方式。玻璃花房是利用玻璃容器或透明塑料容器合栽植物，一般水生植物或湿生植物适宜此类种植，如冷水花、网纹草、吊兰、蕨类、莎草、竹芋等，一般选择矮化的植物材料进行组合。

2）根据植物材料分类

根据植物材料可将组合盆栽分为叶趣组合、花趣组合、观果植物和多肉植物组合盆栽四种形式。

叶趣组合以观叶为主，重点突出植物的体量、叶形、色彩和质感的协调与变化，如观音莲、常春藤类、蕨类、彩叶草、嫣红蔓、薜荔、黄金葛、文竹等。花趣组合以一年生草本花卉、多年生草本花卉、球根花卉为主花的季节合栽，根据观赏期选择植物材料。观果植物组合盆栽选择秋后果实累累、色泽鲜艳的植物种类，如火棘、金银花等。多肉植物组合盆栽以仙人掌科、景天科等多肉植物种类为材料，根据其独特的叶形、叶态组合栽植，需要阳光充足的放置地段。另外，根据植物特殊性，还有香草植物组合盆栽（茎、叶、花、果等器官具备芳香味的植物统称），香草不仅美化居室，还能起到杀菌、驱虫、调节中枢神经等作用。野趣植物组合利用野趣植物材料创造出古朴或具有乡野趣味的组合盆栽。园艺植物组合盆栽是利用园艺作物和观赏植物一样具有形态美、色彩美、香味美的植物进行组合，如番茄、茄子、辣椒、黄瓜、大蒜、香葱等与观赏植物组合。

4. 室内盆景设计应用

盆景艺术是自然美与艺术美的集中反映，所用材料来源于自然界的植物与山石，而且是极其有限的空间里仿效自然界的生态环境，去塑造自然界的美丽景色。盆景创作运用对立统一原理和美学法则指导盆景立意、造型和布置，正确处理好形式与内容、技术与艺术、自然美与艺术美的关系。树桩盆景常见的构图形式主要有直干式、斜干式、曲干式、卧干式、悬崖式、临水式、双干式、多干式、合栽式、附石式等。山水盆景常见的构图形式有：独峰式、对峙式、开合式、延绵式、聚散式、立山式、倾斜式、横山式、悬崖式、峡谷式。

5. 室内景园设计应用

室内景园是室内绿化的一种造园手法，是将园林艺术中山、石、水、植物的组景艺术和组景方法的做法运用于室内绿化工程的一种创造过程。即在室内空间，利用人工造景的方法将自然景物进行模拟组景，在室内构成一定可供观赏的自然山水景致，这种形式的园艺景观成为室内景园。

室内景园作为建筑内部共享空间的主题，要求室内山石水景、绿化等与建筑的顶、地、墙、装饰及各类空间设计协调有序统一进行。在室内空间设计中室内景园的常见类型有三种形式：借景式庭院、室内穿插式庭院和室内景园。借景式庭院一般有两种情况：一种较为封闭的内庭，其景物是室内视线的延伸，以坐赏为主，兼作户外休息。另一种为开阔的庭院，面积较大，划分为若干区域，各区都有风景主题和特色。室内穿插式庭院是常用的室内景园形式。用连廊、过道等使庭院绿化与各个室内空间串在一起，并以平台、水池、绿化等相互穿插，以通透大玻璃、花格窗、开敞空间等相联系相渗透。室内景园是在室内布置园林景色，创造室外化室内空间，是现代室内装饰广泛使用的设计手法，能营造一片不受外界自然条件限制的园林天地。室内景园的基本形式主要与其所处位置有关，一般有入口门厅、厅堂处共享空间、过厅与廊以及楼梯处。

项目3　鲜切花生产技术

◎**思维导图**

```
                              ┌─────────────────────┐
                              │   鲜切花保鲜技术    │
                              └─────────────────────┘
┌──────────────┐              ┌─────────────────────┐
│ 鲜切花生产技术 │─────────────│ 鲜切花贮藏及运输技术 │
└──────────────┘              └─────────────────────┘
                              ┌─────────────────────┐
                              │ 代表性鲜切花生产技术 │
                              └─────────────────────┘
```

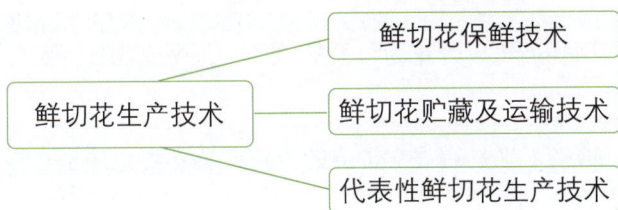

任务1　鲜切花保鲜技术

◎**知识目标**

1.掌握鲜切花的含义及类别。

2.了解鲜切花栽培的特点，掌握切花保鲜的常用技术措施等。

◎**任务目标**

1.能熟练识别常见的鲜切花。

2.能熟练进行切花保鲜工作。

◎**任务背景**

与一般园艺生产相比，鲜切花栽培具有单位面积产量高，效益高；生产周期快，易于周年供应；贮存、包装、运输简便，易于国际间贸易交流；可采用大规模、工厂化生产等特点。鲜切花栽培要求有一定的基本条件，包括栽培场地、生产基质、生产设施（包括温室、冷室、水肥、光照、温度、湿度等的调节设施等）、采后贮运设备等。

◎**任务分析**

鲜切花保鲜技术的主要原理，是通过人为手段降低切花呼吸速率、增加水分吸收、减缓花瓣凋谢速度。所采取的方法也是围绕呼吸速度调节、吸水调节和乙烯释放调节这三个方面开展的。

◎**任务操作**

鲜切花保鲜在销售和观赏环节最常用的手段是保鲜液保鲜，生产和运输环节常使用密闭、低温等手段限制切花花枝呼吸而达到保鲜目的。其中保鲜液保鲜需要先确定配方，配制过程类似于无土栽培营养液的配制。

鲜切花也称切花，是指从活体植株上切取的，具有观赏价值，用于花卉装饰的茎、叶、花、果等植物材料。主要用于瓶插水养、制作花束、花篮、花环、插花、胸饰花、头饰、桌饰等。

（1）切花　剪切下来以观花为目的的花朵、花序或花枝。如月季、唐菖蒲、香石竹、百合、晚香玉、菊花等。

（2）切枝　剪切下来具有观赏价值的着花或特殊姿色的木本枝条。如银芽柳、桃花、红瑞木、梅花、球松等。

（3）切叶　剪切下来的叶形或叶色具有观赏价值的叶片及枝条。如文竹、鱼尾葵、蓬莱松、铁线蕨、肾蕨、变叶木、北美冬青等。

（4）切果　剪切下来的以观果为目的的果枝或果实。如南天竹、火棘、观赏椒、五指茄等。

1. 鲜切花保鲜技术

鲜切花采收后，人为采取一系列措施以延长其寿命及商品价值的方法称为鲜切花保鲜技术，包括在切花采收后的预处理、分级和包装、贮存运输、上架出售、售后瓶插等一系列过程环节中，为保证或提高切花品质，延缓衰老，延长寿命所采取的各种技术措施。

切花保鲜主要是对切花而言，切叶、切果的保鲜较为简单。

1）切花保鲜原理

切花被剪离母体以后，收获上市，茎虽然被切断，但切花是有生命的，其茎、叶、花等器官仍进行着呼吸和蒸腾等各种生理活动，呼吸作用需要不断地消耗自身的能量和环境中的氧气，放出二氧化碳、热量和水。环境中的温度越高，湿度越大，呼吸作用越强烈，消耗的能量越多，鲜切花的寿命越短。因此，控制环境温度是抑制呼吸作用的主要措施；呼吸作用还与鲜切花本身所含营养物质多少有关，生长好，组织充实的鲜切花，所含碳水化合物多，能维持较长时间的呼吸作用，即鲜切花的寿命长。通过补充碳水化合物，例如糖类，可延长呼吸作用的时间，从而延长鲜切花的寿命。

鲜切花的花色、花型与质感都与含水量有密切的关系。鲜切花本身的水分平衡，取决于蒸腾和吸水两方面。蒸腾作用与叶片、花瓣等器官的表面积及空气湿度、温度有关。吸水主要是通过花枝的导管进行的。鲜切花茎剪后，空气进入导管内形成气栓，阻碍水分的传导；茎剪受伤后，发生氧化作用，产生流胶、多酚化合物、果胶等沉淀物，毒害茎组织，阻碍导管；鲜切花采收后，常插在水中，或贮存在湿润的环境中，水中鲜切花的代谢产物会对其造成毒害，水中的微生物繁殖增多，阻塞了输水导管。针对这三种原因，常采用杀菌剂、湿润剂、有机酸作为保鲜剂的成分，或在水中剪切花枝，提高鲜切花的吸水能力。

鲜切花在成熟的过程中，常释放乙烯到环境中，环境中的乙烯反过来又加速鲜切花的衰老过程。切花若置于富含乙烯的环境中，将会加速花朵本身产生乙烯，促进花瓣萎蔫。因此，抑制乙烯的产生和蔓延，是鲜切花保鲜的重要方法之一。

鲜切花采收后，要经历两个生理上的不同阶段：第一阶段是从幼花蕾生长和发育至充分开放，需要促进生长和发育过程；第二阶段是成熟、衰老和萎蔫阶段，需要减弱衰老的代谢过程。因此，概括起来，影响鲜切花寿命的主要因素有：切花体内有机物质的消耗、切花花枝吸水不良及切花体内乙烯产生的多少等。

2）鲜切花保鲜方法

（1）硅窗气调法　此方法是通过调节贮藏环境中的气体成分，以达到延长切花保鲜的目的。硅窗气调法就是利用硅橡胶对 CO_2 和 O_2 具有选择透性的特点，用硅橡胶嵌在包裹切花的聚乙烯薄膜袋上，成为硅窗气调袋。抑制高 CO_2 的释放，提高切花的贮藏时间。若气调结合低温贮藏，保鲜效果会更佳。

（2）冷藏法　冷藏法是在 –0.5 ~ 4 ℃温度和 85% ~ 95% 湿度条件下的贮藏方法。不同的花卉种类，最适宜的贮藏温度和贮藏时间有所不同。一般而言，起源于温带的切花大多数适宜为 0 ~ 4 ℃；起源于热带和亚热带的切花适宜 8 ~ 15 ℃。冷藏保鲜高效、经济，被广泛采用。

（3）应用花卉保鲜剂　使用各种切花保鲜剂是采后处理技术的一项必要措施。保鲜剂包括吸水处理液、茎端浸渗液、脉冲（或硫代硫酸银脉冲）处理液、1- 甲基环丙烯（1-MCP）处理剂、花蕾开放液、瓶插保持液和抗蒸腾剂等。普遍使用的是以硫代硫酸银为主要成分的保鲜制剂，而硫代硫酸银可造成环境污染，新研发的一种合成氨基酸 – 乙基硫氨酸，可取代硫代硫酸银达到保鲜的效果。

（4）植物基因工程保鲜技术　现代基因工程技术将从基因层面延缓鲜花的衰老进程，主要是控制乙烯的生成与释放。美国科学家已分离获得与康乃馨切花衰老有关的编码，利用反义 RNA 就能有效地阻碍内源乙烯的生物合成，从而抑制花瓣衰老。

2. 保鲜剂处理方法

目前生产上常采用的处理方法有预处理、催花处理和瓶插保持处理。

1）预处理

鲜切花采收之后包装贮运之前，为防止切花茎端导管被堵塞而导致吸水困难，或运输处理过程中失水，常需进行吸水处理，即使用水势较高，含有表面活性剂的化学溶液促进切花膨压的恢复与提高；同时为保证切花在较长时间的运输贮藏过程中有足够的营养物质供应，确保切花基本生理活动进行，以及防止有害生物侵染，也常需要进行脉冲处理，即用含糖为主的化学溶液短期浸泡处理花茎基部。预处理时，根据花卉品种需求，吸水处理与脉冲处理既可分开进行，也可同时处理，还可辅以负压、真空等物理环境提升处理效果。

（1）吸水处理　用吸水液处理切花时，应先剪切茎秆基部，修剪后立即将茎端插入溶有保鲜剂的水中（37 ℃）。当切花发生不同程度失水时，可用饱和水分的方法使萎蔫的鲜切花恢复正常。具体做法是：用去离子水配制含有杀菌剂和柠檬酸（不加糖）的溶液，pH 值 4.5 ~ 5.0，并加入表面活性剂（湿润剂）吐温 –20（0.01% ~ 0.1%），装在塑料桶内。先在室温下，把花茎在 38 ~ 44 ℃热水中呈斜面剪切，转移到同水温的上述溶液中，浸泡几小时后，再移到冷室中过夜（继续插在水溶液中）。对于具有硬化木质茎的切花，如非洲菊、菊花和丁香，可把茎端插在 80 ~ 90 ℃烫水中几秒钟，再移到冷水中浸泡，有利于恢复细胞膨压。

（2）脉冲处理　把花茎基部置于含有较高浓度的糖类物质和杀菌剂或乙烯抑制剂的溶液中，数分钟至 2 天，以达到补充糖原、杀菌消毒、延长寿命的处理方法。此处理一般在运输前进行，处理之后能促进切花花蕾开放更快，显色更佳，花瓣更大。

脉冲处理液根据成分及作用一般分为两类：一类是以补充糖原为目的，主要成分有糖、杀菌剂和水，糖的浓度比瓶插液的浓度要高出数倍。最佳浓度因种而定，如非洲菊和唐菖蒲用 20% 或更高浓度；香石竹、鹤望兰用 10% 浓度；月季、菊花用 2% ~ 5% 浓度。一般处理时间为 12 ~ 24 h。另一类以抑制乙烯合成为主要目的，主要成分为含银离子制剂如 STS、硝酸银、醋酸银以及杀菌剂、水等。其中硝酸银溶液处理时，可把茎末端浸在高浓度的硝酸银溶液中（约 1 000 mg/L）5 ~ 10 min，以延长采后寿命。由于银离子只能在茎中移动很短距离，处理后的切花不用再剪切，且在切花采后至消费的整个过程中，通常只需进行一次含有银离子的保鲜处理，但可多次进行糖脉冲处理。此类脉冲处理液处理浓度与处理时间常相互关联，浓度越高处理时间越短，最佳浓度根据品种耐受及品质要求决定，如花烛采用 0.68 g/L 硝酸银溶液处理 10 ~ 60 min，满天星使用 11.84 mg/L STS 溶液处理时须处理 12 h。

2）催花处理

切花于未开放前采收，经过贮藏运输后为保证花朵在销售前正常开放，常人工处理以促使花蕾开放。切花开放需要充足的碳源与水分，因此同种切花催花液成分与其含糖预处理液成分相近，均含有糖、杀菌剂、有机酸，但浓度略低，还可根据具体情况使用适宜浓度的赤霉素等植物生长调节物质，催花处理时间可达半天至数天。如月季催花处理可用 2% 蔗糖、300 mg/L 8– 羟基喹啉柠檬酸盐再加入 25 mg/L GA3 的催花液于常温下处理数天。

催花处理时，应保持环境温度为室温或略低、较高的湿度、充分的通风环境防止乙烯过量积累，花蕾开放或形成正常花色需要光照刺激诱导的品种还应配合补光措施。催花处理完成后，切花在销售前应转入温度较低的区域暂存。

3）瓶插保持处理

为了延长观赏期，提高观赏价值，在零售和消费环节，要使用瓶插保持液。瓶插寿命是衡量商品质量的一个重要指标，瓶插保持液主要成分有糖、有机酸、杀菌剂和植物生长调节剂等。糖的浓度较低，为 0.5% ~ 2%。

3. 保鲜液组成

鲜切花保鲜液主要成分是水和糖，其他成分在不同保鲜剂配方中有所不同。

1）水

若使用蒸馏水或去离子水配制保鲜液可增强瓶插耐久性，同时加强保鲜剂的作用效果。另外，微孔滤膜过滤水由于通过微孔滤膜在减压状态下清除气泡，从而减轻导管中空气堵塞，有利于切花吸水。

2）糖类

糖类物质可作为切花所需的营养来源，具有调节水分平衡和渗透势，保持花色鲜艳的作用。通常使用蔗糖，也可用果糖和葡萄糖。糖的适宜浓度因处理目的和切花种类而异。一般而言，短时间浸泡处理所用的预处液，糖浓度相对较高；长时间连续处理所用的瓶插液浓度相对较低；催花液介于二者之间。如满天星预处理用 5% 以上的蔗糖，瓶插处理则用 2% 以下的糖，月季预处理需 1.5% 以上的糖，瓶插液需 1.5% 以下或不加。

3）杀菌剂

保鲜剂配方中都至少含有一种具有杀菌力的化合物。主要有：

（1）8-羟基喹啉　这是一种广谱型杀菌剂，还可以降低水的 pH 值，防止导管堵塞，促进花枝吸水，降低蒸腾，抑制乙烯生成。常用的有 8-羟基喹啉硫酸盐（8-HQS）和 8-羟基喹啉柠檬酸盐（8-HQC），使用浓度为 200 ~ 600 mg/L。

（2）季胺化合物　大量应用于自来水或硬水的杀菌，比 8-羟基喹啉更稳定、持久。如正烷基二甲苄基氯化氨、月桂基二甲苄基氯化氨等，浓度 5 ~ 300 mg/L。

（3）噻苯咪唑　是一种广谱型杀菌剂，使用浓度为 300 mg/L，在水中溶解度很低，可用乙醇等溶解，还表现出类似激动素的作用，可以延缓乙烯释放，降低切花对乙烯的敏感性。

4）表面活性剂

可促进花材吸收水分。通常高级醇类和聚氧乙烯月桂醚最为有效，且用量少，浓度为 0.05% ~ 1%。

5）植物生长调节剂

通过调节激素之间的平衡，达到延缓衰老的目的。常用的有：

（1）细胞分裂素　其中6-苄基腺嘌呤最常用，可以防止茎叶黄化，促进花材吸水，抑制乙烯作用，使用浓度10～100 mg/L。

（2）赤霉素　单独使用效果不明显，常与其他药剂一起使用，主要用于催花剂，亦可保持叶片颜色鲜绿，使用浓度20～200 mg/L。

（3）脱落酸　促进气孔关闭，抑制蒸腾失水，但使用浓度应严格控制，通常为1～10 mg/L。

6）金属离子和可溶性无机盐

（1）银　作为乙烯抑制剂和杀菌剂被广泛应用。通常有硝酸银、醋酸银（短时预处理500～1 000 mg/L，瓶插10～50 mg/L）和硫代硫酸银（STS）。但硝酸银容易被光氧化形成黑色沉淀物质，又容易与水中的氯离子形成氯化银沉淀，不易运送至花枝顶部，且有毒性。而银的阴离子复合物硫代硫酸银，毒性低、移动性强，在实践中常被广泛使用。

（2）铝　可降低溶液 pH 值，抑制菌类繁殖，促进花材吸水，常用硫酸铝（50～100 mg/L）。

任务2　鲜切花采收后处理及贮运技术

◎ **知识目标**

1. 掌握鲜切花贮藏的原理与方法。

2. 熟悉不同鲜切花采收的适宜时期及采收处理方法。

3. 了解鲜切花分级包装的基本注意事项。

◎ **任务目标**

能熟练进行常见鲜切花的采收、贮藏及包装工作。

◎ **任务背景**

由于鲜切花分级包装、贮运等环节的保障，带动了整个切花行业的国际化、规范化和现代化，因此鲜切花采收后处理的各个环节蕴含巨大商机。

◎ **任务分析**

鲜切花生产的重要环节在于采收的处理，包括采收、保鲜、贮藏、包装分级与运输，采收处理影响到切花的品质和销量。

◎**任务操作**

鲜切花采收处理工作需要以行业分级标准为依据，开展分级、包装、保鲜剂贮运工作。

1. 鲜切花的采收

1）花朵开放类型和采收时间

切花采收时机选择的原则是：保证在切花使用时刚刚开放，并使未开放的花蕾能够继续开放，争取有最长的观赏期和最好的观赏效果。不同种类的切花，切取的时间不同，根据花朵在开放时对于养分来源的依赖，可分为以下三种类型。

（1）正常开放型　此类切花开放所需养分主要依赖母体，必须正常开放后才可采收，采收过早则不能正常开放或出现"弯茎"，易于枯萎，如大丽花、非洲菊、一品红、向日葵等。

（2）离体开放型　此类花在花蕾开始松口露色时采切，之后还能够继续生长、开放。如百合、满天星、马蹄莲、翠菊、香石竹等，一般花枝上带有叶片，可提供开花需要的养分。

（3）居间开放型　此类花在主花序上单花微绽，或花序上的小花部分开放后，其余单花或小花才能正常开放，属于居间开放型，如晚香玉、月季等。

一天之内，无须长距离运输时，宜在早晨或傍晚切取；需要贮藏和长距离运输的，宜在 10：00 以后或傍晚前切取，此时茎、叶、花含水少，不易损伤，便于包装和运输。另外，要尽可能避免在高温和高强度光照下采收。切花剪取时，既要满足切花使用的需要，又要保证植株能正常生长。切花的采后寿命，与花枝剪取的部位和方法关系密切。在商品切花的生产中，如月季一般要求花枝长 40 ~ 60 cm，在花枝基部留一个叶芽剪取。灯烛花、非洲菊则要从基部连整个花柄采下。

2）切叶的采收

切叶主要用作插花、装饰的辅助材料，与切花不同，当叶色由浅绿色转为深绿色，叶柄坚挺而具有韧性，充分发育成熟时，即可采收。

2. 采后处理

采后处理包括预冷、分级、包装、贮藏等环节。

1）预冷

切花采后应尽快预冷，温度越高，蒸腾速率越高，衰败发生越迅速。因此，在包装、贮运前的预冷，可大大减少运输中的腐烂、萎蔫。最简单的预冷方法是在田边设立冷室，不包装花枝或不封闭包装箱，使花枝散热，直到理想的温度。喜冷凉条件的花卉，预冷温度为 0 ~ 1 ℃；喜温暖条件的花卉，预冷温度为 8 ~ 15 ℃，相对湿度 95% ~ 98%。在生产上的预冷方法还有水冷（让冷水流过包装箱而直接吸收产品的热量）和气冷（让冷气通过未封盖的包装箱以降低温度）。

2）分级

切花采收后，要摊开分级。我国已经出台了鲜切花的分级标准。一般根据花枝长短、花朵直径、色泽、整体感、成熟度、病虫害等，按品种分为 3 ~ 4 个等级。鲜切花分级后，进行计数，按 10 枝或 20 枝一束进行绑扎，以便包装和运输。

3）保鲜剂处理

根据切花自身的需要选择预处理、保鲜处理或催花处理。

4）包装

为了保护鲜切花免受机械损伤，保持产品的质量，必须进行恰当的包装。常用的包装材料有纤维板箱、瓦楞纸箱、塑料袋、塑料盘、泡沫箱等，包装箱上都有透气孔。切花束可用耐湿纸、报纸和塑料套包装。装箱时，应小心地把切花分层交替放置于包装箱内，直至放满，各层之间放纸衬垫。对向地性弯曲敏感的切花应垂直放置（如唐菖蒲、花毛茛、小苍兰），月季单枝切花要用塑料网或套包装，以保护花蕾。有专门设计用于鹤望兰、非洲菊包装用的纤维纸箱，能保护花头，支撑茎保持垂直。

3. 鲜切花贮运

从田间采收回来的鲜切花，经过预冷、分级、包装等环节后，就进入贮藏或运输过程。为维持其商品质量和寿命，贮存运输的关键是创造低温（1 ~ 4 ℃或 8 ~ 15 ℃）、高湿（90% ~ 95%）、通气、快速的条件，另外，外源乙烯对切花也有一定的伤害，主要取决于大气中乙烯的浓度、暴露时间长短等因素。方法主要有：

1）湿藏

这种方法适于短期贮藏及运输，是将花的茎部浸入充满水或保护液的容器中进行贮藏。但运输需占用较多设备，费用大，大规模生产运输中不适用。

2）干藏

干藏包装材料多以柔质塑料为宜，湿度由箱内蜡层或箔膜来保证，一般高密聚乙烯塑料薄膜效果最好，若袋内装入 O_2 吸收剂或蓄冷剂（冰块），保鲜效果更好。干藏常用于长期贮藏，贮藏后花苞开放需适宜的催花溶液。

3）气体调节贮藏

通过精确控制冷库中气体（主要是 CO_2 和 O_2）的成分，来贮藏植物器官的方法。通常是降低 O_2 浓度，提高 CO_2 浓度，能削弱切花的呼吸强度，减缓营养物质消耗，并抑制乙烯产生，达到延缓衰老的目的。但相对成本较高，故生产上较少应用。

4）低压贮藏

给切花创造一个低于周围环境条件的气压和低温的贮室，将其放入，并连续供应湿空气气流的贮藏方法。当大气压力降到正常大气压的 5%～8% 时，贮藏效果最好，但成本高，故生产上也较少使用。

不论利用哪种贮藏方法，都必须控制在低温、通气、高湿的环境条件下，并保持贮藏场所的清洁。

任务 3　代表性鲜切花生产技术

◎**知识目标**

1. 熟悉常见鲜切花的花期调控技术。

2. 熟悉常见切花的生产流程、采收时期和保鲜方法。

◎**任务目标**

能熟练进行四种以上切花的繁殖、养护管理及保鲜贮运工作。

◎**任务背景**

切花月季、唐菖蒲、菊花、康乃馨因其品种丰富，具备周年生产习性，耐贮运、保鲜效果好等优势，被称为世界四大切花。广泛运用于花篮、花束、花圈等各类插花素材。

◎**任务分析**

目前，市场出现的鲜切花种类繁多，但同种类型切花的生产具备相似性。因此，选择最具代表性的世界四大切花生产流程作为鲜切花生产案例，学习切花的养护、采收、保鲜、贮藏等环节。

◎**任务操作**

鲜切花生产的流程与盆花、露地花卉的最大区别是更加注重保鲜、分级包装、贮运等采收之后的环节，因此，技能操作的重点也放在切花保鲜、贮藏、分级等方面。

◎**思维导图**

1. 月季 *Rose Chinensis*

别名：月月红、长春花（图3-1）。蔷薇科，蔷薇属。

图 3-1　切花月季

1）分布与习性

原产于我国，现世界各地普遍栽培，尤以原种及月月红为多。原种及多数变种早在18世纪初便传至国外，成为近代月季杂交育种重要原始材料。

月季喜肥沃、土质疏松的微酸性土壤，最适宜的pH值6 ~ 6.5，生长适宜温度为15 ~ 25 ℃，30 ℃以上生长不良，5 ℃以下开始休眠，一般能耐 –15 ℃低温，抗寒品种能耐 –30 ℃。月季喜光照，每天要求有6 h以上的光照，才能正常生长开花。最适空气湿度为75% ~ 80%。

2）栽培技术

切花月季常在温室内栽培，多在春季种植，且4年后更换新株以保证切花品质，因而每年有25%的植株要去旧换新。

（1）基质改良　月季成活后生长期可达4 ~ 7年，根系进入土层深，因此种植畦需深翻达35 ~ 40 cm，并结合翻地施入基肥以改良土壤。一般180 m²（标准大棚）施堆肥1 200 ~ 1 500 kg，堆肥以猪粪为主，加入骨粉100 kg，过磷酸钙40 kg，砻糠50 kg，黏性土壤可以加入粗沙、锯末、稻糠等与土壤充分混合加以改良。也可以用壤土与泥炭和珍珠岩（或沙）以2∶1∶1的体积比进行配制，用石膏或石灰调整pH值6 ~ 6.5。土壤配制好后，采取蒸汽消毒或化学消毒法进行消毒。

（2）整地作畦　施入基肥后整地作畦，一般畦宽80 cm，畦高20 ~ 25 cm，沟宽60 cm。

（3）栽植　栽植时间一般在2—3月，也可以推迟到4月，每畦栽两行，株行距常用（20 ~ 30）cm×（20 ~ 30）cm，平均6 ~ 9株/m²。定植时苗木要修剪，留15 cm高，去除折断、伤残的根与枝。顶芽一定要饱满。栽植深度决定于表面是否覆盖，如将芽接的接口部分离土面5 cm，土面盖8 cm厚的覆盖材料（如腐叶、木屑之类有机物），以后这

8 cm 逐渐沉降为 5 cm，恰好在接口下面。如不加覆盖物，则需栽深一些，使接口部位在土面之上，以免腐烂。

3）管理措施

（1）水肥　月季的根部土壤要保持湿润，浇水的次数与时间应根据气候条件具体掌握，坚持"不干不浇，浇则浇透"的原则。浇水时间最好是清晨或黄昏。早春月季萌芽前，宜施一次无机肥料，促进早期生长。在寒冷地区，秋季霜冻前 30 ～ 45 天，用浓度为 1.5 ～ 3 ppm 的磷酸二氢钾进行叶面细雾喷洒，能促使月季枝条充实，提高耐寒力。生长季节每月追肥一次，做到薄肥多施，肥力均匀。每平方米施复合肥 0.1 ～ 0.15 kg。

（2）剪枝　月季的生长期从春天萌芽到初冬休眠，每次花期前后，都要适当进行修剪，对新栽的幼株，当开春第一次形成小花蕾时，应及时摘蕾，促其积累养分发枝发棵。以后每次花谢后剪除残花。生长期修剪时，为了防止植株在不适当位置上萌芽抽枝，还应及时抹去枝条其他部位的芽。对于壮棵月季，每次修剪时，除了剪除枯枝、病枝、伤枝外，还应根据植株形状，把一些瘦弱无力、零乱错杂、过于拥挤的侧枝剪去，使整个植株形成一个倒置的伞形。冬剪以强剪为主，在距基部 3 ～ 6 cm 处全部剪去，只在主枝基部保留 10 个左右的芽眼。

4）切花采收

（1）采收时间　月季采切过早，花朵不易正常开放，花蕾还没绽开就过早垂头了。采收的时间与品种有关，红色与粉红色品种当最外层两片花瓣展开时即可采收，黄色品种略早，白色品种略迟。一般在开花前 1 ～ 2 天采切，最好在萼片与花瓣成 90° 时切取。采收时应在温度较低、湿度较大的环境中进行。

（2）花枝的剪取　切花月季枝条较长，花枝剪取时尽量长剪，但也需兼顾下次开花枝生长的快慢，一般从基部向上数 2 ～ 4 枚叶处剪断花枝。若开花枝较短而开花母枝又较多，剪取时可略带一段原有开花母枝的茎段，使新花枝由开花母枝上再发，但萌发较慢。采收后，取掉花枝基部叶片，插入水中吸水（可在 10 ℃冷室中进行）。然后按长度分级，20 枝一束捆好，用玻璃纸包装，包装好后在低温（2 ～ 12 ℃）下保存。

（3）保鲜与贮藏　月季切花保鲜期短，不耐长途运输。采切后的月季若不上市出售，应立即进入低温（2 ～ 12 ℃）库贮藏，最好插入水中进行湿藏，一般可保存 3 ～ 7 天。湿藏时保持较低的 pH 值，将叶片露出水面，采用硫代硫酸银和硫酸铝混合液作为保鲜剂。通常月季所用的瓶插保鲜液称为康乃尔配方液。若要克服月季弯颈现象，可在保鲜剂中加入 360 mg/L 醋酸钴，再加乙氨 – 甲酰磷铵可阻止红月季切花蓝变及早萎。

2. 菊花 Dendranthema × grandiflorum

别名：秋菊、鞠、黄花、九华（图 3-2）。菊科，菊属。

图 3-2　切花菊

1）分布、习性与栽培技术

见项目一任务三中露地秋花类菊花。

2）周年生产技术

菊花的周年生产，由年初的秋菊和寒菊品种的抑制栽培开始，接着春菊的正常开放，然后是夏菊、秋菊的促成和半促成栽培，最后是8—9月开花菊、秋菊、寒菊的正常开放，包括部分秋菊、寒菊的抑制栽培，就形成了切花的周年供应。

花芽分化和开花所需的温度因种类和品种而有所不同。夏菊，10 ~ 13 ℃花芽分化，其后随着温度达到15 ~ 20 ℃而促进开花；秋菊和寒菊在15 ℃左右花芽分化而开花，如果遇上比花芽分化时还低的温度，开花往往延迟。

从花芽分化结束到开花这一段时期的长短，因品种和温度而异，一般为45 ~ 60天。夏菊和八九月开花苗与日照无关，只与营养生长有关。通常花芽分化时展叶10枚左右，株高25 cm以上，开花时展叶17枚，株高60 cm左右。

根据不同品种花芽分化、开花对温度和日照的不同要求，进行相应的光、温、水调控，就能做到周年生产。

3）管理措施

（1）摘心　一般于定植后20天左右摘心，只留最下部5 ~ 6枚叶。

（2）张网　当幼苗长到20 ~ 25 cm高时，张第一层网，隔30 cm张第二层网。网要拉紧，使植株挺直生长。一般用高1.5 m竹竿，打入地下50 cm，每畦两边隔2 ~ 3 m

一支竹竿，两头拉紧，防止倒伏。

（3）摘除侧芽　单株密植型的，要经常摘除腋芽，保证主干生长健壮；多枝型的，定型后也要经常摘掉多余的芽，每株留 4 ~ 5 枝，其余侧芽抹去。

（4）疏花疏蕾、换头　现蕾后及时剥除菊株顶端主蕾以下的所有侧蕾。若出现"柳叶头"现象，应及早摘心换头，将枝条顶梢的柳叶部分连同 1 ~ 2 枚正常叶剪去，待其下部萌发的侧枝长成代替主茎，以后在短日照条件下花芽分化。如花期早可多留侧蕾，延迟开花。花期迟可少留花蕾，提早花期。

（5）施肥　菊花定植后，每隔 10 天施一次无机肥，每公顷施复合肥 100 kg，尿素 50 kg，氯化钾 25 kg。

（6）光照处理　大多数菊花为短日照植物，只在短日照条件下才开花。要使菊花周年开花，必须进行光照处理。对光敏感的夏季花芽分化，必须短日照处理 22 ~ 28 天，多花型则需要 42 天左右。在遮光处理的前半段时间（约 15 天）要求十分严格。一般缩短光照时间在 12 h 以内。遮光处理的植株，只在营养生长达到一定程度，如株高达 30 ~ 35 cm 时才有效。同理，在秋季，夜间加光可抑制植株提早花芽分化。具体做法是：每亩用 60 W 灯泡串联在 380 V 电压的电线上（1 公顷 =15 亩），平均分布在花场，每个灯泡照射复盖面积 9 ~ 12 m²。

（7）肥水管理　水要浇透，不能过干，也不能太湿，土壤含水量保持在 70% 为宜。菊花喜肥，除施足基肥外，还要追施速效肥，有机和无机肥并用，以保证叶色亮绿，脚叶不枯，生长健壮。另在孕蕾前叶面喷硼和在花蕾形成期喷施 0.1% 磷酸二氢钾有利于保证切花质量。

4）采收与保鲜

（1）采收时间　菊花切花最重要的质量标准是采切后其头状花序能不断发育和生长。供切花用的菊花分大菊和小菊，采切时的标准也不同。

①小菊。当主枝上的花盛开、侧枝上有 3 朵花色泽鲜艳时即可采切。如果提前采切，主枝上也必须有 3 ~ 4 朵花已显露出该品种的典型特征和色泽时，方可采切。

②大菊。当头状花序内已显露出舌状花瓣，且色泽鲜艳时（即花开七八成）即可采切。切花菊由于长期贮存或运输，也可在花蕾期采切。可在自然盛开期前 1 ~ 2 周采收，大花品种，直径不小于 5.5 cm，采后在 1 ~ 3 ℃的条件下插入催花液中深达 5 ~ 10 cm，可贮存 2 周。

（2）采收方法　离地面 10 cm 处切断采收，切口要整齐。切花后摘除下部 1/3 以下叶片，一般还要在水中进行第二次剪切，或将切口端置于 80 ~ 90 ℃的热水中浸泡 10 ~ 15 min，或插入开水中停留 30 s，以排出导管中气泡。再进行分级，10 枝一束，并进行保鲜处理。

（3）保鲜与贮藏　切花菊适宜的贮存温度为 0 ~ 4 ℃，相对湿度 85% ~ 90%。菊花的抗凋萎性很强，瓶插寿命长。采切后将切花菊插入蔗糖与 8- 羟基喹啉柠檬酸盐的混合液或糖、硝酸银及柠檬酸的混合液中，能改善菊花的品质，延长菊花的瓶插寿命。

3. 香石竹 *Dianthus caryophyllus*

别名：康乃馨、麝香石竹、石竹（图 3-3）。石竹科，石竹属。

图 3-3　香石竹

1）分布与习性

原产于欧洲南部、地中海沿岸至印度地区，花期 4—9 月，保护地栽培四季开花。属强阳性花卉，无论室内越冬、盆栽越夏还是温室促成栽培，都需要充足光照。喜冷凉干燥、阳光充足与通风良好的环境。耐热性较差，最适生长温度 14 ~ 21℃，温度超过 27 ℃或低于 14 ℃时，植株生长缓慢。宜栽植于富含腐殖质，排水良好石灰质土壤。

2）栽培技术

通常香石竹大多利用塑料大棚进行为期一年的普通栽培。

（1）土壤准备　香石竹病害感染严重，需要进行轮作。但在规模化生产中，常用换土、消毒解决这一问题。

香石竹栽培要求肥沃、透水、保湿、通气的土壤。在连作情况下，一般需要在原有土壤中掺入稻谷壳、大豆荚、花生壳、锯木屑、草炭及经过粉碎的玉米、麦秆、稻草等作物碎段。掺入量为土壤容积的 20% ~ 30%，耕作层的深度要求达到 40 cm 以上。

土壤消毒时若用蒸汽消毒，土层温度要达到 90 ℃，一般病原菌在 60 ~ 70 ℃可杀死，有效消毒深度则可达到 20 ~ 25 cm。

（2）栽培床设置　栽培床的设置要特别强调土壤的通透性、排水性与无病虫的要求。一般做高 15 ~ 20 cm，宽 80 ~ 100 cm 的高畦。若条件允许，可在畦边用木板、水泥板或砖砌 20 cm 高度的边框，床底铺设排水管或用碎石、稻谷壳等排水层，以便土壤管理。

（3）定植　定植时期主要根据预定采花期的要求与栽培方式等因素而定，从定植到始花约需110～150天,香石竹切花效益较高的供花期在10月到翌年4月前后,定植期在5—6月。提早或延迟定植,采花期会相应地提前或推迟。通常的栽植密度为33～40株/m²,株距12～15 cm,行距20 cm。中型花品种密度可提高到44株/m²,大花型品种则掌握在35株/m²。以采收第一批花为主的短期栽培,栽植密度可加密到60～80株/m²。香石竹种植时要掌握浅栽原则,通常栽植深度为2～3 cm,以扦插苗在原扦插基质中的表层部位稍露出土面为度。栽植时要防止幼苗曝晒而使根系干燥,栽后即浇水,使根系与土壤密接。

3）管理措施

（1）摘心　定植2～3周后可第一次摘心,促进侧芽萌发。第一次摘心后,保留3～4个侧枝,以后根据需要可再摘心1～2次。摘心可控制花期。

（2）张网　香石竹在整个生长过程中,要张网3～4层。苗高15 cm时张第一层网,以后逐渐往上张网,网层间距25 cm左右。网要拉直、拉平、拉正。

（3）抹芽和除蕾　摘心后,除保留一定的分枝外,其他的全部抹去。植株拔节后在下方发生的侧枝,也应及时抹去。除多头型香石竹外,主蕾以外的花蕾应及时剥除,以保证主花蕾的营养供给,促进其发育。

（4）施肥　追肥宜淡而勤,生长前期以氮肥为主,中后期要增加钾肥量。在9—10月与3—4月的生长旺季,需要大量养分补充,年追肥次数可达10～20次。长期施用化肥,易使土壤盐积化程度提高,会发生严重的连作障碍。因此,在使用化肥时,要尽量避免施用氯化钾、硫酸钾等硫酸根离子肥料与氯离子。对香石竹比较适合的有:硝酸铵、硝酸钙、硝酸钾、磷酸二氢钾、硅酸钾等。香石竹易发生缺硼的现象,其症状为植株矮小、节间短缩,顶芽不能形成花蕾,常用的硼肥有硼砂、硼酸或硼镁肥。硼酸含硼7.5%,用量750～7 500 g/hm²。

（5）水分　生长期需要较多的水分补给,但必须注意栽培基质具有良好的排水性能。

（6）光照　香石竹虽是能四季开花的中日照性植物,但需采取补光措施延长日照到16 h,才能促进营养生长与花芽分化,提早开花提高产量。6—7月定植,8月下旬花枝具有5～6对展开叶片时,正处在花芽分化前期,此时开始补光50天左右,可促进第一批花的花芽分化,以提早开花,第一批花采收后再进行60～80天补光,能有效影响第二批花的质量。

4）采收与保鲜

（1）采收时间和部位　一般在蕾期或半开放时切取。通常低温期花开五六成,高温期花开四成时采收。采收时,大花石竹花瓣从花萼处长出3 cm时采切,夏季略提前;小花石竹在主花序绽开，两个侧花序上的花瓣显露时即可采切，采切后20枝一束包装上市。

（2）保鲜与贮藏　香石竹最适宜贮藏温度为0℃，但在低温下贮存时间每延长一周，花的瓶插寿命则降低一天。因此即使在标准的冷藏室内贮存，也不能超过4周。为了确保切花质量，最好是在蕾期采切，0℃低温下贮藏，催花处理后花蕾快速绽开，以便能适时出售。

切花香石竹对乙烯较敏感，通常含有乙烯抑制剂保鲜液处理，如硫代硫酸银或硝酸银（100 mg/L）溶液加入赤霉素（10～20 mg/L）、氨基嘌呤（5～10 mg/L）处理会加速花开放。

4. 百合 *Lilium* spp.

别名：百合蒜、番韭（图3-4）。百合科，百合属。

图3-4　百合

1）分布与习性

原产于我国、日本、北美和欧洲等温带地区。喜半阴环境，耐寒，忌水淹。生长适宜温度为15～25℃，低于10℃或高于30℃均生长不良。喜富含腐殖质的微酸性土壤。

目前鲜切花栽培主要以麝香百合杂种系（*Lilium longiflorum hybrids*）、亚洲百合杂种系（*Lilium asiatic hybrids*）、东方百合杂种系（*Lilium oriental hybrids*）等三个杂种系为主。

2）栽培技术

（1）土壤处理　选地势高燥、排水良好、土质疏松、富含腐殖质、土层深厚的微酸性土壤。在种植前6周，应进行盐分测定和消毒处理，盐分太高的要进行冲洗，土壤消毒可用蒸汽或敌克松、辛硫磷等杀菌杀虫剂进行。

（2）种球选择　成熟的百合种球，有高温休眠和低温打破休眠的特性。种植时，要选择已达到一定规格，并经过低温处理打破休眠的百合鳞茎栽培，当年开花。

（3）种植　种植前土壤应充分浇水，有利于百合长根。不耐热的品种应考虑避开炎夏，不耐寒的品种不能在严寒的露地上越冬，应建塑料大棚或温室作保护地栽培。种植时开15 cm深的小沟，与床面的长方向垂直，或张网后按株行距挖洞栽植。

3）周年生产技术

百合鳞茎可通过人工低温贮藏，打破休眠，分期种植，在保护地环境中栽培，就可做到周年生产。

4）管理措施

（1）水肥　百合属浅根性植物，对水分依赖性大，最好要有喷滴灌控制系统。漫灌方式会使表土板结，使植株缺氧而黄化。浇水量依土壤种类、蒸发量和作物生长阶段而定。百合鳞茎发芽出土后要及时追肥，每 10 m² 的土壤加入 1 kg 硝酸钙。百合需要多种养分，为了满足其生长需要，可几种化肥混合施用。可用 N∶P∶K 为 5∶10∶5 的复合肥，每平方米施 30 g。生长期间每平方米追施硫酸铵 15 g，过磷酸钙 45 g，硫酸钾 15 g，可兑水追施，必要时可进行叶面喷肥。

（2）通风遮阳　可用风机使空气对流和揭开塑料棚膜的方式通风，一般棚顶开窗的大棚降温效果好。但降温时，空气湿度不可下降太快，否则易发生烧叶。用计算机自控温室栽培百合最为理想。另外，3—10 月光照强度较大时，强光直射对其生长不利，造成切花品质下降，可用 50% 遮阳网降低光照，但秋冬季应除去遮阳网，以防光照不足使花苞掉落。

（3）设立支柱　一些直立性差的品种，可设立支柱以防茎秆弯曲而降低品质。支柱可用竹木，也可用钢筋加尼龙网。用网时应拉紧，并随植株生长而抬高网面。

5）采收和保鲜

（1）切花采收　当第一朵花蕾充分膨胀并着色时采收最合适。但如果采收的花茎有10 个以上的花蕾，则必须有 3 个花蕾着色后再采收。剪取花枝时，为保证鳞茎继续生长，地面以上植株应保留 10 cm 以上和部分叶片，如果剪去地上全部枝叶，鳞茎将休眠或坏死。

（2）鳞茎采收　以收获鳞茎为目的的百合，现蕾时应摘除花蕾，以使营养集中供应鳞茎生长发育，保证种球品质，提高商品性。一般在地上部分枯死以后采收，长江流域的百合一般 8 月初地上部分枯死，而大棚促成栽培的则与播种期有关。采收后除去茎秆，堆放室内。切忌阳光曝晒，以防鳞片干枯。

5. 非洲菊 *Gerbera jamesonii*

别名：扶郎花、灯盏花、秋英、波斯花（图 3-5）。菊科，大丁草属。

图 3-5　非洲菊

1）分布与习性

原产于南非，现世界各地皆有栽培。喜冬暖夏凉、空气流通、阳光充足的环境，不耐寒，忌炎热。喜肥沃疏松、排水良好、富含腐殖质的沙质壤土，忌粘重土壤，宜微酸性土壤，生长适宜温度为 20 ~ 25 ℃，低于 10 ℃停止生长，可忍受短期的 0 ℃低温。

2）栽培技术

（1）整地施肥　非洲菊以疏松肥沃、排水良好、富含腐殖质、土层深厚的中性偏酸的沙质壤土为佳。忌积水，一般用高畦栽培，畦高 30 cm 左右，畦宽 1 m，畦沟宽 30 ~ 40 cm。每公顷施腐熟有机肥 30 t、过磷酸钙 750 ~ 1 200 kg、复合肥 750 kg，施于床面并拌和均匀。土壤准备好后用 40 %甲醛 50 倍液喷于土壤上并拌匀，用塑料膜密闭 2 ~ 3 天后，揭开塑料膜风干 2 周后使用。

（2）栽植　按株行距 30 cm×30 cm 移栽。栽培时应注意根系入土且舒展不折；苗基部必须高出基质表面，勿淹苗心；移栽完后应及时浇透水。

3）年生产技术

温度是影响非洲菊开花的关键因子，采用保护地栽培，冬季可保温，夏季可防暑，只要温度适宜，一年四季均可开花。非洲菊一般定植 5 ~ 6 个月可开花。各地可根据当地的气候和用花时间，推算栽培时间。

4）管理措施

营养生长阶段，要求温度 20 ~ 25℃，基质湿度 70% ~ 80%，光照在 50% ~ 60%。在前期施足底肥的情况下，追施复合肥 2 ~ 3 次，并着重磷、钾肥的补充，使其向生殖生长更好的过渡。

生殖生长阶段保持土壤水分 70% ~ 80%，避免湿度过重，并保证充足的光照，但又要避免强光灼伤叶片，阻碍其生长。进入生殖生长阶段要保证植株有充足的肥源，一般 P、K 的比例以 15：8：25 为宜，施肥上应根据植株生长状况及叶色、花色的表现来判断，遵循固体肥、液肥及叶面肥相结合的原则进行。微量元素的补充一般采用叶面喷施，10 ~ 15 天喷一次，每次用 0.1%磷酸二氢钾、0.1% ~ 0.2%硝酸钙或 0.1% ~ 0.2%螯合铁、0.1% ~ 0.2%硼砂或硼酸和 5 ~ 10 mg/kg 的钼酸钠混合液进行叶面交替喷施。在非洲菊的生育期，要进行合理的剥叶。一般 1 年生的植株上有 3 ~ 4 个分株，每分株应留 3 ~ 4 枚功能叶，剥去已被剪去花的老叶及密集丛生的新生小叶。另外，当一棵植株上，同时具有 3 个以上发育程度相当的花蕾时，应根据植株的生长情况，适当进行疏蕾。或幼苗初花期未达到 5 枚以上的功能叶或叶很小时，也应疏去花蕾，促进营养生长。

5）采收与保鲜

（1）采收　当非洲菊花梗挺直，舌状花瓣形成一个完整的花冠，并且至少有两个环状雄蕊群清晰可见时即可采切。

（2）包装运输　非洲菊切花包装运输的主要问题是花茎容易折断，并且产生腐烂，最好采用 70 cm × 40 cm × 30 cm 的长方形包装盒包装，以免在运输途中因移动而折断。非洲菊不能缺水，花梗完全靠水来支撑。在运输时，必须插在水中，入水前，先把茎基部 3 ~ 6 cm 外观为红褐色的部分剪除，直至显露出没有被堵塞的导管为止，入水深度 10 ~ 15 cm，并可每升水加入 30 mg 硝酸银或 25 mg 硫酸铝达到保鲜效果。

6. 文心兰 *Oncidium lexuosum*

别名：跳舞兰、金蝶兰、瘤瓣兰、舞女兰（图 3-6）。兰科，文心兰属。

图 3-6　文心兰

1）分布与习性

原产于美洲热带地区，但其分布地区较广，有热带、暖带、高山的温带和寒带等。喜湿润和半阴环境，除浇水增加基质湿度以外，叶面和地面喷水增加空气湿度对叶片和花茎的生长更重要。生长适宜温度为 10 ~ 25 ℃，冬季温度不低于 8 ℃。硬叶型品种耐干旱能力强。规模化生产需遮阳，以遮光率 40% ~ 50% 为合适。

2）栽培技术

（1）基质准备　文心兰属附生兰类，根系对通气要求较高，切花栽培通常采用盆栽形式。花盆口径 13 ~ 15 cm，高 18 ~ 20 cm。幼苗基质可采用水苔，成苗选用保水、保肥，排水透气好的微酸性基质。常用基质有：碎蕨根 4、泥炭土 1、碎木炭 2、蛭石 2 和水苔 1 的混合基质；碎椰壳与粒径 1 ~ 2 cm 石子 8 : 2 的混合基质；蛭石、树皮、椰壳、木炭 2 : 2 : 1 : 1 的混合基质等。水苔最好使用清水冲洗并挤出多余水分，碎石、椰壳等易带菌基质使用 50% 的多菌灵 1 000 倍液浸泡一天消毒。花盆底多垫碎瓦片和碎砖，有利于透气和排水。

（2）种苗处理　种苗上盆前置于清水中漂洗干净再放入含有杀菌剂如代森锰锌、甲基托布津的 1 000 倍液中浸泡 3 min 并晾干。

（3）栽植　种植时可用湿润的水苔包住种苗根部，栽植于花盆正中，注意小心轻放不要折断根系，新芽应露出基质，不可覆盖。上完盆后基质应低于花盆边缘 2 ~ 3 cm，用手按压有弹性为好。种后可再喷施一次广谱抗菌药剂。注意设施内摆放密度应便于管理及采收，通常每平方米摆放 12 ~ 15 盆。

3）管理措施

（1）温度　一般厚叶型文心兰生长适宜温度为 18 ~ 25 ℃，12 ℃以下要防寒。较适合华南地区栽培。薄叶型的文心兰生长适宜温度为 10 ~ 22 ℃，应在中海拔冷凉地区栽培，但冬季寒潮来时，也要放在温室中过冬。目前生产中以南方厚叶型为主。通常初栽缓苗阶段，白天 24 ~ 27 ℃，夜间 22 ~ 25 ℃，可促使新根快速萌发。鳞茎成熟时，白天 26 ~ 29 ℃，夜间 23 ~ 25 ℃，有利于生殖生长的进行。文心兰花期较短，现花时可适当降低气温延长花期。

（2）水分　文心兰喜对空气湿度的要求因品种不同而差异较大，一般应控制在 60% ~ 80%，在炎热的夏季，早、中、晚要各进行一次叶面喷雾并在植株周围喷水，以增加空气湿度，但也应注意通风，否则易引起植株腐烂、病害。浇水原则为干湿交替，每次浇水要透，等基质略显干燥时再浇。春季刚分株时少浇水，夏季多浇，并结合叶面喷雾补充水分，但傍晚过后及时停止，否则易引起叶面病害。无假鳞茎的品种，抗旱能力差，要经常保持盆内基质湿润。冬季减少水分，有利于开花，气温 10 ℃以下时停止浇水。

（3）光照　文心兰栽培光线要求较高，初植幼苗光照控制在 10 000 ~ 15 000 lx，并随生长逐渐增加光强，极限光强约在 30 000 lx，可促使文心兰花芽分化加快并转向生殖生长，但应注意控制温度。一般春、秋季要遮光 30%，夏季遮光 50% ~ 70%，但也不能放在太阴暗处养护，光线不足会使植株叶片生长不良，影响花芽分化，开花显著减少，有时甚至不开花。

（4）施肥　文心兰栽培基质通常 pH 值保持在 5.5 ~ 6.5，EC 值控制在 1.2 ~ 1.6，可先用少量缓释性肥料作基肥，栽植后叶面喷洒 4 000 倍肥液，也可根部施用 2 000 倍肥液。以 2 000 倍肥液为例，生根阶段使用 N：P：K 比例为 9：45：15 肥料，营养生长阶段转为 30：10：10，花芽分化后应施用 10：30：20 肥料促进生殖生长，15 ℃以下时停止施肥。

4）采收与保鲜

（1）采收　主枝花朵 60% ~ 70% 开放、或主枝上未开花苞为 3 ~ 6 个时进行采收。

冬季温度低时适当晚些采收，夏季温度高时应提前采收。为避免剪刀采收时造成挤压以降低保鲜液处理效果，应尽量采用切刀采收。切刀采收时，采收入员应配置数把锋利切刀轮换使用及消毒。采收时从基部 2～3 cm 处切断，采收后 20～30 枝一束捆好，及时用报纸简单包住花朵部分后置于有清水的桶内。可进行 12 ℃预冷处理提升保鲜效果。

（2）分级与包装　把切花按相应标准分级，以每扎 10 枝或根据客户要求进行捆扎，捆扎前可切去花枝基部一小段降低感染几率，然后置于放有保鲜液的透气小玻璃套中，以延长瓶插寿命。文心兰花序分枝多，花苞脆弱，应特别小心，避免折断花枝或折伤花朵。每扎用薄膜包住花朵，以免其摩擦受损。常用 110 cm×40 cm×40 cm 开孔纸箱包装，每箱 80 扎。

（3）贮藏运输与保鲜　装箱后采用低温（12 ℃）贮藏运输。可用 1-MCP 在采收当日于 10～28 ℃下分次熏蒸 2～12 h，用量 0.8 粒标准制剂 /m³；也可用 10% 糖 +200 mg/L 8-HQ+300 mg/L 柠檬酸溶液进行保鲜。

7. 满天星 *Gypsophila paniculata*

别名：霞草、锥花丝石竹（图 3-7）。石竹科，丝石竹属。

图 3-7　满天星

1）分布与习性

原产于地中海沿岸。喜温暖湿润和阳光充足环境，较耐阴，耐寒，在排水良好、肥沃和疏松的壤土中生长良好，忌高温多湿。土质以微碱性石灰质壤土为佳。

2）栽培技术

采用保护地栽培。满天星的整个生育期切忌雨水冲淋，否则易引起根腐，造成植株死亡。栽培地块要求光照充足，土层深厚，给排水方便，富含有机质，通透性良好，pH 值 6.5～7.5。在定植前应深翻土壤 40～50 cm，施入足够的有机肥，并适当增施一些磷钾肥。作高畦，畦面高 30～40 cm。栽植株行距因产花季节不同而异，夏季产花以 50 cm×60 cm 为宜，冷凉季产花以 60 cm×70 cm 为宜。栽后及时浇透水并适当遮阳，同时用百树得喷洒植株及根部土壤，预防地下害虫咬根。

3）管理措施

（1）温度 日温 25 ℃生长最佳，若超过 30 ℃以上，易造成畸形花。夜温以 10 ~ 15 ℃最佳，若秋冬短日时温度低于 10 ℃，易造成休眠或簇化现象。

（2）光照 多数商业品种，其开花的临界光周期为 12 ~ 18 h，较多的长日处理则可获较多的花数，并且较长光周期不但能促进提早开花，且花朵亦较大。

（3）水肥 苗期对水分的需求较多，摘心后仍需充足水分及肥分，才能进入生殖生长期。直至小花穗抽出，花瓣长出来时水分应稍减少，夏季高温多湿的季节，水分控制适当与否，往往是决定满天星栽培成功与否的主要因素。营养生长期，采用 1% ~ 3% 的尿素、普钙、硫酸钾兑水作追肥，每周浇施一次，肥料比例为 2：2：1。生殖生长期，以 N：P：K= 1：1：1 的复合肥追施，10 ~ 15 天追肥一次，浓度为 3% ~ 5%。

（4）摘心 栽后约 20 ~ 35 天，植株下部开始萌发侧芽，这时可以保留基部 3 ~ 4 对叶，打去主顶，让侧枝生长，以便获得高产。一般每株留 6 ~ 8 个侧枝。多数品种从打顶到开花需 70 ~ 90 天。若不打顶开花时间可提前 7 ~ 10 天。

（5）立支架 大棚栽培的满天星植株，一般花枝较多，生长高大健壮，产量较高，首次切花后，余下的花枝易倒伏，造成中后期切花的产量和品质下降，因而需要设立支架来支撑植株。使用的网眼一般 25 cm×25 cm 的尺寸较合适，张网时每隔 3 ~ 5 m 设一个支架，网两边用较粗的尼龙绳或铁丝穿过并拉紧固定在畦的两端，使网充分绷紧，网的高度离畦面 25 ~ 30 cm，太高不方便切花，太低则固定作用不好。

4）切花采收

收获部位为满天星的带梗花序，当花序上 50% 的小花开放时即可采收，切后立即插入水中。满天星花期较短，因此要把握好采收时间，最好在上午气温较低时进行。花枝长度 60 ~ 80 cm。为了得到高品质的鲜花，还可用灯光及催花液催花处理 12 ~ 24 h。

8. 情人草 *Statice sinuate*

别名：补血菜、匙叶石苁蓉、雏菊叶补血草（图 3-8、图 3-9）。兰雪科，补血草属。

1）分布与习性

原产于地中海沿岸地区，性喜阳光充足、干燥凉爽、通风良好的环境，忌潮湿闷热。在疏松透气的石灰质微碱性土壤上生长良好。

2）栽培技术

种苗有实生苗和组培两种，生产中常选购具有 5 ~ 8 枚叶片的组培苗，定植后成活率

图 3-8　情人草

图 3-9　情人草配花

高，生长快，长势均匀，切花产量高，品质好。种植地应选择疏松肥沃、排水良好的微碱性土壤。整地时应重施基肥，可按每亩施腐熟农家肥 1 800 ~ 2 000 kg 的标准，再配合其他无机缓效磷肥一起施用。将肥料深翻入地后捣碎土壤，整平作畦，畦高 20 cm 左右。定植密度株行距为 30 cm × 40 cm，小苗定植不宜过深，以土表面稍高于小苗根茎部为宜。

3）管理措施

（1）水肥管理　待小苗成活开始生长时，每 10 天配合灌溉进行追肥，在水中补充氮、钾肥混合液进行施肥。小苗期间保持土壤湿润，中耕除草，促使小苗根系健壮发育。

（2）温度管理　情人草花芽分化需要经历低温春化的过程，其春化过程所需的时间和温度随种的不同而有所差异。多数品种在 11 ~ 15 ℃条件下经过 45 ~ 60 天即可完成春化过程。值得注意的是经过春化处理的小苗定植后立即进入 25 ℃及其以上的高温环境，较易导致"脱春化"现象的发生，故小苗定植后，应尽量避开 25 ℃以上的高温。

4）切花采收

当情人草花枝上的花朵开放度达 30% ~ 50% 时，可进行采收，切花宜在早晨或傍晚进行，其花枝吸水性不好，因此采后要立即浸入水或保鲜剂中进行低温（2 ~ 4 ℃）高湿（90% ~ 95%）贮藏，并尽早上市。采花时，应当在植株基部保留一枚大叶片处进行剪切，有利于下茬花枝萌动并生长。运输时可短期干藏，亦可使用市售保鲜液延长瓶插寿命。

◎知识拓展

其他常见鲜切花的生产与保鲜技术如表 3-1 所示。

表 3—1 其他常见鲜切花的生产与保鲜技术简表

名称（别名）	学名	科属	分布	习性	周年生产技术	采收与保鲜
玫瑰（刺玫花、徘徊花、刺客、穿心玫瑰）	*Rosa rugosa Thunb.*	蔷薇科，蔷薇属	原产于亚洲东部地区；主要在我国华北、西北和西南日本、朝鲜等地分布，被广泛种植	对肥料要求不严，栽植前施足基肥即可，需充足的光照及地势高燥的生长环境	周年生长以温度控制结合修剪措施施行	适宜在花蕾透色时采收，随后低温（2～4℃）贮藏
麦秆菊（贝细工、干巴兰、腊菊、蜡菊）	*Helichrysum bracteatum*	菊科，蜡菊属	原产于澳大利亚。在东南亚和欧美栽培较广，我国也有栽培	不耐寒，怕暑热，夏季生长停止，不开花。喜肥沃、湿润而排水良好的土壤，以贫瘠砂壤土与向阳地长势最好	周年生产以温度控制和播种时间调整进行	收获部位为麦秆菊的头状花序
香雪兰（小苍兰、洋晚香玉、剪刀兰、小菖兰）	*Freesia refracta Klatt*	鸢尾科，香雪兰属	原产于非洲南部，现广为栽培	喜凉爽湿润、光照充足的环境，耐寒性较差，生长适宜温度为15～20℃	通过种球低温处理及光照调节进行花期调控	主花枝上第一朵小花展开时为采收适期。剪切位置在主花枝基部，保证主花枝以下侧花能继续等二、第三次采收
六出花（智利百合、秘鲁百合、水仙百合）	*Alstroemeria hybrida*	石蒜科，六出花属	原产于南美的智利、秘鲁、巴西、阿根廷和中美的墨西哥	喜温暖湿润和阳光充足环境。夏季需凉爽炎热，耐半阴，不耐寒	使用设施生产以达周年生产，主要通过温度和光照控制以调控花期	花枝上有2～3朵小花初开时为适宜采花期
梅花	*Armeniaca mume Sieb.*	蔷薇科，杏属	原产于我国	喜温暖湿润和通风良好的环境，花期忌暴雨。对土壤要求不严，较耐瘠薄	花期对气候变化特别敏感，促成栽培以低温诱导，结合水肥管理进行	采收应在花枝基部的花朵蕾破绽前进行
二色补血草（燎眉蒿、补血草、扫帚草、匙叶草等）	*Limonium bicolor (Bag.) Kuntze*	蓝雪科，补血草属	分布于我国东北、黄河流域诸省、蒙古、俄罗斯、西伯利亚也有种植	喜阴植物，喜干燥凉爽、通风良好的环境，要求土壤良好微酸的碱性土壤	长日照可促进开花，花期控制需光照、温度结合水肥管理进行	花朵细小，干膜质，其花茎含水量低。通常花盛开，温能充分显现其色彩特征时即可采切
球松（小松绿）	*Sedum multiceps*	景天科，景天属	原产于北非的阿尔及利亚	喜凉爽干燥、阳光充足的环境，耐干旱，怕积水	枝干较细，应注意控制植株高度，使其枝干间比例自然协调	为切枝类花材，枝杆成熟后采收

名称	学名	科属	产地	习性	花期控制	采收
向日葵（朝阳花，转日莲，向阳花）	*Helianthus annuus*	菊科，向日葵属	原产于北美洲，世界各地均有栽培	性喜温暖，耐旱，不耐寒	花期控制通过温度结合播种时间进行调整	当外层的舌状花开放时即可采收。在水中或保鲜液中瓶插寿命 6~15 天
鹤望兰（天堂鸟，极乐鸟花）	*Strelitzia reginae*	旅人蕉科，鹤望兰属	原产于非洲南部，我国各地均有栽培	喜温暖湿润气候，怕霜雪。喜阴光充足，适宜土层深厚，疏松肥沃，排水良好的微酸性壤土	通过温度和水肥调节控制花期	含苞待放至第一朵小花完全开放时切取
蕾丝花（白雪花，白缎带花，雪珠花）	*Orlaya grandiflora*	白花丹科，白花丹属	原产于欧洲	性喜冷凉，夏季 30 ℃以上或冬季 5 ℃以下生长停止	花期控制可通过温度结合播种时间进行控制	收获部位为带梗花序。当花序上的小花有 50% 左右开放时即可采收，产品立即插入桶中水养
铁线蕨（铁丝草，铁线草）	*Adiantum capillus-veneris*	铁线蕨科，铁线蕨属	分布于非洲、美洲、欧洲、大洋洲及亚洲温暖地区。原野生于溪边山谷湿石上	喜温暖、湿润和半阴环境，忌阳光直射。喜疏松、肥沃和石灰质沙质壤土	生长期给予半荫、高温高湿的环境以保证叶片繁茂	叶片为采收部位，叶色光亮，成熟时即可采收
北美冬青（轮生冬青，美洲冬青）	*Ilex verticillata*	冬青科，冬青属	原产于美国东北部	喜光，稍耐阴，生长适宜温度为 15~28 ℃，能耐弱酸至中性土壤，喜肥	生长期给予富含腐殖质的土壤及水分充足的生长环境，结合修剪以保证枝叶健壮生长	枝叶为采收部位，叶片充分成熟或果实未成熟前即可采收
银芽柳（棉花柳，银柳）	*Salix leucopithecia*	杨柳科，柳属	原产于我国东北、江南一带有栽培。朝鲜、日本也有种植	喜阳光充足与温暖湿润环境，耐潮湿，在水边生长良好，适宜在土层深厚、疏松肥沃的壤土中生长	生长期保证光照及水肥充足，并结合修剪以保证枝叶的健壮生长	枝条为采收部位，当叶片完全脱落，花芽饱满充实时为其采收适期

任务4　鲜切花的室内应用

◎**知识目标**

1. 了解鲜切花室内花卉应用的基本风格。

2. 熟悉居室鲜切花花材的基本类型。

◎**任务目标**

能根据鲜切花自身生长特点，进行简易的插花制作。

◎**任务背景**

室内花卉布置应遵循合理利用空间、合理布局、少而精、与环境协调、立体装饰、因时而异、稳重安全等原则。居室花卉装饰采用何种形式，应该根据主人的性格爱好、室内空间大小、功能及使用价值等来确定。插花装饰设计需从插花的艺术特点、插花基本风格来入手。

◎**任务分析**

政府机关、酒店、企事业单位、公司等的办公室、接待室、前厅、餐厅、咖啡厅、西餐厅和各种会议室都会时常需要大量的鲜花作品作为气氛点缀与装饰，因此，室内插花具备一定的日常需求特点。

◎**任务操作**

室内插花制作需要关注作品与周围环境的协调与融入性，还需注重花材自身之间的对比与统一。

1. 室内插花的基本风格

插花艺术是自然美与人工装饰的结晶，是人类对自然材料的再创造，主要是依靠生动优美的形象和作者赋予的情感给人们的一种自然感染力。插花作品制作方便，装饰性强、观赏效果好，普遍受到广大群众的喜爱，在居室装饰、文艺演出、大型会议等场所用插花来烘托气氛、传达感情或美化环境，起到很好的效果。插花根据用途大致分为礼仪插花和艺术插花；根据所用材料分为鲜花插花、干花插花、人造花插花；根据容器样式不同，有瓶花、盘花、篮花、钵花、壁花等；根据艺术表现手法不同，有写景式插花（盆景式）、写意式插花与装饰性插花（抽象式）；根据风格分为东方式插花、西方式插花和现代自由式插花。

1）东方式插花

起源于我国，以日本和我国为代表，插花艺术富含东方的文化艺术，崇尚自然、朴实秀雅，注重花材所表达的内容美，即意境美，讲究借物寓意，以形传神富含艺术感，比较适合种实装修的家庭环境。选用花材简练，不以量取胜，而以姿和质取胜，不仅讲究表现花朵美，还重视枝与叶、果实等的表现力和季节感受，按照植物的自然姿态分为直立式、倾斜式、水平式和下垂式等不同插花形式。东方插花花型由三个主枝构成，一长一短一居中，以自然线条构图为主，要求线条、格调和色彩配合能表达其内容美。除了造型之外还考究花器的选择，常用古朴素雅的花器配合花的意境，呈现体形玲珑、色彩淡雅、意境深远、耐人寻味的特点。

2）西方式插花风格

西方式插花注重人工的艺术美和图案美、色彩的渲染，强调装饰性，注重形式美，花材美，使得群体热烈壮观。以欧美各国的传统插花为代表。现代西式插花又分为传统的规则式插花与自然式插花两大流派。前者讲究由格有据，以花卉的有序排列和线条运用为原则，用花数量较大，作品具备豪华富贵之态，以创造出热烈的气氛，适于社交场合。后者崇尚自然，结合现代花艺设计，强调色彩，适合于日常家居、展览等装饰摆设。西方式插花是通过作品外在的形式来体现主题思想，不强调内涵，具有热烈奔放、雍容华丽、端庄大方的艺术效果。

3）现代自由式插花

现代自由式插花融会了东西方插花的特点，其选材、构图、造型不拘一格，更为自由广泛，可以使用各种非植物材料，如金属、羽毛、玻璃等，色彩以天然色和装饰色相结合，更富表现力。随着时代发展，现代插花艺术又融入了现代美学中立体构成、色彩构成及雕塑艺术等更多艺术门类的设计理念，出现了利用植物素材或装饰材料架构等创新形式，结合作品内涵的思想性体现出时代感，成为插花界的时尚，也是室内公共空间植物装饰的重要形式。

2. 插花花材的分类

插花花材依据材质分为鲜切花、干燥花和人造花，从植物体上剪切下来的花、枝、果、叶等植物器官，是主要的插花材料。干燥花源于大自然，比绢花、塑料花逼真，也不需要莳养，但色彩艳丽、保持自然姿态，可全年摆设。同时可采用吸色性、吸味性强的植物制成，颜色自然柔和。可做干花材料的有：蝴蝶花、翠雀、天竺葵、迎春、孔雀草、腊梅、月季香石竹、串红、矢车菊、麦秆菊、补血草、夏草等。文竹、蕨类、枫叶等，都是很好的配叶材料。人造花也称仿真花，是以自然界植物体或植物材料的某一部分作为模拟对象，进行创造的人造花卉形式。在制作过程中有完全尊重原形的表现形式，也有经过设计师修改变形的夸张表现，甚至有人造花的花叶组合出现"移花接木"的现象。其使用材料不同，主要有纸花、绢花、纱花、涤纶花、木片花、藤花、塑料花、金属花等，是将制作材料通过裁切、压痕、粘贴、浇注、染色、组合等工艺手段完成。目前运用最多的是涤纶花。人造花茎干多以铁丝为芯，有利于插花造型。

依据花材形态花材分为线状花材、团块状花材、特殊形花材、散状花材和叶材。线性花材外形呈现长条状和线状，是构成花型轮廓和基本构架的主要花材。有枝干呈长条状，如银芽柳、竹、迎春等。有花序呈长条状，如蛇鞭菊、唐菖蒲、金鱼草等。线状花材可分为直线形、曲线形、粗线、刚线等多种形态，各具不同的表现力，如直线、刚线表现阳刚之气和旺盛的生命力。曲线、柔线则具有摇曳多姿、轻盈柔美之感，在构图中起到骨架作用，是决定作品比例高度的主要花材。

团块状花材是插花常用的花材，尤其是西方插花多用团状花材，如月季、牡丹、菊花、香石竹、非洲菊、八仙花等。这类花材花容美丽色彩鲜艳，可单独插，也可与其他性状花材配合作为焦点花。有些呈圆形平展的叶片也是很好的造型花材，如绿萝、龟背竹、鹅掌柴等。

特殊形态花材花型不规整、结构奇特别致，形体较大，1～2朵足以引起人们注意，适宜插在作品视觉中心作为焦点花，如鹤望兰、红掌、马蹄莲等。

散装花材由许多简单的小花朵构成星点状蓬松轻盈的大花序状花材，如补血菜类、霞草类、珍珠梅、满天星、洋桔梗、情人草、文竹、天门冬、小菊等。他们形状如云雾或轻纱，散插于主花材表面或空隙，起到衬托、陪衬和填充作用，增加层次感，尤其在礼仪用花和婚礼用花上，它们是不可缺少的填充花材。

形态、色彩各异的叶材可作为扶持、衬托花朵的配材或主要花材。在现代插花中常以各色叶材为主要素材设计插花作品，此时，叶材成为主要花材。但在以花材为主的插花作品中叶材起衬托作用。如石松、蓬莱松、天门冬、八角金盘、富贵竹、巴西木尤加利类、常春藤、变叶木、龟背竹、吊兰、万年青等。

3. 常见的室内插花类型

1）接待室插花

接待室或酒店的前厅插花以西式或现代自由式插花为主，插花体量大、数量多、造型丰满、结构严谨、对称均衡。花材多而不乱，浑然一体，色彩丰富艳丽，与接待室或大厅的环境融为一体。常见造型有水平形、圆球形、圆锥形、三角形等。

常用花材有百合、月季、大丽花、菊花等块状花材。

花器的选择应与插花造型的大小、摆放的位置相匹配，原则上要求放置在大堂中央、前台台面、几架或花器上，与前厅的气氛相适应，起到渲染大厅气氛的作用。

2）餐厅插花

（1）中餐宴会插花

餐台插花适宜四面观赏，造型以放射状表现，以增强空间感。插花的高度为 30 cm 以下，以不遮挡对面宾客视线为宜。插花的直径一般不超过餐台直径的 1/3。以直径 1.8 m 餐台为例，餐台花直径应小于 60 cm。为了突出宴会隆重、热烈、喜庆的气氛，花材用量要大，色彩要鲜艳丰富，以植物的群体美和造型美来衬托环境和气氛。

（2）西餐厅宴会插花

西餐厅插花一般多为长椭圆形的西方式插花，插花的长度一般不超过餐台长度的 1/3，插花的高度不超过 30 cm，花器多选用扁平阔口。以西餐宴会 6 人台为例，餐台的标准为 2.4 m × 1.2 m，插花的直径以不超过 80 cm 为宜，这样的插花比例适中，具有很强的观赏性，又方便宾客就餐。

（3）咖啡厅插花

咖啡厅插花可以是在餐台上摆放一只细颈花瓶，瓶中插入一枝或数枝花用以点缀空间。花材一般选用体积较小，且色彩淡雅的花材，如粉色的玫瑰、红色的康乃馨，既简洁大方又充满浪漫。

3）会议室插花

会议室插花主要有讲台插花和会议桌插花，这类插花通常选用长椭圆形、半球形的造型。一般选用花大、色艳的花材，花器应选用大口浅盆。另外，在茶几上、拐角处也可摆放一些小型插花饰品。

综合实训

◎ **实训 1　花卉识别与习性调查**

1. 实训的目、要求

了解常见花卉种类、生长环境的特点，熟悉 150 种常见花卉的形态特征、生态习性，掌握它们的繁育方法、栽培要点与观赏用途。

2. 实训学时

2 学时。

3. 实训工具

钢卷尺、直尺、卡尺、铅笔、笔记本。

4. 实训材料

一、二年生草本花卉、宿根花卉、球根花卉、切花花卉、盆栽花卉、名贵花卉等。

5. 实训内容、步骤

① 教师现场教学，讲解每种花卉的名称、科属、形态特征、繁殖方法、栽培要点、观赏用途。学生做好记录。

② 学生分组进行课外活动，观察花卉名称、科属、形态特征、生态习性、繁殖方法、栽培要点、观赏用途。

6. 作业与思考

① 将 150 种花卉按种名、拉丁学名、科属、观赏用途列表记录。

表 1　花卉识别统计表

序　号	花卉名称	科　名	属　名	形态特征				花卉类型	主要用途
				根	茎	叶	花		
1									
2									
...									

② 将 150 种花卉按种名、光照（阴性花卉、阳性花卉、中性花卉）、水分（旱生花卉、水生花卉、湿生花卉、中生花卉）、温度（耐寒性花卉、半耐寒性花卉、不耐寒性花卉）、土壤（喜酸性花卉、耐碱性花卉、中性花卉）等习性列表记录。

表2 花卉生态习性统计表

序 号	花卉名称	光 照	水 分	温 度	土 壤
1					
2					
…					

◎实训2 花卉生产设施类型调查

1. 实训目的、要求

通过调查校园的花卉生产设施，了解温室、塑料大棚、荫棚等的构造、类型和作用等。

2. 实训学时

2学时。

3. 实训工具

皮尺、钢卷尺、直尺、卡尺、铅笔、笔记本。

4. 实训材料

校园内温室、塑料大棚、荫棚等。

5. 实训内容、步骤

①重点了解各种设施所属保护地的历史、种类、结构、建筑特点及使用情况等。

②学生分组进行某些性能指标测定。如温室跨度、南向坡面倾斜度、繁殖床高、宽，室内照度、温湿度等。

6. 作业与思考

对所测指标进行综合分析，并评价各类园艺设施的优缺点。

◎实训3 仙客来花期调控

1. 实训目的、要求

通过本次花期调控实训，掌握仙客来花期调控的基本方法和途径，为生产和科学研究服务。

2. 实训学时

2学时。

3. 实训工具

光度计、剪刀、喷雾器等。

4.实训材料

盆栽仙客来、乙醚、樟脑、丙酮、萘乙酸乙酯、苯氨基甲酸乙酯、赤霉素、磷钾肥等。

5.实训内容、步骤

教师现场讲解指导。学生分组完成。

1）通过调节温度控制开花时间

4月下旬以后，将仙客来置于带防雨设施的荫棚下栽培，经常向地面喷水，降低环境温度，使之夏季不休眠，以提早花期。花芽分化适宜温度为15～18℃，生长发育最适宜温度为15～20℃，冬季的生长适宜温度为10～22℃，昼夜温差保持在8～10℃，若夜间温度控制在7～8℃时也可开花，但花期会稍向后推迟；若花期温度保持8～15℃，可显著延长花期。

2）通过调节光照强度控制开花时间

仙客来对光照时间长度的变化没有显著反应。植株的生长发育和开花主要受植株中央部分接受的光照量影响，生长期要求光照强度为28 000～36 000 lx，若高于45 000 lx或小于15 000 lx，则光合作用强度显著下降。如果超过50 000 lx，最好采取遮阳措施。如果是玻璃温室，建议用白色涂料进行部分喷涂即可，以达到反光的目的，此法比遮阳网效果更好，固定式遮阳则更不可取。对于正在开花的仙客来，通过遮光等措施降低光强至28 000～32 000 lx，可使每一朵花及整个植株的开花时间延长，而未开花的仙客来在光照强度低于25 000 lx时，需通过补光等措施增加光强至32 000～36 000 lx促进开花。

3）通过调整盆间距控制开花时间

栽培管理中，分苗时小苗不宜栽得过深，否则会延迟花期。及时调整盆间距可以改善植株的质量，使株型保持紧密，开花期提前，增强抗病能力。否则，叶子会长得大而粗糙，并且稀少。在定距之前，只需调整一次即可。

4）通过调整施肥量控制开花时间

仙客来生长后期适当增施磷钾肥，控制氮肥（氮、磷、钾配比为1∶0.2∶1.5），有利于促进开花。花期不宜施氮肥，否则会引起枝叶徒长，缩短花朵的寿命。如叶过密，可适当疏去一些，使营养集中，开花繁多。

对于即将进入休眠的开花植株，置于25℃的凉爽通风处，增施两次稀薄氮肥和磷肥，并适当遮阳，则可继续开花至6—7月。通过精细管理，不仅能延长花期，推迟休眠，甚至可以打破休眠。

5）利用化学药剂控制开花时间

利用挥发性的化学药剂和激素，可将乙醚、樟脑、丙酮等水溶液注入芽内或用来熏蒸，以打破休眠。如在1 000 m²密闭空间内，放入乙醚0.5 mL，处理24～48 h，仙客来块茎迅即解除休眠，恢复生长，提前开花。

将浸有萘乙酸乙酯或苯氨基甲酸乙酯等酯类溶液的布团，放于即将萌动的仙客来块茎旁，可使块茎于数周内不萌动，从而推迟花期。

仙客来花蕾形成后，在上午 8—10 时用 1 ~ 2 mg/L 的赤霉素点涂所有显色花蕾，可使花期提前 10 ~ 15 天；在盆中施入阿斯匹林溶液（每株 1 片）可推迟开花 15 ~ 20 天。

6. 作业与思考

记录操作过程，观察效果并分析原因，完成任务后根据效果进行讲解、点评、考核。

◎ 实训 4　草花繁殖技术方法

1. 实训目的、要求

了解草花繁殖技术相关知识，掌握草花播种繁殖（播种育苗、容器育苗）、无性繁殖（扦插、分株、嫁接、压条育苗）全过程，并能独立完成草花育苗工作。

2. 实训学时

6 学时。

3. 实训工具

浸种容器、水桶、喷壶、喷雾器、耙子、细筛、镇压板、塑料薄膜或草帘或玻璃盖板、花钵、移植铲、铁锹、育苗床（箱）、修枝剪、切接刀、钢卷尺、穿孔器、镊子、点播机、喷壶、毛巾或湿布、芽接刀、磨刀石、薄膜条、容器等。

4. 实训材料

一、二年生草花种子（大粒、中粒、小粒）、药品、各种肥料、农药、营养土、枝条、宿根花卉（萱草、荷兰菊、芍药）等、穴盘（128 穴，288 穴）、蛭石，泥炭、细河沙、花灌木（玫瑰、黄刺玫等）、激素（萘乙酸，吲哚乙酸和 2,4-D 等）。

5. 教学内容、步骤

1）播种育苗

（1）草花播种育苗营养土的配制

①营养土。花卉不同种类花卉对土壤的要求有差别很大。一般而言，多数花卉要求富含腐殖质、疏松肥沃、排水良好、透气性强、微酸性的土壤。营养土一般将腐叶土、河沙、园土混合，其比例以种子的大小而定，细小种子按 5：3：2 的比例混合，中粒种子按 4：2：4 的比例混合；大粒种子按 5：1：4 的比例混合。播种前要进行土壤消毒（如高温消毒 30 min，即可杀死大部分病菌和虫卵；或喷洒 800 倍稀释的托布津等土壤杀菌剂，喷洒药液后放置 2 ~ 4 天，药味挥发散尽后使用）。

②栽培介质。近年来栽培所用的介质，趋向于使用无土或少土的介质。无土介质多属园艺无毒类型，质量轻、质地均匀、价格便宜、易干燥。无土介质，不含或少含养分，要及时施用营养液。常用的无土介质有：甘蔗渣、树皮、木屑、刨花、谷壳、焦糠、泥炭、珍珠岩、蛭石、陶粒、河沙、煤渣、岩棉、火山灰等。

③栽培介质的配制。根据花卉的种类、介质材料和栽培管理经验不同，介质配方有较大的区别，但要求容重低，孔隙度大，持水力强，无毒副作用。

（2）苗床（箱）的准备　根据花卉种类的不同选择不同规格的苗床（箱）。

①苗床播种育苗。

a. 清理圃地。清除圃地上的树枝、杂草等杂物，填平起苗后的坑穴，使耕作区达到基本平整，为耕作打好基础。

b. 浅耕灭茬。浅耕深度一般在 5 ~ 10 cm。

c. 耕翻土壤。耕翻土壤的深度一般在 20 ~ 25 cm。

d. 耙地。耙碎土块，混合肥料，平整土地，清除杂草，一般在耕地后立即进行。

e. 镇压。适用于土壤孔隙度大、早春风大地区及小粒种子育苗等，黏重的土地或土壤含水量较大时，一般不镇压，防止土壤板结，影响出苗。

f. 作床。作床时间在播种前 1 ~ 2 周进行，作床前应先选定基线，量好床宽及步道宽，钉桩拉绳作床。要求床面平整，一般苗床宽 100 ~ 150 cm，步道宽 30 ~ 40 cm，长度不限，以方便管理为度。苗床走向以南北向为宜。在坡地应使苗床长边与等高线平行，在播种前要充分灌水。高床床面高出地面 15 ~ 20 cm，床面宽 100 cm，步道一般宽约 40 cm，高床有利于侧方灌溉与排水，一般设在降雨较多、低洼积水或土壤黏重的地区。低床床面低于步道 15 ~ 20 cm，床面宽 100 ~ 150 cm，步道宽 40 cm，低床有利于灌溉，保墒性能好，一般设在降水较少、无积水的地区。

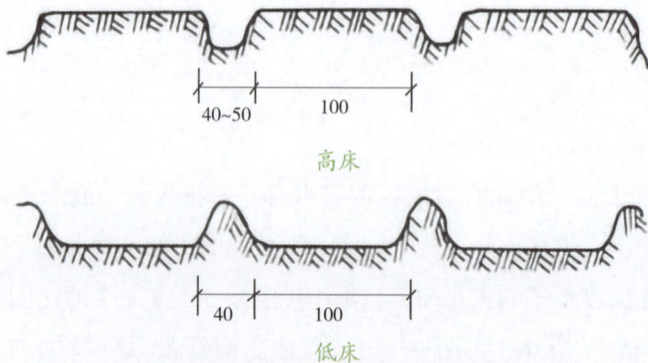

图 1　苗床形式（单位：cm）

②苗箱播种育苗。清洗苗箱，在苗箱内放入营养土，稍作平整镇压后，使土面距苗箱上边缘 2 ~ 3 cm 为宜。播种在苗箱浸水、土壤湿透后进行。除用育苗床和育苗箱播种以外，还可用浅木箱、花盆、育苗钵、育苗块、育苗盆等容器。

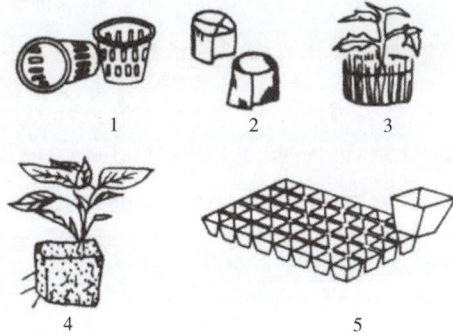

图 2　各种育苗容器
1—塑料钵；2—纸钵；3—草钵；4—育苗土块；5—穴盘

（3）净种　净种是通过种子清选、精选等工作完成的，清选是指清除种子中的杂物。

①风选。适用于中、小粒种子，利用风、簸箕或簸扬机净种。少量种子多用簸箕扬去杂物。

②筛选。用先不同大小孔径的筛子将大于或小于种子的夹杂物除去，再用其他方法将与种子大小等同的杂物除去。

③水选。一般适用于大而重的种子，利用水的浮力，使杂物及空瘪种子漂出，饱满的种子留于下面。水选一般用盐水或黄泥水，其比重为 1.1 ~ 1.25 g/cm^3，可把更多漂浮在溶液表面的瘪粒和杂质捞出。水选的时间不宜过长，水选后不能暴晒，要阴干。可结合浸种进行催芽，及时播种。

④挑选。也叫粒选，对大粒、少量的种子可以用手逐粒将饱满的种子挑出或将杂质挑除。

（4）种子消毒　消毒方法如下：

①物理消毒法。将种子进行日光暴晒、紫外光照射、温汤浸种等。

②化学消毒法。目前用于浸种处理的化学药剂有：氰胍甲汞、醋酸甲氧乙汞、福尔马林、高锰酸钾、多菌灵、福美双、硫酸亚铁、硫酸铜、退菌特等。浸种后需要放置在通风、避光的环境下，后贮藏于密封的仓库中 24 h 后才可播种。

（5）播种与覆土

①播种时期。一、二年生草花的播种时期，主要根据本身的生物学特性和当地气候条件，以及应用的目的和时间来确定，一般分为春播、夏播、秋播、冬播。

②播种工序。播种前要根据种子的具体情况进行适当处理，种皮较厚者可进行温水浸泡、硫酸浸泡或进行沙藏等。要根据土壤的湿润状况，确定是否提前灌溉。根据单位苗床（箱）的播种用量，用手工或播种机进行播种，播种方法有撒播、条播、点播等几种。细小的种子宜采用撒播法，可以与细沙混合撒播，也可以单独撒播。播种不可过密，为使播种均匀，可分数次播种，要近地面操作，以免种子被风吹走。中粒或种子品种较多，而每一品种种子的数量又较少时，宜用条播。播种时用小木条或小棒，按一定行距划浅沟，将种子均匀地撒在沟底，开沟后应立即播种，以免风吹日晒使土壤干燥。大粒或量少的种子宜采用点播，播种时，按一定株行距，用小棒开穴，再将2～4粒种子播入小穴中。

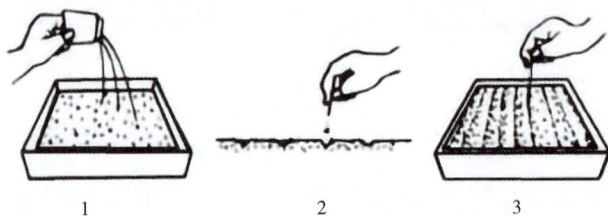

图 3　播种示意图
1—撒播；2—点播；3—条播

（6）覆土

①覆土。播种后应立即覆土。覆土的厚度视种子大小、土质、气候而定，对于撒播的细小种子，播种后可以覆极薄的一层细沙土，厚度为0.5～1 cm，也可不覆土，但浇水后的苗箱和器皿上方一定要盖一层薄膜或玻璃以增加湿度，防止种子干燥，当小苗长至高约2 cm时应及时间苗；中、小粒种子一般以不见种子为度，覆土厚度约为1～3 cm，播种后应注意苗箱和器皿的湿度，定期喷水；大粒种子覆土深度为种子厚度的2～3倍，厚度约为3～5 cm，要求覆土均匀。

②镇压。播种覆土后应及时镇压，将床面压实，使种子与土壤紧密结合，便于种子从土壤中吸收水分而发芽，对疏松干燥的土壤进行镇压显得更为重要。若土壤黏重或潮湿，不宜镇压。在播种小粒种子时，有时可先将床面镇压一下再播种、覆土。

③覆盖。镇压后，视情况决定是否覆盖，需要覆盖用草帘、薄膜等覆盖在床面上，以提高地温，保持土壤湿度，促使种子发芽，出苗后应揭开薄膜等遮盖物，以避免幼苗黄化、弯曲或出现高脚苗等现象，撤除覆盖物后应及时遮阳。

（7）保湿　播种初期，土壤宜保持较大的湿度，以使种子充分吸水，而后保持适当的湿润状态，土壤干燥时，可用细孔喷壶喷水，小粒种子可用喷雾器喷水。幼苗出土以后，组织幼嫩，需要进行遮阳保护，晴天遮阳时间为10：00—17：00，早晚要将遮阳材料揭开。每天遮阳时间应随小苗的生长逐渐缩短，一般遮阳1个月左右。

（8）移苗（上钵）

①间苗。也称疏苗，播种出苗后，幼苗拥挤，需间苗，扩大营养面积。若不及时间苗，幼苗生长柔弱，易引起病虫害。间苗要在雨后或灌溉后进行。

间苗一般可分两次进行。第一次在幼苗出齐后，每墩留 2 ~ 3 株，需细心操作，以免损伤留下幼苗的根系，影响生长。第二次间苗是在幼苗长出 3 ~ 4 枚真叶时进行，一般将最强壮的苗留下。每次间苗后应灌溉一次，使土壤与根系密切接触，有利于苗株的生长。间除的幼苗可根据需要进行缺株补植，或另行栽植。

间苗的同时还结合除草环节。

②移苗（上钵）。当小苗长出 5 ~ 8 枚真叶时，进行移苗（上钵）。进行移苗前，先浇透水以保护根系。移植时可用左手手指夹住 1 枚子叶或真叶，右手拿一竹签插入基质中把整个苗撬起，不要伤根，尽量带土，然后移至容器中（上钵）。栽植深度要与未移植时的深度相同，覆土之后浇定根水。根据苗木的不同情况，采取遮阳、喷水（雾）等保护措施。待幼苗完全恢复生长后，要及时进行叶面追肥和根系追肥，同时进行松土除草、灌溉、排水、施肥、病虫害防治等。

（9）定植　定植时间选择在无风的阴天进行最为理想，若天气炎热，则需在午后或傍晚日照不过于强烈时进行，并且在移植时应边栽植边喷水，以保持湿润，防止萎蔫。降雨前栽植，成活率更高。

①起苗。应在土壤湿润状态下进行，以使湿润的土壤附在根群上，同时避免掘苗时根系受伤，如天旱土壤干燥，应在起苗前一天或数小时充分灌水。栽植前避免根群长时间暴露于强烈日光下或受强风吹干，以免影响成活。

②栽植。栽植方法可分为沟植法和穴植法，沟植法是以一定的行距开沟栽植，穴植法是以一定的株行距掘穴或以移植器打孔栽植。要使根系舒展于沟中或穴中，然后覆土。为了使根系与土壤密接，必须妥为镇压，镇压时压力应均匀向下，不应用力按压茎的基部，以免压伤。栽植完毕后，以细喷壶充分灌水。栽植大苗常采用畦面漫灌的方法。第一次充分灌水后，在新根未生出前，不可灌水过多，否则根部易腐烂。同时注意后期的灌溉、施肥、中耕除草。

（10）注意事项

①注意播种营养土配方，对于不同的草花品种，选择不同的营养土配方。

②注意修整苗床时要平整，避免积水，同时也要给苗床、苗箱浇透水。

③播种时要注意种子种粒大小，选择播种方法，注意覆土厚度。

④小苗出土后要注意遮阳。

2）穴盘育苗

（1）基质配制

①取蛭石、泥炭、细河沙按 1∶1∶1 比例备好，用细喷头喷适量水、混拌均匀。

②将上述基质装入 128 穴和 288 穴的穴盘中用刮板刮平，用手指将穴孔中的基质轻轻压紧，再补装一层基质刮平。

（2）播种

①人工点播（中粒种子）。用镊子夹住种子，植入穴中，深度为 3 ~ 5 mm，每穴植入 1 粒。

点播结束后，用细喷头喷水，穴盘底孔刚刚有水渗出为宜，或将穴盘放入水槽中浸水，穴孔上部见到水渍为宜，将盘取出移入温度 18 ~ 25 ℃、相对湿度 80% ~ 90% 条件下催芽。

②机械自动播种（小粒种子）。将种子送入填粒口，穴盘放在操作台上，启动机械后可自行点播，点播结束后可用细喷头喷水。处理方法与中粒种子相同，催芽条件也相同，小粒种子穴盘表面加盖一层牛皮纸。

（3）管理　播种 3 天后，每天早晨检查是否发芽，并开始记录。出芽后小粒种子的牛皮纸要揭掉。基质表面缺水要及时喷雾，切不可让基质发白，基质干湿交替会使种子吊干，丧失发芽能力。子叶张开后可以改喷雾为喷水。真叶长出 4 枚时可以叶面施肥。根系从穴盘底孔透出时，即可定植。

（4）记录　填写下表，记录育苗过程。

表 3　育苗过程记录表

序　号	种　名	播种日期	开始出芽日期	50% 出芽日期	80% 出芽日期	4 枚真叶日期	温度湿度
1							
2							
…							

3）扦插繁殖

（1）扦插时间　各地根据需扦插的花卉种类，确定适宜的扦插时间。

（2）剪穗与处理　扦插木本花卉时，采用带有叶片的当年生半木质化的嫩枝做插穗；扦插草本花卉时采用带有叶片的嫩茎做插穗。剪切插穗时，先将新梢顶端太幼嫩部分剪除，再剪成 8 ~ 10 cm 的插穗，上部留 2 个以上芽，并对插穗上的叶片进行修剪。叶片较大的只留 1 枚叶或更少，叶片较小的留 2 ~ 3 枚叶，注意上切口平剪，下切口斜剪。

对于根蘖性强但枝插不易成活的花木，也可在秋末冬初和早春结合苗木出圃剪取根条扦插。选径粗 0.5 ~ 1.0 cm 的根条，剪成长 10 ~ 20 cm 的插穗，剪时要防止表皮与木质部劈裂，并确定上下方向，上剪口宜平，下剪口宜斜。

扦插前将插穗或插穗基部浸泡在 0.01% ~ 0.125% 的多菌灵液中消毒，然后，用萘乙酸或生根粉等进行催根处理，注意不同花卉种类应采用不同的浓度和时间。

为了防止插穗失水，尽可能做到"随采随剪随插"。

（3）扦插　扦插前应对插床进行细致整地，消毒并施足基肥，使土壤疏松、肥沃、湿润。扦插的深度应保持床面上留一个芽，在干旱地区和沙地苗圃，插穗应全插入土，上端与地面相平。常绿木本花卉应插入土内 2/3，嫩枝插穗扦插的深度为插穗长度的 1/3 ~ 1/2，根插时上切面要与床面相平，或稍高于床面，上覆松土。注意不能使插穗倒插，并要将土壤压实，使插穗与之紧密相接。

（4）管理　扦插后要遮阳并勤浇水，待生根成活后，再逐渐除去遮阳物；插条发芽后，只保留一个生长健壮的新梢，长到一定高度时摘心，以利加粗生长，并注意肥水管理及病虫害防治。

表 4　插条（根）育苗生长观察记载表

名称：　　　　　　　　　　　　　　　　插穗类型（含处理）：

观察日期	生长日期	苗高 / cm	发叶情况		生根情况	
			开始发叶期	发叶插条数	开始生根日期	生根插条数

扦插日期：　　　　　　　　　　　　成活率 /%：

4）嫁接繁殖（以切接和劈接为例）

（1）劈接法　适用于较粗的砧木。技术要点：

①接穗切割。接穗长 5 ~ 10 cm，带 2 ~ 3 个芽，在下端削成 2 ~ 3 cm 的双直边楔形（即两个对称的平滑削面），外侧稍厚，切面应平直光滑。

②砧木处理。将砧木在嫁接部位剪断或锯断，截口处树桩应表面光滑，截口宜平，然后从断面中央劈开，劈口深 3 ~ 4 cm。

③接合。撬开砧木劈口，迅速将削好的接穗插入砧木，使接穗厚侧朝外，使砧木形成层与接穗形成层对齐。

④绑缚。用塑料条或麻披等扎紧，外涂石蜡，或接穗外加罩，或用疏松湿润土壤埋覆，以防干燥。

（2）切接法　适用于较小的砧木。技术要点：

①接穗切削。接穗长 5 ~ 10 cm，带 2 ~ 3 个芽，下端削一长一短两个斜面，长斜面

长 2 ~ 3 cm，短斜面不足 1 cm，使接穗下端呈扁楔形。

②砧木处理。将砧木在离地面 4 ~ 6 cm 处剪断，选砧木光滑的一侧，用刀在断面皮层内略带木质部的地方垂直切下，深度略短于接穗的长斜面，宽度与接穗直径相等。

③接合。把接穗长斜面向里，插入砧木切口，务必使接穗与砧木的形成层对齐，若不能两边对齐，可一边对齐。绑扎、封蜡或覆土同劈接。

5）分株繁殖

（1）繁殖时间　落叶类花卉的分株繁殖应在休眠期进行。南方在秋季落叶后进行，此时空气湿度较大，土壤也不冻结。北方由于冬季严寒，并有干风侵袭，秋后分株易造成枝条受冻抽干，影响成活率，故最好在开春土壤解冻而尚未萌动前进行分株。

常绿类花卉由于没有明显的休眠期，秋季大多停止生长而进入停止生长状态，此时树液流动缓慢，因此多在春暖旺盛生长之前进行分株，北方大多在移出温室之前或出室后立即分株。

（2）繁殖类型

①分株。将根际或地下茎发生的萌蘖切下栽植，使其形成独立的植株，如萱草、玉簪等。此外，宿根福禄考、蜀葵等可自根上发生"根蘖"。禾本科中的一些草坪地被植物也可用此方法。

②吸芽。为某些植物根际或地上茎叶腋间自然发生的短缩、肥厚呈莲座状的短枝。吸芽的下部可自然生根，故可自母株分离而另行栽植。如芦荟、景天等在根际处常着生吸芽。

③珠芽及零余子。这是某些植物所具有的特殊形式的芽，生于叶腋间或花序中，百合科的一些花卉都具有，如百合、卷丹、观赏葱等。珠芽及零余子脱离母株后自然落地即可生根。

④走茎。走茎为地上茎的变态，从叶丛中抽生出来的节，并且在节上着生叶、花、不定根，同时能产生幼小植株，这些小植株另行栽植即可形成新的植株，这样的茎叫走茎，用走茎繁殖的花卉有虎耳草、吊兰等。

⑤根茎。一些花卉的地下茎肥大，外形粗而长，与根相似，这样的地下茎叫根状茎，根状茎贮藏着丰富的营养物质，它与地上茎相似，具有节、节间、退化的鳞叶、顶芽和腋芽，节上常产生不定根，并由此处发生侧芽且能分枝进而形成株丛，可将株丛分离，形成独立的植株，如美人蕉、鸢尾、紫菀等。

⑥鳞茎。鳞茎是指一些花卉的地下茎短缩肥厚近乎于球形，底部具有扁盘状的鳞茎盘，鳞叶着生于鳞叶盘上。鳞茎中贮藏着丰富的有机物质和水分，其顶芽常抽生真叶和花序，鳞叶之间可发生腋芽，每年可从腋芽中形成一至数个子鳞茎，并从老鳞茎旁分离，通过分

栽子鳞茎来繁殖。如百合、郁金香、风信子、水仙等。

（3）技术要点（以鹤望兰为例）　鹤望兰又名天堂鸟，为市场紧俏名贵切花，花枝是高档的切花材料。现将分株繁殖技术介绍如下：

①母株的选择。母株应选分蘖多的、叶片整齐、无病虫害的健壮成年植株。用于整株挖起分株的母株一般选择生长3年以上的具有4个以上芽、总叶片数不少于16枚的植株。分株后用于盆栽的可选择有较多带根分蘖苗的植株。

②分株时间。栽植于大棚内，时间为5—11月，最适宜时间为5—6月。大田苗用于盆栽的，适宜时间也为5—6月。

③分株方法：

a. 不保留母株分株法（即整株挖起分株）。此法适用于地栽苗过密有间苗需要时。将植株整丛从土中挖起（尽量多带根系），用手细心扒去宿土并剥去老叶，待能明显分清根系及芽与芽间隙后，根据植株大小在保证每小丛分株苗有2～3个芽的前提下合理选择切入口，用利刀从根茎的空隙处将母株分成2～3丛。尽量减少根系损伤，以利植株恢复生长。切口应沾草木灰，并在通风处晾干3～5 h，过长的根可进行适当短截，切口亦需蘸一些草木灰即可进行种植。在分株过程中应注意新株根系不应少于3条、总叶数不少于8～10枚、一般需有2～3个芽。如果根系太少或侧芽太少，可几株合并种植。

b. 保留母株分株法。地栽苗中如生长过旺又无需间苗时，可不挖母株，直接在地里将母株侧面植株用利刀劈成几丛（方法同上）。这样对原母株的生长和开花影响比较小。如需盆栽应只从母株剥离少数生长良好的侧株种植。已盆栽茂盛的植株，可结合换盆进行分株繁殖。

④定植。鹤望兰要求肥沃、排水透气性好的微酸性沙壤土。单行种植密度一般畦宽60～80 cm，畦高20～30 cm，株距100～120 cm。也可畦宽100～120 cm，双行种植。种植沟宽60 cm，深50 cm。施足基肥，每个180 m² 拱棚施用发酵后豆饼肥600 kg，过磷酸钙40 kg，呋喃丹1 kg结合中耕翻入土中。按选定的株行距采用品字形交叉定植。为了使鹤望兰多萌发侧芽，有利于分株，应适当浅栽，按鹤望兰的根系形状使其舒展，以根系不露出床土为宜。覆土分层踩实并浇足水。栽后及时起畦沟，确保不积水。栽植苗的下部叶要剪半，拔去花枝以减少养分消耗，提高分株苗成活率。

（4）繁殖后的养护管理

①分株繁殖后的养护管理。丛生型及萌蘖类的木本花卉，分栽时穴内施用腐熟有机肥。通常分株繁殖上盆浇水后，先放在荫棚或温室蔽光处养护一段时间，如出现凋萎现象，应向叶面和周围喷水来增加湿度。若秋季分栽，入冬前宜截干或短截修剪后埋土防寒保护越

冬。若春季萌动前分栽，则仅需适当修剪，使其正常萌发、抽枝，但花蕾最好全部剪掉，不使其开花，以利植株尽快恢复长势。

对一些宿根性草本花卉及根茎类花卉，在分栽时穴底可施用适量基肥，基肥种类以含较多磷钾肥者为宜。栽后及时浇透水、松土，保持土壤适当湿润。对秋季移栽种植的种类浇水不要过多，来年春季增加浇水次数，并追施稀薄液肥。

②以鹤望兰为例介绍分株繁殖的养护管理。

a. 肥水管理。定植后第一周每天浇一次水，以后见干就浇。栽植后若出现凋萎现象应经常向叶面和周围地面喷水，以增加环境湿度，让植株尽快恢复长势，有条件的可安装喷头喷水。秋季分株的，成活后浇水不可过多。栽植一个月后可追施稀薄液肥（以人粪尿或氮肥为主）1～2次，而后进入常规肥水管理。

b. 光照和温度管理。分株苗栽植后，拉遮阳网适当遮阴，防止阳光过强灼伤叶片。待恢复长势后撤去遮阳网，于全光照下管理。秋季分株的，应注意保温。当年11月至翌年3月应封严大棚，盖1～2层塑料薄膜。翌年3月气温上升后中午注意通风，大棚在4—5月即可拆除。盆栽可在冬季进温室或大棚管理。

c. 病虫害防治。在排水不良的地方易发生立枯病，应注意排水。在梅雨季节若发生根腐病，需及时喷施农药，严重病衰植株要拔除并消毒原植穴。虫害主要有金龟子、蚧壳虫、蜗牛，可用相应药剂进行防治。

综上所述，采用分株法繁殖鹤望兰，需要注意分株处理、控制温度和光照、加强肥水管理、防治好病虫害。春季移栽较大分株苗，一般当年秋、冬季即可开花；秋季移栽的来年5—6月也可开花。

6）压条繁殖

选择适合压条的花卉1～2种，进行普通压条和高压。分别进行刻伤、环剥、固定、包扎或壅土，以后经常保持湿润。

①在早春发芽期进行，也可以在生长期进行。

②常见方法有埋土压条，即被枝条埋入土中部分的树皮环割1～3 cm宽，在伤口涂上生根粉后再埋入基质中使其生根。

③空中压条法适于大树及不易弯曲埋土的情况。先在母株上选好枝梢，将基部环割并用生根粉处理，用水藓等保湿，外用聚乙烯膜包密，两端扎紧即可。2—3月生根，在休眠后剪下（杜鹃、山茶、桂花、米兰等常用）。其他方法还有单干压条、多段压条。

6. 作业与思考

按照播种、扦插、嫁接、分株、压条繁殖的操作过程，每种方法各选一种花卉，整理繁殖技术要点。

◎实训5　露地花卉整形修剪

1. 实训目的、要求

了解花卉生长发育规律，了解露地花卉修剪整形的目的和作用，掌握不同露地花卉整形、修剪的技术方法。

2. 实训学时

2学时。

3. 基本工具

花枝剪、剪枝剪、刀片、细绳、米尺、扫帚、塑料袋。

4. 实训材料

需要修剪的露地花卉材料

5. 实训内容、步骤

选定草花或木本花为材料，由教师根据花卉种类研究整形修剪方案及修剪内容，并指导学生分组进行整形修剪。

1）普通修剪

修剪枯枝、残花、残叶，再修剪徒长枝、过弱枝、砧木萌蘖。

2）根据培养计划修剪

剪去多余枝叶，根据花期及花枝数，确定摘心、抹芽时机。

3）操作要点

①摘心要及时、彻底，对于植株矮小、分枝又多的三色堇、石竹和主茎上着花多且朵大的球头鸡冠花、凤仙花等，以及要求尽早开花的花卉，不易摘心。

②抹芽时不要损伤叶片和嫩茎。

③剥蕾时不可碰到主蕾，保证花朵的质量。

④折枝时要轻折轻捻，使枝梢折曲而不断裂。

⑤疏剪时要注意选择剪除枯枝、病弱枝、交叉枝、过密枝、徒长枝等。

⑥重剪时要剪去枝条的2/3，轻剪时将枝条剪去1/3，生长期的修剪多采用轻剪。

6. 作业与思考

以月季为例，整理周年整形、修剪的时间和技术处理要点。

◎**实训 6　培养土配制（基质配制）**

1. 实训目的、要求

花卉种类繁多，生态习性各异，对栽培基质的要求各不相同。满足花卉生长发育的基本条件，必须配制合适的培养土。通过实训，使学生了解常见的花卉栽培用土，掌握培养土的一般配制方法。

2. 实训学时

2 学时。

3. 实训工具

铁锹、筐、筛子等。

4. 实训材料

园土、落叶、厩肥、人粪尿、河沙、堆肥土、泥炭、蛭石、水藓、椰子纤维、骨粉、砻糠灰、塘泥、针叶土等。

5. 实训内容、步骤

①腐叶土的配制按一定比例将园土、落叶厩肥、人粪尿等分层堆积成塔状，从塔顶中心倒入人粪尿后，以塑料膜或塘泥密封。15 ~ 20 天翻动一次，1 ~ 2 个月后即可制成腐熟的腐叶土。将腐叶土与河沙按不同比例混合，可制成各种用途的栽培用土。

②常用盆栽用土配制方法（按体积计）。园土 6 份 + 腐叶土 8 份 + 黄沙 6 份 + 骨粉 1 份或泥炭 12 份 + 黄沙 8 份 + 骨粉 1 份等。

③按下列配比配制各类花卉培养土：

一般草花类：腐叶土或堆肥土 2 份 + 园土 3 份 + 砻糠灰 1 份。

月季类：堆肥土 1 份 + 园土 1 份。

一般宿根类：堆肥土 2 份 + 园土 2 份 + 草木灰 1 份 + 细沙 1 份。

多浆植物类：腐叶土 2 份 + 园土 1 份 + 黄沙 1 份。

④按不同用途配制介质：

a.扦插介质。珍珠岩 + 蛭石 + 黄沙为 1 ：1 ：1（上海）或壤土 + 泥炭 + 沙为 2 ：1 ：1，每 100 L 另加过磷酸钙 117 g，生石灰 58 g（国外）。

b.育苗介质。泥炭 + 砻糠灰为 1 ：2 或泥炭 + 珍珠岩 + 蛭石为 1 ：1 ：1（上海）。

c.假植及定植用土。腐叶土 + 河沙 + 园土分别为 4 ：2 ：4 和 4 ：1 ：5。

6. 作业与思考

①自制表格填写堆肥土、腐叶土、草皮土、针叶土、泥炭土、沙土等类栽培用土的形

成特点、通透性、养分含量、腐殖质、酸碱度等。

②配制不同种类，不同用途介质的依据是什么？

◎实训 7　花卉的栽培管理（上盆、换盆、间苗、定植）

1. 实训目的、要求

了解盆花栽植的一般步骤，熟悉盆花栽植的基本方法，掌握盆花栽植技术。

2. 实训学时

4 学时。

3. 实训工具

不同规格的花盆、水桶、喷壶和花铲等。

4. 实训材料

准备上盆的花苗、配制好的盆花培养土、碎瓦片、粗粒土。

5. 实训内容、步骤

1）上盆

上盆是指把繁殖的幼苗或购买来的苗木栽植到花盆中的工作。此外，露地栽植的植株移到花盆中的过程也是上盆。具体做法如下：

（1）选盆　按照苗木的大小选择合适规格的花盆，还应注意栽植用盆和上市用盆的差异。栽植用盆要用通气性的盆，如陶制盆、木盆等；上市用盆选用美观的瓷盆、紫沙盆或塑料盆。

（2）上盆操作　用碎瓦片或纱窗网盖于盆底排水孔，凹面向下。盆底部填入一层粗粒营养土、碎瓦片或煤渣，作为排水层，再填入一层营养土。植苗时，用左手持苗，放于盆中央适当的位置，右手填营养土，用手压紧。填完营养土后，土面与盆口应有适当距离。然后，用喷壶充分灌水、淋洒枝叶，放置到遮阴处缓苗数日。待苗恢复生长后，逐渐放于光照充足处。

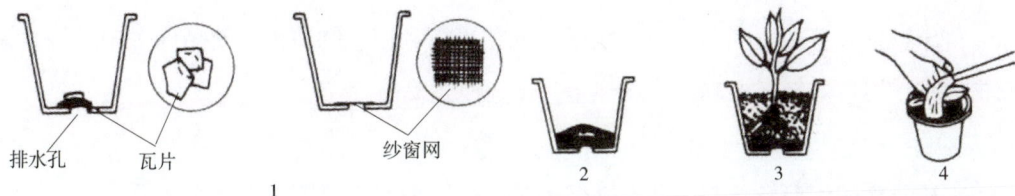

排水孔　瓦片　　　　纱窗网　　　　　　1　　　　　2　　　　3　　　　4

图 4　上盆
1—垫盖排水孔；2—垫排水层与底土层；3—栽植；4—浇透水

2）换盆

换盆有三种情况：一是随着幼苗的生长，根系在原来较小的盆中已无法伸展，根系相互盘叠或穿出排水孔；二是由于多年养植，盆中的土壤养分丧失，物理性质恶化；另外，植株根系老化，需要更新时，盆的大小可不变，换盆只是为修整根系和换新的营养土。一、二年生花卉生长迅速，从播种到开花要换盆 3～4 次。

换盆时间随植株的大小和发育期而定，一般安排在 3～5 枚真叶时、花芽分化前和开花前。开花前的最后一次换盆称为定植。多年生草本花卉多为一年一换盆，木本花卉 2～3 年换一次。换盆时，左手按在盆面植株基部，将盆提起倒置，轻扣盆边取出土球。一、二年生花卉换盆时，把盆底填好排水层，把原土球放入盆中，营养土填在四周，填压即可。宿根及球根类则去除原土球部分土，并剪去盆边老根，有时结合分株，然后再栽入盆中。木本花卉换盆一般适当切除原土球，并进行修根或修剪枝叶，再植入盆中。修根或修枝要适度，一般可剪除大部分老根。生长慢或生根难的种类，可轻度修剪根和枝叶，如苏铁、棕榈类等；树液极易通过伤口外流的种类可不进行修剪。

巨型盆的换盆较费力，一般先把盆搬抬或吊放在高台上，再用绳子分别在植株茎基部和干的中部绑扎结实，轻吊起来，然后把盆倾斜，慢慢扣出花盆。再把植株修根后，植入新换营养土的盆中，最后立起花盆，压实灌水。换盆后立即充分灌水使根与土壤密切接触。此后浇水，以保持湿润为度。浇水可多次少浇，不宜灌水过多，易引起根部腐烂。要待新根生长后，再逐渐增加灌水量。换盆后数日置阴处缓苗。

图 5　换盆
1—扣盆；2—取出植株；3—去除肩土、表土；4—栽植

3）间苗

苗床过密时分两次间苗。第一次间出的苗可以利用。间苗前勿使苗床过干，浇水呈湿润状态时，用竹签轻轻挑起，根部尽量带土，以提高成活率。

4）移植

①移栽前先炼苗。移栽前几天降低土壤温度，最好使温度比发芽温度低 3℃左右。

②幼苗展开 2～3 枚真叶时进行；过小操作不便，过大易伤根。

③起苗前半天，苗床浇一次水，使幼苗吸足水分更适移栽。

④移栽露地时，整地深度根据幼苗根系而定。春播花卉根系较浅，整地一般浅耕20 cm左右。同时施入一定量的有机肥（厩肥、堆肥等）作基肥。

⑤移栽时的操作同间苗，用花铲将苗挖起时要尽量多地保护好根系，以利移植成活。

⑥移植后管理。移栽后将四周的松土压实，及时浇足水，以后连续扶苗进行松土保墒，切忌连续灌水。幼苗适当遮阳，之后进行常规浇水施肥，中耕除草等原理。

5）定植

植株株型大小基本固定或开花前最后一次换盆称定植。

6）注意事项

①移栽次数依种类而定。

②移栽时期可考虑天气情况。阴天或雨后空气湿度高时移栽，其成活率高；清晨或傍晚移苗最好。忌晴天中午栽苗。

6. 作业与思考

①写出本次实训中某种花卉的栽植方法与步骤。

②举例说明影响花卉移植次数和时期的主要因素是什么。

③列举出直根系花卉、须根系花卉各10种。

◎ 实训 8　水培花卉

1. 实训目的、要求

与土壤栽培或基质栽培相比，水培花卉管理比较简单，便于操作，比盆栽花卉更为雅致，受到消费者的喜爱。通过了解水培花卉的栽培技术要求，使学生掌握水培花卉的栽培技术。

2. 实训学时

2 学时。

3. 实训工具

玻璃容器、玻璃棒、电热线、水泵、苯乙烯泡沫塑料板等。

4. 实训材料

塑料薄膜、河沙、硝酸钙、硫酸亚铁、水、硫酸镁、磷酸二氢铵、硝酸钾、硼酸等。

5. 实训内容、步骤

1）水培花卉的技术要求

从植物生长过程的周期来看，水培花卉技术有两个阶段需要引起重视：一是幼苗的培育阶段，即水繁工序的进行；二是植物成品的护理阶段，即用户进行个人操作的水培工序。

（1）水繁培植苗床的建立及方法　水繁的苗床必须不漏水，多用混凝土做成或用砖作沿砌成用薄膜铺上即可，宽 1.2 ～ 1.5 m，长度视规模而定，最好建成阶梯式的苗床，有利于水的流动，增加水中氧气含量。在床底铺设给水加温的电热线，使水温稳定在 21 ～ 25 ℃ 的最佳生根温度。水繁一年四季都可进行，水温通过控制仪器控制在 25 ℃ 左右，过高或过低对生根都不利。水繁时植物苗木应浅插，水或营养液在床中 5 ～ 8 cm。但为了使植物苗木保持稳定，可在底部放入洁净的沙，这种方法也可叫作沙水繁。或在苯乙烯泡沫塑料板上钻孔，或在水面上架设网格皆可，将植物苗木插在板上，放入水中。在生根过程中每天用水泵定时抽水循环，以保持水中氧气充足。

（2）水繁育苗常用营养液的配制　水繁以水作为介质，介质不含植物生长所需的营养元素，因此必须配制必要营养液，供植物生根、移植前幼苗生长所需。对不同植物营养液配方的选择是水繁成功与否的关键。不同的植物其营养液的配方有所不同。下面介绍广泛应用的营养液配方之一：

世界最著名的莫拉德营养液配方：

A 液：硝酸钙 125 g、硫酸亚铁 12 g，以上加入 1 kg 水中。

B 液：硫酸镁 37 g；磷酸二氢铵 28 g；硝酸钾 41 g；硼酸 0.6 g；硫酸锰 0.4 g；硫酸铜 0.004 g；硫酸锌 0.004 g，以上加入 1 kg 水中。

①营养液的配制过程：

a. 分别称取各种肥料，置于干净容器或塑料薄膜袋上待用。

b. 混合和溶解肥料时，要严格注意顺序，要把 Ca^{2+} 和 SO_4^{2-}，PO_4^{3-} 分开，即硝酸钙不能与硝酸钾以外的几种肥料如硫酸镁等硫酸盐类、磷酸二氢铵等混合，以免产生钙的沉淀。

c. A 罐肥料溶解顺序，先用温水溶解硫酸亚铁，然后溶解硝酸钙，边加水边搅拌直至溶解均匀；B 罐先溶硫酸镁然后依次加入磷酸二氢铵和硝酸钾，加水搅拌至完全溶解，硼酸以温水溶解后加入，然后分别加入其余的微量元素肥料。A、B 两种液体罐均分别搅匀后备用。

d. 使用营养液时，先取 A 罐母液 10 mL 溶于 1 kg 水中，再在此 1 kg 水中加入 B，即可使用。

②调整营养液的酸碱度。营养液的酸碱度直接影响营养液中养分存在的状态、转化和有效性。如磷酸盐在碱性时易发生沉淀，影响利用；锰、铁等在碱性溶液中由于溶解度降低也会发生缺乏症。所以营养液中酸碱度（即 pH 值）的调整是不可忽略的。

pH 值的测定可采用混合指示剂比色法，根据指示剂在不同 pH 值的营养液中显示不同颜色的特性，以确定营养液的 pH 值。营养液一般用井水或自来水配制。如果水源的 pH

值为中性或微碱性，则配制成的营养液 pH 值与水源相近，如果不符要进行调整。在调整 pH 值时，应先把强酸、强碱加水稀释，营养液偏碱时多用磷酸或硫酸来中和，偏酸时用氢氧化钠来中和，逐滴加入到营养液中，同时不断用 pH 试纸测定，至中性为止。

（3）水培过程中应注意的问题

①配制营养液时，忌用金属容器，更不能用它来存放营养液，最好使用玻璃、搪瓷、陶瓷器皿。

②在配制营养液时如果使用自来水，则要对自来水进行处理，因为自来水中大多含有氯化物和硫化物，它们对植物均有害，还有一些重碳酸盐也会妨碍根系对铁的吸收。因此，在使用自来水配制营养液时，应加入少量的乙二胺四乙酸钠或腐殖酸盐化合物来处理水中氯化物和硫化物。如果水培花卉技术的基质采用泥炭，就可以消除上述缺点。如果地下水的水质不良，可以采用无污染的河水或湖水配制。

③一般情况下，盆中的栽培水过一两个月要更换一次，用自来水即可，但注意要将自来水放置一段时间再用，以保持根系温度平稳。

④水培花卉大都是适合于室内栽培的阴性和中性花卉，对光线有各自的要求。阴性花卉如蕨类、兰科、天南星科植物，应适度遮阳；中型花卉如龟背竹、鹅掌柴、一品红等对光照强度要求不严格，一般喜欢阳光充足，在遮阳下也能正常生长。保证花卉正常生长的温度很重要，花卉根系在 15 ~ 30 ℃范围内生长良好。

⑤应注意辨别根色以判断花卉是否生长良好。光线、温度、营养液浓度恰当时根系为白色。（请注意：严禁营养液过量，严禁缩短加营养液的时间间隔。）

⑥水培花卉生长过程中，如果发现叶尖有水珠渗出，需要适当降低水面高度，让更多的根系暴露在空气中，减少水中的浸泡比例。

（4）水培技术与花卉品种　香石竹、文竹、非洲菊、郁金香、风信子、菊花、马蹄莲、大岩桐、仙客来、月季、唐菖蒲、兰花、万年青、曼丽榕、巴西木、绿巨人、鹅掌柴以及盆景花卉（如福建茶、九里香）等花卉水培的效果都很好。

一般可进行水培的还有龟背竹、米兰、君子兰、茶花、月季、茉莉、杜鹃、金梧、万年青、紫罗兰、蝴蝶兰、倒挂金钟、五针松、喜树蕉、橡胶榕、巴西铁、秋海棠类、蕨类植物、棕榈科植物等。还有各种观叶植物，如天南星科的丛生春芋、银包芋、火鹤花、广东吊兰、银边万年青；景天种类的莲花掌、芙蓉掌及其他类的君子兰、兜兰、蟹爪兰、富贵竹、吊凤梨、银叶菊、巴西木、常春藤、彩叶草等百余种。

2）如何将土栽花卉转变为水培花卉

为降低成本，满足市场的供应，可将一般的土培苗移植到水培盆中培养。具体做法如下：

（1）大苗定植

①脱盆。用手轻敲花盆的四周，待土松动后可将整株植物从盆中脱出。去土，先用手轻轻把过多的泥土去除（可以用水直接冲洗干净为止）。

②水洗。将粘在根上的泥土或基质用水冲洗。

③剪定植篮。如果植株头部太大，而定植篮的孔径太小则需将定植篮的孔加大，方便种植。

④加营养液。将配制好的营养液加入容器。

⑤大苗定植。将植物的根系从定植篮中插入，小心伤根。

⑥固定。用海绵、麻石或雨花石固定（其他固物也可以）。

⑦成品。检查成品是否固定好。

（2）小苗定植　小苗定植相对于大苗定植简易的多，主要步骤如下：

①盆苗选择。小苗一般不超过 8 cm。

②小苗洗根。将小苗从盆中直接取出，根系在水中清洗一下，注意不可伤根。

③小苗定植。将根系从定植篮孔中直接插入，用石头固定即可。

（3）营养液的配制　可以根据本文所提供的配方购买化学试剂配制。同时也可以根据当地的肥源情况使用尿素等肥料进行配制研究，在取得经验后再在生产中使用，配制原则是总浓度控制在 0.1% ~ 0.2%。

（4）移植花卉的要点　水培花卉一定要控制好水位，宜低不宜高。根在水中即可，甚至可以更少一些（保持一个月的适应期，以后再增加水量）。在水培过程中，当花卉叶尖出现水珠时，需要适当降低水位，并且开始时要避免阳光直射。

（5）营养液缺乏症的判断　如果缺乏某种营养元素，水培花卉就会产生生理障碍，影响生长发育和开花，严重的甚至导致死亡。因此，要及时对营养液进行养分调整。

①缺氮。植株生长缓慢，叶色发黄，严重叶片脱落。

②缺磷。常呈不正常的暗绿色，有时出现灰斑或紫斑，延迟成熟。

③缺钾。双子叶植物叶片开始有点缺绿，以后出现分散的深色坏死斑；单子叶植物，叶片顶端和边缘细胞先坏死，以后向下扩展。

④缺钙。显著的抑制芽的发育，并引起根尖坏死，植株矮小，有暗色皱叶。

⑤缺镁。先在老叶的叶脉间发生缺绿病，开花迟，成浅斑，以后变白，最后成棕色。

⑥缺铁。叶脉间产生明显的缺绿症状，严重时变为灼烧状，与缺镁相似，不同处是通常较嫩的叶片上发生。

⑦缺氯。叶片先萎蔫，而后变成缺氯或坏死，最后变成青铜色。

⑧缺硼。会造成生理紊乱，表现出各种症状，但多为茎和根顶端分生组织的死亡。

出现上述营养缺乏症时，也应仔细查清。病害症状不一定是营养缺乏所造成的，有可能是由于酸碱度不适当，或因同时缺乏几种元素引起的。一定要弄清情况，对症下药。

6. 作业与思考

①详细记录水培花卉的栽培技术要领。

②世界最著名的莫拉德营养液配方是什么？

◎ 实训 9　切花采收与保鲜

1. 实训目的、要求

通过实际操作，让学生动手完成鲜切花的分级、预处理（保鲜液的配制和使用）、包装等工作，使学生认识鲜切花的分级指标、常规的绑扎、包装方法及所用材料，了解贮藏的环境条件和方法，掌握鲜切花采后处理的环节和技术，认识鲜切花保鲜处理的必要性。

2. 实训学时

2 学时。

3. 实训工具

枝剪、直尺、水桶、橡皮筋、鲜花包装纸（塑料）、烧杯、量筒、玻璃棒和标签等。

4. 实训材料

当天采收的鲜切花 3 ~ 4 种、试剂、相应鲜切花的预处液。

5. 实训内容、步骤

1）内容

①配制预处液、催花液、瓶插保持液。

②根据鲜切花的分级标准，对鲜切花进行裁剪、去叶、分级、绑扎、保鲜预处理、包装。

③用催花液、瓶插保持液分别处理 1 ~ 2 种鲜花，并设对照观察记录结果（花色、花期等）。

2）步骤

①配制预处液、催花液、瓶插保持液各一种，配方如下表所示。

表 5　鲜切花保鲜液配方表

序　号	名　称	配　方
1	瓶插液（月季以外切花）	1.5% 蔗糖，320 mg/L 柠檬酸，25 mg/L 硝酸银
2	唐菖蒲过夜脉冲液	20% 蔗糖，250 mg/L 8-羟基喹啉柠檬酸盐
3	香石竹花蕾开放液	200 mg/L 硝酸银，100 g/L 糖，20 mg/L 苯甲基腺嘌呤

②查阅实验用鲜切花的分级标准。

③采收时间。在清早或傍晚采收，提前备好工具、用品，分组、分地点采收、保鲜。

④根据花卉分级标准，从整体感、花型、花色、花枝长度和粗细、叶的色泽和新鲜程度及大小、病虫害感染情况等方面，进行分级，每一级别分别放置。

⑤分级完后，每一等级的切花要整理成束，花朵或花蕾在同一端并要求整齐，根据等级要求，整理成10枝一束或20枝一束。

⑥根据标准，用枝剪剪留需要的长度，除去花枝下部10~20 cm的叶片后，用橡皮筋绑扎，松紧以不松散为宜。外用报纸或鲜花包装纸包裹起来，上端比花蕾或花朵部分稍长，花枝下端部分20~30 cm露在外面，方便保鲜液处理。然后用胶带固定。

⑦用量筒量取预处液，加入水桶，搅拌均匀，插入绑扎好的鲜切花，进行预处理。水温37 ℃左右，处理6~12 h。或插入清水中，入水5~10 cm深。

⑧将切花从预处理液中取出，按要求装入准备好的包装箱中。各层切花反向叠放箱中，花朵朝外，离箱边5 cm；小箱为10扎或20扎，大箱为40扎；装箱时，中间需捆绑固定；纸箱两侧需打孔，孔口距离箱口8 cm；纸箱宽度为30 cm或40 cm。非洲菊等花则不能平放，要垂直放。

⑨贴上标签，注明切花种类、品种名、花色、级别、花茎长度、装箱容量、生产单位、采切时间。然后进入贮藏环节（若无条件，可让学生明确贮藏所需环境条件）。

⑩选择处于花蕾期和已开放的鲜切花各1~2种，处于花蕾期的，用催花液进行处理；已开放的，用瓶插保持液进行处理。各设对照，分别插入相同的容器中，放置在同一环境条件下，每天定时观察花的变化，并记录比较花色、花型和瓶插寿命。

要求：以4~5人分组进行。

6. 作业与思考

①填写实验用鲜切花的分级标准及包装、贮藏要求表。

表6　鲜切花的分级标准及要求

标准要求 鲜切花	一　级	二　级	三　级	四　级	绑　扎	预处理液	包　装	贮藏 条件

②鲜切花采后处理包括哪些环节？

③鲜切花催花液、瓶插保持液使用效果对比分析。

◎ 实训 10　菊花张网、剥芽技术

1. 实训目的、要求
使学生熟悉切花菊生长发育规律及产品要求，掌握张网、剥芽操作技能技巧。

2. 实训学时
2 学时。

3. 实训工具
塑料袋、竹签、芽接刀、竹竿、铁丝、铁锹。

4. 实训材料
花圃中生长的切花菊植株。

5. 实训内容、步骤
选用切花菊苗床，根据长宽数据及株行距设计网孔大小，在生长期开展。

①当切花菊长到 15 cm 以后，开始张网，在苗床四边每隔 2 m 插一竹竿，高 1 m，将预先结好的网固定在竹竿上，平整、踏实，定期向上提，并再张两层网，使菊花在网内平均分布。

②定苗后应及时剥去下部腋芽，在芽长到 0.5 cm 时开始剥离，可用竹签或芽刀，也可直接用手抹除。不能损伤菊花枝叶，剥除要干净及时。

6. 作业与思考
①每人完成实训报告一份。

②切花菊张网操作的过程与张网的标准要求。

③剥芽的要求和剥芽的作用。

◎ 实训 11　节日用花调查与花坛花境设计

1. 实训目的、要求
使学生了解花卉装饰的形式和各种形式主要的应用特点及基本的设计方法。

2. 实训学时
2 学时。

3. 实训工具
照相机、记录簿、记录笔等。

4. 实训材料

学院周边城区花坛、化境及所用花卉。

5. 实训内容、步骤

①调查花卉室外装饰的主要形式和应用特点。

②了解其主要的设计方法。

③调查了解不同季节所用的花卉种类。

④ 花坛、花境的基本设计方法。

6. 作业与思考

整理调查资料，每人完成一份调查报告，并绘出平面图。

◎实训 12　拟定花卉生产计划

1. 实训目的、要求

使学生掌握制定花卉生产计划的基本方法，提高学生参与生产管理的意识。

2. 实训学时

2 学时。

3. 实训工具

计算器、计算机、打印机等。

4. 实训材料

调查资料、中性笔、纸张等。

5. 实训内容、步骤

根据当地花卉生产实际，选择花卉生产企业，调查生产规模，生产花卉种类及以往生产经营情况及市场需求情况。

6. 作业与思考

①根据所调查结果，制定本企业下一年度花卉生产计划及具体实施策略。

②若有条件可请专业管理人员探讨制订生产计划的可行性及存在的问题。

参考文献

［1］包满珠.花卉学［M］.2版.北京：中国农业出版社，2003.

［2］北京林业大学园林系花卉教研组.花卉学［M］.北京：中国林业出版社，1990.

［3］曹春英.花卉栽培［M］.北京：中国农业出版社，2001.

［4］傅玉兰.花卉学［M］.北京：中国农业出版社，2001.

［5］郭世荣.无土栽培学［M］.北京：中国农业出版社，2003.

［6］郭维明，毛龙生.观赏园艺概论［M］.北京：中国农业出版社，2001.

［7］李祖清.花卉园艺手册［M］.成都：四川科学技术出版社，2003.

［8］刘金海，王秀娟.观赏植物栽培［M］.北京：高等教育出版社，2009.

［9］刘燕.园林花卉学［M］.北京：中国林业出版社，2003.

［10］鲁涤非.花卉学［M］.北京：中国农业出版社，1998.

［11］罗锅，齐伟.花卉生产技术［M］.2版.北京：高等教育出版社，2012.

［12］秦魁杰，陈耀华.温室花卉［M］.北京：中国林业出版社，1999.

［13］孙可群，张应麟，龙雅宜，等.花卉及观赏树木栽培手册［M］.蔡淑琴，张泰利，
    绘.北京：中国林业出版社，1985.

［14］王华芳.花卉无土栽培［M］.北京：金盾出版社，1997.

［15］韦三立.观赏植物花期控制［M］.北京：中国农业出版社，1999.

［16］魏照信，陈荣贤.农作物制种技术［M］.兰州：甘肃科学技术出版社，2008.

［17］吴志华.花卉生产技术［M］.北京：中国林业出版社，2003.

［18］虞佩珍.花期调控原理与技术［M］.沈阳：辽宁科学技术出版社，2003.

［19］袁肇富，安曼莉.现代花卉栽培技艺［M］.成都：四川科学技术出版社，1999.

［20］张树宝.花卉生产技术［M］.2版.重庆：重庆大学出版社，2008.

［21］赵海军.牡丹春节催花技术［M］.北京：中国农业出版社，2002.

［22］赵兰勇．商品花卉生产与经营［M］．北京：中国林业出版社，1999.

［23］中国农业百科全书总编辑委员会观赏园艺卷编辑委员会，中国农业百科全书编辑部．
中国农业百科全书：观赏园艺卷［M］．北京：农业出版社，1996.

［24］周余华，刘国华．花卉栽培［M］．北京：化学工业出版社，2011.